U0803421

科技传播与普及教程

（修订本）

任福君　翟杰全　著

中国科学技术出版社
·北　京·

图书在版编目（CIP）数据

科技传播与普及教程/任福君，翟杰全著．—修订本．—北京：中国科学技术出版社，2018.10

ISBN 978-7-5046-7867-6

Ⅰ.①科… Ⅱ.①任…②翟… Ⅲ.①科学技术—传播—高等学校—教材②科学普及—高等学校—教材 Ⅳ.①G206②N4

中国版本图书馆CIP数据核字（2018）第177649号

策划编辑　王晓义
责任编辑　王晓义　蒋宵宵
装帧设计　周新河　王　乐
责任校对　杨京华
责任印制　徐　飞

出　　版　中国科学技术出版社
发　　行　中国科学技术出版社发行部
地　　址　北京市海淀区中关村南大街16号
邮　　编　100081
发行电话　010-62173865
传　　真　010-62179148
网　　址　http://www.cspbooks.com.cn

开　　本　720mm×1000mm　1/16
字　　数　290千字
印　　张　20.75
印　　数　1—3000册
版　　次　2018年10月第1版
印　　次　2018年10月第1次印刷
印　　刷　北京盛通印刷股份有限公司

书　　号　ISBN 978-7-5046-7867-6/N·251
定　　价　68.00元

修订说明

2012年，在中国科普研究所和中国科学技术出版社的大力支持下，我们在《科技传播与普及概论》的基础上出版了《科技传播与普及教程》一书。该书出版后即被选为科普教育和培训用书，并被列入“科普人才建设工程教材”，在科普教育和培训中发挥了一定的作用，受到国内科普工作者和科普爱好者的欢迎。这些都给予了我们极大的鼓舞，同时也赋予了我们新的责任。

在该书使用过程中，许多科普工作者、爱好者，尤其是一些专家、学者、朋友、同行给予了我们很大的鼓励，同时也提出了许多有益的建议和意见。近些年来，我国的科普事业得到了快速发展。在“科技三会”（全国科技创新大会、两院院士大会、中国科协第九次全国代表大会）和中共十九大之后，科普事业又迎来了前所未有的历史发展机遇期。科普事业的发展对科普教育和培训提出了新的要求。为更好地适应形势发展的需要，我们对该教程做了修订，对原来的部分表述及内容做了修改，补充了新的内容和相关数据，由原来的19讲增加到20讲，但对总体的框架结构不做大的调整。本书仍然定位于一般培训用书和科普爱好者的读物，因此尽量从理论、实践、政策等方面对科技传播与普及进行概括性阐述，以达到结构上条理清晰、内容上浅显易懂。

感谢在本书修订过程中给予我们建议、指导、帮助的专家、学者、同行以及热心的读者，同时也真诚地希望大家继续给予我们批评指正，并能就书中的内容及问题与我们讨论、交流，以利于改进我们的工作，共同推动我国科普事业蓬勃发展。

作　者

2018年7月20日

第一版前言

20世纪以来，在科技与社会发展的强力推动、公众和社会需求的巨大牵引以及传播新技术应用的全面促进下，全球范围内的科技传播与普及（以下简称“科普”）在各个方面都取得了巨大发展，理念和观念发生变革，途径和渠道得到拓展，手段和形式不断创新。科普已经发展成一个由政府机构、教育组织、大众媒体、工业部门、科学共同体、科普团体、科普设施、公众群体等多种社会主体共同参与的实践领域，呈现出参与主体多元化、传播关系复杂化、社会功能高级化、传播途径多样化、传播手段现代化等新的特点。提高公众科学素质、促进公众理解科学、服务公众参与公共事务、服务科学技术创新成为科普的重要目标。当代科普已经进入一个全新的发展阶段。

在我国，科普工作历来就得到了国家的高度重视，“普及科学和技术知识”早在20世纪50年代就被写进中华人民共和国的第一部宪法，在政府推动和社会参与的促进下，我国科普工作取得了多方面的巨大成就，在提升群众科学文化素质、服务科学技术推广应用方面发挥了重要作用。进入21世纪以来，我国先后颁布了《中华人民共和国科学技术普及法》（以下简称《科普法》）、《全民科学素质行动计划纲要（2006—2010—2020年）》（以下简称《科学素质纲要》）等重要文件，科普事业的政策体系和社会环境得以优化，科普理念和观念得到提升，科普资源和渠道建设受到重视，科普实践的领域和范围不断拓展，科普内容也更加贴近时代发展和公民科学素质提升的需求，大联合、大协作与多方联动、全民参与的“大科普”发展格局和社会化科普工作机制正在形成。

科学技术的飞速发展、广泛应用及其与经济社会之间关系的日益紧密，极大地提升了科学技术创新、传播、应用在经济社会发展中的重要性，也对国民科学素质的不断提升提出了更高的要求。科学技术教育、传播、普及是提升公众科学素质的基本途径，对科学技术事业和经济社会的发展也具有基础性的作用。胡锦涛同志在纪念中国科协成立50周年大会的讲话中就明确指出，科技工作包括创新科学技术和普及科学技术这两个相辅相成的重要方面，普及科学技术、提高全民科学素质，既是激励科技创新、建设创新型国家的内在要求，也是营造创新环境、培育创新人才的基础工程。

科普在当代社会发展中是具有基础地位的一项社会事业，也是一个快速发展的实践领域，涉及许多重要的理论、实践以及政策问题。为了研究和追踪当代科普实践和理论的发展，分析和概括我国科普事业发展的成果，思考和探索科普领域的理论实践问题，我们撰写并出版了《科技传播与普及概论》一书（中国科学技术出版社于2012年3月出版第一版）。本教程就是在《科技传播与普及概论》一书的基础上编写的一部科普专业教材，教程包括20讲内容，内容涵盖科普的概念理解、构成要素、任务目标、资源和能力建设、科普活动的组织实施和监测评估以及科普研究的未来等重要课题。

第一讲简要概述了科普从早期到当代的历史发展，第二讲讨论了对科普概念的基本理解，第三讲、第四讲分析了科普的主体、内容、渠道的构成要素，第五讲介绍了学者们对于科普模式和模型的一些基本观点，第六讲、第七讲分析了科普的当代需求和当代目标与任务，第八讲讨论了科普的社会形态及其与公民科学素质建设的关系，第九讲至第十二讲介绍了我国《科学素质纲要》的基本内容及其实施成效，第十三讲至第十六讲分别讨论了科普资源和能力建设、科普人才队伍建设、科普产业发展以及科普政策的推进情况，第十七讲、第十八讲分析了在科普实践活动的策划、实施、监测、评估中的一些共性问题，第十九讲讨论了我国当代科普发展的特点、趋势和重要课题。第二十讲论述了信息化时代下我国科普工作的深刻变革。

本教程是为推进我国科普人才工程、培养培训各类科普人才而编写的一本科普教材，可供高等学校科技传播普及、科学技术教育、科学技术哲学、新闻传播等相关专业作为研究生、本科生、专科生的科技传播课程教材，可供政府部门、科技团体、社会组织作为各类科普工作培训、科普人才培训的科普培训教材，也可以为科学技术工作者、科技管理工作者、科技新闻工作者、科技服务工作者、大众媒体从业者、科普设施从业人员、科学技术专业师生了解科普提供参考。同时，本教程也可作为公众了解科普相关知识的高级科普读物。

在经济社会高速发展以及全面实施《科学素质纲要》的推动下，近些年来我国科普事业获得全面发展，科普人才的培养也受到社会的高度关注，《全民科学素质行动计划纲要实施方案（2011—2015年）》（以下简称《科学素质纲要实施方案（2011—2015年）》）中就专门提出了“科普人才建设工程”，中国科学技术协会（以下简称“中国科协”）也在积极推进科普人才工程。编写本教程就是为满足我国科普人才培养需求所做的一个初步尝试。由于我们才疏学浅并且能力水平有限，再加上科普实践正处于快速发展、科普研究正处于不断深化之中，本教程中定有许多相对落后和疏漏之处，希望专家、学者、同行、读者能给予批评指正，共同推动我国科普教材建设和人才培养工作，推进我国科普教育事业的发展。

本教程的编写得到了中国科学技术出版社和中国科普研究所的大力支持，中国科学技术出版社的苏青社长、颜实总编辑、徐扬科主任、吕鸣编辑和王晓义编辑以及中国科普研究所的姚义贤副所长、石顺科研究员、郑念研究员、陈玲研究员等同行和同事给予本教程的编写以极大的支持和热情的鼓励，并为本教程的编写提出了许多建设性的意见和建议。同时，还要感谢本教程参考文献部分所提到的各位专家、学者，他们的著述让我们学到了许多新知识和新理论，他们的观点也给了我们许多重要的启发，从而让我们能够完成本教程的编写。

作　者

2012年6月于北京

目录

科技传播与普及教程

CONTENTS

第一讲
科普的历史发展

科技传播与普及也称“科普”，是从人类传播现象中逐渐分化出来的一个特殊分支，旨在服务科学技术知识在社会中的传播与普及，促进社会成员对科学技术知识的学习和分享。科普和科学技术知识的创造、应用活动紧密相连，与科学技术创新、科学技术应用共同构成科学技术领域的三大基本现象。科普在近代科学阶段获得相对独立，20世纪受科学技术发展、经济社会发展、现代传播技术应用等多种因素的推动而获得快速发展，成长为对经济社会发展具有广泛影响的社会事业和社会现象。

1 科普的早期历史

科普孕育于人类文明发展的早期，几乎和科学技术具有同样悠久的历史，与科学技术相伴而生、一同成长，始终如影随形般地伴随在人类的科学技术活动中，并伴随着科学技术的发展而演进，为科学技术的传承、积累和发展奠定了重要基础。科普在古代从属于社会的知识传承，到近代科学阶段慢慢成长为社会传播的一种特殊形态，在欧洲一些国家开始出现了诸如科学学会、科学院这类科学组织，以及专门服务科学交流的科学杂志。

1.1 科普的早期发展

人类最初关于自然的知识和技能源于狩猎采集、刀耕火种的过程，并伴随着这种过程在族群中不断扩散，这就是人类文明中特有的知识传播现象。正是这种简单粗糙并依附于生存劳动的知识传播现象，包含着科学技术知识传播与普及的最初源头，因而我们可以把这一时期的科普称为“前科普”发展阶段。那时的科普虽然简单粗糙，却有着非凡的价值与意义，因为它促进了人类知识的传承和累积，为人类文明的进步和科学技术的发展奠定了重要的基础。

“古代科学知识的传播，再加上劳动技能、生产经验的交流，就构成了古代的科学普及”。[①] 早期科普发展的重要转型发生在文字语言、书写工具发明之后，特别是出现了最早一批“知识分子”和专门传授知识的“学校”组织之后。文字语言和书写工具的发明使知识传播有了特定的载体和媒介，“学校”的出现使知识传播有了专门的组织和场所，“知识分子”群体则成为汇聚并传承知识的核心力量。

专门传授知识的“学校”组织在古代几大文明中差不多是同时出现的。古埃及最早的学校是专门教授读写和计数的“文士”学校。古希腊时代的贤哲们开办有许多“学园”，学园重视数学、逻辑和科学教育，柏拉图创办的柏拉图学园门口就曾挂着“不懂几何者不得入内”的牌子。古中国在周代已建立了较为完备的官学系统，教育内容包括礼、乐、射、御、书、数，合称“六艺”。科学知识在古代学校教育中并未获得重要地位，但学校教育仍然是科学知识扩散的重要渠道。

古代科普最具有典型意义的传播形态是利用科学著作的传播。例如，古希腊数学家欧几里得所著的《几何原本》，作为那个时代最重要的科学文献和最成功的教科书之一，所包含的科学思想和科学方法就通过广泛传播对后世数学乃至整个西方科学的发展都产生了不可估量的影响。又如，在中国古代，也曾出现过《墨经》和《考工记》等一些用以传播科技知识的重要著作，特别是《考工记》自汉代起就成为儒家经典的一部分，在社会中获得了较为广泛的传播。

1.2 科普的近代兴起

欧洲文明在进入近代发展阶段之后，迈入全面变革的时代，思想

① 周孟璞，松鹰.科普学[M].成都：四川科学技术出版社，2007：16—17.

的解放和社会的变革促进了科学的复兴和发展，在16—17世纪实现了第一次科学革命，建立了牛顿经典力学体系。随后，数学、物理、化学等领域获得发展，技术领域则出现了以蒸汽机的发明和广泛应用为标志的第一次技术革命。近代科学技术的发展推动了科普的发展和转型，科普开始摆脱依附于知识传播的状况。

首先，科学技术和资本主义工商业的发展推动了欧洲近代教育的变革，科学技术知识被引进学校教育，学校成为传播科学知识、孕育新科学的重要阵地。即使是那些原来只限于教授神学、法律、人文的“老大学”也受到了影响。例如，剑桥大学（创建于1209年）就在1663年设立了卢卡斯数学教席，在1702年设立了化学教席；牛津大学（创建于1168年）于1669年设立了植物学教席。

其次，科学在近代阶段摆脱了神学“婢女”的地位，科学家慢慢成长为一个社会群体。到17世纪的时候，欧洲一些国家出现了科学学会、科学院这类科学家组织，出现了专门服务于科学家交流的科学杂志。1665年，在法国巴黎和英国伦敦诞生了两份世界上最早的科学杂志——《学者杂志》（*le Journal des Savants*）和《哲学汇刊》（*Philosophical Transactions of the Royal Society*），这标志着科学传播获得了某种程度的相对独立。

科学交流的许多正式或非正式渠道在这一时期也开始活跃起来，科学家们通过出版著作、发表论文或利用私人信函、科学杂志、科学讲座向同行和社会传播自己的新发现。在近代科学发展阶段，涌现出了许多伟大的科学著作，如哥白尼的《天体运行论》、哈维的《心血运动论》及牛顿的《自然哲学的数学原理》；出现了许多传播新科学的科普书籍，如伽利略著名的《关于两种世界体系的对话》《关于两种新科学的对话》等。

后来，在科普方面扮演了重要角色的科学技术类博物馆也孕育并出现于这一时期。自17世纪开始，欧洲的一些大学和城市陆续建立了最早的一批科技类博物馆——自然历史博物馆。从18世纪下半叶开始，受技术革命和工业进步的激发，欧美国家大量兴建以展示新型科学、技术与工业的新型博物馆——科学与工业博物馆。到19世纪，科技类博物馆已经通过向公众开放而逐渐发展成传播科学技术的重要场所。

总之，在近代科学发展阶段，科学技术的传播与普及尽管仍属于新知识、新思想传播的一部分，然并没有实现彻底而完全的独立，[①] 与此同时，科学杂志、科普书籍、科技类博物馆的出现成为科普在近代兴起的重要标志。事实上，在当时，科学家和科学爱好者、科学交流与科学普及之间并没有像今天这样分明的界线，即使是那些看起来很专业的科学著作实际上在当时也在科学爱好者中流传，并发挥着传播普及科学的作用。

2 科普的现代发展

现代科普的基本形态孕育于19世纪，成熟于20世纪上半叶。随着科学技术的不断发展，首先是科学家群体内的传播得到快速发展，基本体系得以逐步确立，其次是面向社会普通大众的科学普及工作得到社会的关注。从19世纪初到20世纪中叶之前的这一时期，是科普逐步走向成熟的阶段。经过这一阶段的发展，科普的手段不断成熟，途径不断分化，现代体系逐步得以建立。

2.1 科技教育和科学交流体系的建立

科学技术自19世纪开始进入了高歌猛进的大发展时期。发现了热力学三定律、能量守恒与转化定律、化学元素周期律，建立了化学原子论、达尔文进化论、细胞学说、电磁学的基本理论，遗传学也获得重要进展，近代科学体系的基本构架初步显现。19世纪的技术随着发

① 牛顿那部划时代的科学巨著《自然哲学的数学原理》仍然要冠以“自然哲学”的名字出版，就可以证明这一点。

电机、电动机、内燃机的发明而迎来了第二次科技革命，并促进了农业、工业、交通业的大发展，科学、技术、生产之间也开始出现相互促进的关系。

20世纪上半叶，科学领域实现了新的革命性突破，科学技术的社会功能受到关注。爱因斯坦于1905年创立狭义相对论，揭开了第二次科学革命的序幕，随后原子结构理论、量子力学也逐步成熟起来，从而使现代科学体系的基本构架确立下来，并在此基础上孕育出一系列新的分支学科和综合学科。技术领域也呈现出高速增长的势头，并孕育出了电子技术、核能技术等许多重大技术方向。科学、技术、生产、经济的互动关系开始显现。

随着科学技术的发展和在生产领域的应用，培养科学技术人才在这一时期得到重视，科技教育体系在欧美发达资本主义国家基本建立。欧美一些资本主义国家自19世纪开始，掀起一场以强调实科教育①、增加科技内容为特征的教育改革运动。基础教育引入了大量科学内容，大学里设立了许多工程技术专业。例如，在英国，伯明翰大学设立了机械制造专业，诺丁汉大学设立了乳制品专业，谢菲尔德大学设立了玻璃制造专业，利物浦大学设立了建筑专业。在美国，为了促进新式大学的创办，国会专门通过了《莫里尔联邦赠地法案》。在该法案的支持下，自19世纪60年代开始，美国各地陆续创办了百余所农业和理工学院，这就是后来演变成美国州立大学系统的所谓“赠地大学”。麻省理工学院、霍普金斯大学等许多私立理工学院就创建于这一时期。到20世纪初的时候，科技教育体系已经在欧美发达资本主义国家基本建立起来，在许多方面为科普的社会发展奠定了基础。

① “实科教育”产生于欧美近代阶段，包括中等教育和高等教育两个层次，其特点是强调实用内容，面向职业需要，实行分科教育，教学内容以数学、物理、化学、生物以及机械、地理、绘图、法律等实用学科、实用技能为主。科学技术内容在实科教育中占有重要位置。

随着科学技术的加速发展以及科学家队伍的不断壮大，科学研究逐步走向专业化，科学共同体内的科学交流体系得到快速发展，并在20世纪上半叶逐步成熟。科学期刊数量迅速增长，1900年增加约1万种，20世纪中叶达到10万种；出现了以“三大索引”——《科学引文索引》（SCI）、《科技会议录索引》（ISTP）和《工程索引》（EI）为代表的检索与评价工具，科技情报服务工作也逐渐发展成一项专业化的社会工作。

2.2 科学普及的兴起与独立

19世纪，科学技术开始走上专业化的发展道路，科学家与公众的“知识鸿沟”开始显露，公众对科学技术的兴趣得到激发。科学知识上的大量新发现、技术上的大量新发明，特别是电报、电话、机车等新奇发明的应用，也激发了公众对科学技术的兴趣，科学发现和技术发明甚至成为一种“时尚”，上流社会在举办晚餐聚会时都会找科学家来做演讲。就连许多普通人也都热心于靠不断试验来搞发明，爱迪生就是从这些人中脱颖而出的传奇发明家之一。

科学技术的日新月异和公众对科学技术的兴趣，激发了科学家向公众传播科学技术的热情，使科学普及在19世纪进入十分活跃的时期。出现了许多热衷于科技知识普及的科学家、工程师、发明家、职业演说家，他们通过撰写文章、发表演说、演示表演，向社会大众宣传普及科学技术知识。例如在美国，从1829年到1860年，“职业演说家们在全国周游，讲演‘科学方面的’论题，并常常演示其精心制作的、令人惊叹的科学景象”。[①]

因而，科学普及在这一时期受到关注。表达“普及”含义的英文单词“popularize”（意思是“使……通俗化”）在19世纪40年代前后开始被用于科学与技术领域。“这个词最早用于1797年，而它以

① E.W.Massey.Science education in the United States： what the scientific community can do[J]. Science,Vol. 245， 1 September ,1989: 915.

通俗形式表现技术科目的意思是在1836年首次出现的”“随着专业化的进展，到19世纪中期，大多数的科学知识已经发展到超出一般大众所能理解的范围……一种新的职业正在开拓，那就是科学普及者（popularizer of science）和科学作家”。[①]

进入20世纪之后，科学技术普及工作受到更为广泛的关注和重视。科学作家、科学记者加入到科学普及队伍中来，专门服务于科学技术普及的媒体（如科学广播、科普杂志、报纸的科学栏目等）和设施（如科技馆、天文馆等）也得到快速发展。科学技术普及最终在20世纪获得了独立，成长为一种特殊的社会传播形态。当然，这一时期的科普还属于“传统科普”阶段，科学家向公众通俗地“讲授”科学，展示科学技术的美好前景，对科学充满敬意的公众则从科学家那里学习知识。

贝尔纳在《科学的社会功能》一书中关于科学普及的观点比较典型地反映了这一阶段人们的一些基本看法：随着科学技术重要性的不断增长，有必要进行广泛的科学普及工作，将科学知识普及到人民中间去，让普通大众明白科学家在做什么，理解科学的成果、方法、前景以及科学所起的作用、对人类生活可能产生的影响，增加人们对科学重要性的全面认识，帮助人们消除对科学的误解和偏见，并给科学家的工作提供所需的支持。[②]

3 科普的当代转型

科普在20世纪下半叶进入现代发展阶段。科普的各类渠道不断成熟，传播技术的发展和应用也为科普提供了更多的新手段，促进了科学技术在社会范围内的传播、扩散和普及，为科学技术的发展、创新

① 石顺科.英文“科普”称谓探识[J].科普研究，2007（4）：63—66.

② [英]J.D.贝尔纳.科学的社会功能[M].陈体芳，译.北京：商务印书馆，1982：398—418.

和应用提供了重要服务。但与此同时，科学技术与社会、科学技术与公众关系领域也出现了一些新的问题，引起了人们对科普传统观念的反思，当代科普正面临着面向未来的重要转型。

3.1 科技与社会关系的推动

科学技术在20世纪下半叶发展到“大科学时代”，呈现出爆发式增长的新特点，研究领域不断细化，学科领域加速分化，新学科不断涌现，知识更新速度加快，不同领域的交叉渗透也日渐活跃。在科学领域新理论的引导下，在技术本身不断进步的基础上，20世纪下半叶爆发了一场以信息技术为核心的新技术革命，微电子技术、信息技术、新能源技术、新材料技术、新制造技术、生物技术、航空航天技术等各种新技术获得了重要突破。

新技术革命的爆发改变了科学与技术的传统关系，科学技术化、技术科学化、科学技术一体化成为科学技术发展的基本特征。新技术革命同时也深刻影响了经济社会发展的基本面貌，科学、技术、生产越来越走向一体化，科技成果应用的速度越来越快，向生产力转化的周期越来越短，传统产业得到改造，新兴产业不断产生，产业结构和经济增长越来越依靠科学技术的推动，社会经济在20世纪下半叶后期开始迈入知识经济时代。

20世纪下半叶，科学技术的创新与应用成为经济增长的主导动力，科学研究、技术创新、产业发展、社会进步相互促进关系更加明显。社会发展的这种新特征提升了科普的地位和作用，促进科技知识创新、传播、应用的规模和速度不断提高，也对科普提出了更多要求，需要其在社会范围内更加广泛地开展，为科学技术创新和扩散提供更强有力的服务。

特别是自20世纪90年代以来，发达国家政府对科普高度重视，这些发达国家制定政策、采取措施、加大投入，加强科普基础设施建设，组织科技周等大型科普活动，推进科学技术教育改革，开展公众科学素质调查，甚至将科普列入国家科技战略和科技政策。美国总统克林顿在1994年的《为了国家利益的科学》政策报告中就将“提高全民科学素质”列为美国科技政策的“国家目标”之一，提出“美国应当成为一个科学知识普及的社会”[①]。

3.2 传播新技术的促进

20世纪的信息传播技术发展突飞猛进，引发了两次重要的媒介革命——电视革命和互联网革命，极大地推动了科普的发展。随着电子通信技术、卫星通信技术等各种新技术的应用，电视走进千家万户并逐渐成为大众传播的主流媒介。电视的普及将大众传播推进到影像传播和电子传播的时代，对包括科学普及在内的许多社会传播领域都产生了深刻影响，国内外许多相关调查均表明电视成为公众获得科技信息最重要的渠道之一。

由电子计算机技术、网络通信技术、信息处理技术、数字通信技术催生的互联网革命，对人类社会的信息传播产生了更为广泛的影响。互联网技术的快速发展和广泛普及，已经使互联网成为一个全新的传播媒介、传播平台，现实生活中许多私人交流和公共传播的过程目前已经被“复制”到了互联网上（如电子邮件、新闻传播等）。基于互联网的传播也逐渐发展成一种拥有多种优势的科普新途径、新渠道。

互联网把许许多多的电脑或大大小小的网络互相连接起来，实现了异地计算机之间数据、信息的交换与传输，拥有强大的信息集散功能和传统传播手段所不具有的诸多优势，它可以以超媒体方式组织和扩散信息，跨越时空，双向交互，具有高度的开放性和交互性、即时性和远程化的特点，可以实现多媒体和超文本、大容量和高速度的信息传输。互联网改变了社会传播的基本面貌和传统格局，在科普的许

---

① 刘为民.试论“科普”的源流发展及其接受主体[J].科学学研究，2000，18（1）：75—78.

多领域都已得到应用。[①]

当下，网络化科技期刊、数字图书馆、科技网站、网络论坛、科学博客、微信科普等已经成为科学技术信息传播普及的重要载体，各种基于互联网的新型媒体、社交媒体（例如大家熟悉的“微信”）已经成为公众获取科学技术信息的重要渠道。大量专门致力于科学技术传播与普及的网站以及科普机构数字化科普资源的上网，使互联网成为科普的新平台和新途径。总而言之，互联网为科普提供了新媒介和新手段，正在为科普打造全新的平台和体系。

3.3 科学与公众关系的挑战

随着科学技术的迅猛发展和大规模应用，科学技术与公众的关系在20世纪后半叶也发生了许多复杂的变化。20世纪后半叶的公众已经不再像以前那样对科学充满敬意与敬仰，大规模杀伤性武器、军备竞赛、环境污染、生态破坏等问题让人们意识到科学技术也有可能带来危险和威胁；基因工程、器官移植、克隆技术、信息技术的发展与应用引起了许多关于科学技术与人类尊严、社会伦理、个人隐私之间关系的社会争议。

早在20世纪70—80年代，欧洲共同体、美国等国家和地区的政府部门和科学团体进行的大量关于公众科学态度的调查结果就反映出这种重要的变化：公众尽管对科学技术仍有浓厚的兴趣，并希望更多地了解科学，相信科学在未来会继续造福人类，但已经明显失去了原有对科学技术的赞赏态度，而是对源于科学技术的与日俱增的潜在风险有了更多的忧虑[②]。在经济增长和工业发展越来越依赖科学技术的背景下，这种变化本身就很让人担忧。

在政府部门和科学团体看来，公众对科学技术的担忧和不安是因为公众对科学的理解不充分。1985年，英国皇家学会发布的《公众

① 翟杰全，郑爽.网络时代的科技传播[J].北京理工大学学报（社会科学版），2000（3）：48—50.

② 英国皇家学会.公众理解科学[M].唐英英，译.北京：北京理工大学出版社，2004：11，1，3.

理解科学》报告就极力倡导科学共同体、大众传媒、工业部门和学校教育共同促进公众对科学的理解。报告认为，科学技术在当代许多方面都发挥着举足轻重的作用，公众比以往任何时候都需要更多地理解科学，包括理解科学的事实、方法、科学探索的本性和科学的社会价值，理解科学带来的风险和不确定性。①

20世纪80年代，发达国家采取了许多推进公众理解科学的具体措施，但科学与公众的“紧张”关系似乎并未得到有效改善。英国上议院科学技术特别委员会于2000年发表的《科学与社会》报告认为，科学与公众的关系到20世纪90年代已经变得十分紧张，出现了对科学的“信任危机”，特别是公众对生物工程和信息技术等领域的迅速发展表现出了担忧和不安。报告提出了创设良好的“对话”氛围、增进科学与公众对话的建议。②

20世纪80年代以来的公众理解科学理论与实践，促进了社会对科学普及传统理论与观念的反思，促进了科技传播理论与实践的变革，从而将科学普及推进到现代发展阶段。传统科学普及在任务与目标上强调科学技术知识的普及和公众对这些知识的掌握，当代科普则更强调增进公众对科学技术的全面理解，推进科学技术领域的对话交流和公众参与，重视发挥政府部门、科学共同体、科学教育、大众媒体、工业部门等各方面的作用。

综观当代科普的发展，可以看到，在社会发展和传播技术的推动下，20世纪下半叶以来的科普出现了参与主体多元化、传播关系复杂化、社会功能高级化、传播途径多样化、传播手段现代化等一系列新特点，同时也因为科学技术与公众之间的紧张关系而遇到新挑战。当代科普进入了机遇与挑战并存的重要转折期，正在面临着面向未来的全面转型，需要探索新的传播理念和传播模式，发展新的传播手段和传播体系。

---

① 英国皇家学会.公众理解科学[M].唐英英，译.北京：北京理工大学出版社，2004.

② 英国上议院科学技术特别委员会.科学与社会[M].张卜天，张东林，译.北京：北京理工大学出版社，2004.

4 中国科普的发展

中华民族在科学技术方面曾有过辉煌的历史，拥有独具特色的科学技术传统，科学技术的许多重要成就曾在世界范围内广泛传播和扩散，为世界科学技术的发展和世界文明的进步做出过重要而独特的贡献。中国现代意义上的科普是从五四运动时期的新文化运动开始的。新文化运动高举民主和科学两面大旗，通过传播与普及新思想、新理论和新科学，极大地推动了中国社会的思想解放和科学的传播普及。自新文化运动至今，中国科普形成了五四运动前后、新中国成立之后、改革开放以来三个重要的繁荣发展期，经历了从传统科学普及向现代科普不断转变的过程。

4.1 中国20世纪上半叶的科普

新文化运动是爆发于20世纪初期的一场倡导民主、反对专制，崇尚科学、反对愚昧，提倡新道德、反对旧道德，猛烈抨击封建思想的文化启蒙运动。尽管新文化运动存在着激进民主主义倾向，并主要局限于知识分子的圈子里，但新文化运动高举民主和科学两面大旗，通过传播与普及新思想、新理论和新科学，极大地推动了中国社会的思想解放和科学的传播，产生了广泛而深远的社会影响。

新文化运动对中国科普产生了巨大的推动作用，社会上掀起了一场近代科学启蒙和科学普及的浪潮。国内先后出现了许多以推进科学研究与普及为宗旨的科学社团，如1915年成立的中国科学社、1917年成立的中华森林会、1917年成立的中华农学会、1922年成立的中国天文学会、1927年成立的中华自然科学社、1932年成立的中国物理学会等。这些科学社团自成立之初就将科学普及列为自己的宗旨之一，例如，中国物理学会的目标就是“一方面谋物理学本身的进步，一方面把已得的物理知识尽量向大众普及”[①]。

① 科学技术普及概论编写组.科学技术普及概论[M].北京：科学普及出版社，2002：10.

在这一时期，科学团体和科学家创办了一大批科普期刊，出版了许多科普书籍，发表了大量科普文章，也涌现出了一批热心科普的科学家、出版家和科普活动家。例如，被誉为人民教育家的陶行知就提出了“把科学下嫁给儿童”“下嫁给大众”的口号，并且身体力行地邀请科学家一起组织科普活动，创办自然科学园，主编《儿童科学丛书》，向大众普及科学知识；被誉为中国近代科普开拓者的任鸿隽不仅参与创办了中国第一个科学团体“中国科学社”和中国第一本综合性科学杂志《科学》，而且一生都在积极宣传科学新知识。

“科学大众化”在这一时期成为一场轰轰烈烈的社会运动。出现了一大批影响巨大的科普期刊，例如，中国科学社创办的《科学》《科学画报》以及中国天文学会创办的《宇宙》等。商务印书馆、开明书店等出版机构也出版了大量影响广泛的科普读物，其中，王云五主编的《万有文库》堪称一部中国式的百科全书，总字数超过1亿字，内容涉及国学、自然科学、医学、体育、农学、商学、工学、史地，其中收录的科学图书多达500余种，在拓展民智、普及科学方面产生了重要影响。

在20世纪上半叶的中国科普历史实践中，最值得我们特别关注的是中国共产党及其领导的人民政府在红色苏区和延安时期开展的别具特色的科普工作。中国共产党及其领导的人民政府在这一时期逐渐形成的科普工作理念、科普工作模式对中国后来科普的发展产生了重要的影响。事实上，中国共产党最初的领导者大都是新文化运动的中坚分子，在后来创立的根据地和解放区，中国共产党及其领导的人民政府非常重视科普，开展了许多别具特色的科普工作。

例如，在1931年于江西瑞金建立的第一个红色革命政权时期——中华苏维埃共和国时期，中国共产党及其领导的人民政府紧密结合苏维埃社会建设、增加工农业产量、工农群众的文化教育，开展了许多灵活多样、丰富多彩的科普活动，列宁小学、职业学校以及各种夜校、扫盲班也开设有普及科学常识和实用技术的课程，文艺工作者创作了“科技进我家”“破除迷信”等戏剧演出剧本，中央出版局出版了百余种科普书籍，各大报刊开辟有科普专栏，中央农产品展览所也定期举行大规模农产品展览会等。①

在后来的陕甘宁边区、晋察冀边区，中国共产党把开展“自然科学大众化运动”当成一项重要的革命工作。毛泽东同志在谈科普问题时就说：“科学普及工作很重要，每个人都要懂得一点自然科学。干部首先要学，还要向边区群众普及科学知识，要帮助他们发展生产，讲究卫生，提高文化。”1940年成立的延安自然科学研究会把开展“自然科学大众化运动”当成一项重要任务，研究会通过下设的医学、电学、化工等分会开展了多种形式的科学技术普及工作。

在陕甘宁边区、晋察冀边区时期，将普及科学技术与满足群众需要紧密结合是科普工作的一个重要特点。《陕甘宁边区自然科学研究会宣言》就明确指出：“开展自然科学大众化运动，进行自然科学教育，推广自然科学知识，使自然科学能广泛地深入群众，用一般自然科学基本知识教育群众，普及防毒、防灾、防疫、医药卫生等必需的科学常识。破除迷信，并反对复古盲从等一切反科学反进步的封建残余物，使民众的思想意识和风俗习惯都向着科学的进步的道路上发展，从自然科学运动方面推进中华民族新文化运动的工作。”

当时，科普工作的另一个重要特点是把科学技术普及和发展边区经济紧密结合起来，科学工作和科普的任务是要解决边区经济建设中急需解决的科学和技术问题，发展边区的工农业生产。面对日本帝国主义和国民党在军事上和经济上的包围和封锁，党中央在延安发出了“用自然科学粉碎敌人经济封锁，打击敌人的文化政策”的战斗口号，开展了

① 刘小毛.中央苏区科普工作特点及其启示[J].党史文苑（学术版），2008（24）：13—14.

许多有成效的科学普及工作，解决了工农业生产中的许多技术问题，促进了边区经济发展，也为边区培养了大批技术工人和红色专家（如恽子强、李强、沈鸿等）。

科普工作在当时受到边区政府和各界的广泛重视。仅在1941年4月至1942年4月的一年中，边区政府就组织过30多次科普报告会；当时的延安出版有《科学季刊》等科普杂志，《解放日报》设有《科学园地》等副刊以及《自然界》《知识问答》等栏目。边区科技工作者在帮助边区解决工农业生产问题的同时，也积极通过科普报告会、讲座、医疗队下乡，宣传和普及科学、生活和卫生知识。1941年，科技工作者利用日食现象举办了日食讲座；1942年，还召开过纪念伽利略逝世300周年和牛顿诞生300周年大会，举办了纪念讲座。

除结合边区生产发展和群众需要进行科学技术普及之外，科普工作在边区也被当成宣传和传播马克思主义自然观的重要手段。边区政府自1940年起就在广大干部中开展了自然发展史和社会发展史的普及教育，目的是使边区广大干部和八路军战士"获得先进的宇宙观、社会观与人生观，获得自然和社会发展规律的知识与民族解放、社会解放的知识"。于光远、徐特立、温济泽等专家就曾担负向边区广大干部的《自然与自然发展史》课程讲授以及"自然科学概论""最新自然科学简介"巡讲任务。[①] 新中国成立后的科普工作在很多方面都继承了苏区和边区时期形成的工作传统。

4.2 新中国成立之后的科普发展[②]

新中国的成立为科普事业的发展开辟了新天地，科普工作走上了建制化的发展阶段。在直到20世纪60年代中期之前的十几年中，新中国的科普工作获得了全面快速的发展，形成了五四运动时期以后另一

① 申振钰.中国科普历史考察（连载）[N].大众科技报，2003-02-18—2003-03-18.

② 关于新中国成立以来科普发展情况更系统的一个研究，请参阅：朱效民.建国以来我国科普发展的历史回顾[C]//刘华杰.科学传播读本.上海：上海交通大学出版社，2007：45—58.本节部分数据即引自该文。

个重要的繁荣发展期，科普工作被纳入国家建设纲领，得到政府和各界的高度重视，成立了全国性的科普协会和科普工作领导机构，完善了科学普及工作的管理体制，建立了从中央到地方的科普组织机构，培养了大批科普工作者，为科普工作创造了良好的条件。

早在新中国成立前夕召开的中国人民政治协商会议上，根据科学家们的建议，“努力发展自然科学，以服务于工业、农业和国防建设，奖励科学的发现和发明，普及科学知识”被写进具有临时宪法作用的《中国人民政治协商会议共同纲领》（以下简称《共同纲领》）中。到1954年中华人民共和国第一届全国人民代表大会第一次会议通过第一部《中华人民共和国宪法》时，“国家发展自然科学和社会科学事业，普及科学和技术知识，奖励科学研究成果和技术发明创造”被明确写进了宪法（总纲第二十条）。

根据《共同纲领》的要求，中央人民政府一成立就在文化部设立了科学普及局，领导和管理全国的科学普及工作。1950年8月，在中华全国自然科学工作者代表会议上，中华全国自然科学专门学会联合会（以下简称“全国科联”）和中华全国科学技术普及协会（以下简称“全国科普协会”）两大团体成立。全国科普协会“以普及自然科学知识，提高人民科学技术水平为宗旨”，面向人民群众开展广泛的科学普及活动，并承担了原来文化部科学普及局推动和组织科学普及工作的职能。①

由于党和政府的重视和全国科普协会的推动，科普工作在这一时期呈现出快速全面的发展局面，全国先后有27个省、自治区、直辖市成立了科普协会，县级科普协会也达到2000多个，初步形成了一个庞大的科学普及网络，涌现出一大批科普积极分子。据有关资料统计，1950年8月—1958年9月，全国科普协会在全国范围内共开展科普讲演7200万次，举办了大、小科普展览17万次，放映科学电影、科学幻灯

① 有关这一时期科普工作的详细资料，可参阅：尹传红.从科学普及局到中国科学技术协会（连载）[N].大众科技报，2010-03-02—2010-04-20.

13万次，参加人数超过10亿人次，出版的《科学大众》《科学画报》《知识就是力量》《学科学》等科普期刊也在全国受到欢迎。

1956年10月，全国第一次职工科普工作积极分子代表大会召开，表彰了1000多名开展科普工作的积极分子和学习科学技术的知识分子，提高了全社会对科普工作的认识，对动员科技界积极参加科普工作产生了深远影响。此次大会可以被认为是中华人民共和国成立以后科普工作高潮到来的重要标志。在20世纪五六十年代的中国，广大人民群众也掀起了学科学的热潮，《十万个为什么》丛书由少年儿童出版社出版（上海），全套8册，收录科学文章1000余篇，到1964年就印了580万套，成为当时最畅销的科普读物。

1958年9月，全国科联和全国科普协会联合召开全国代表大会，合并成为中华人民共和国科学技术协会（以下简称“中国科协”）。作为科学技术工作者的群众组织，中国科协由全国性的学会、协会、研究会和地方科协组成，宗旨是团结和动员科学技术工作者，促进科学技术的繁荣和发展，促进科学技术的普及和推广。1962年春，周恩来总理参加在广州召开的全国科学技术工作会议时，曾明确要求中国科协的任务是一手抓学术活动、一手抓科学普及。

就当时科学普及的重要工作任务而言，中国科协在成立之初就明确了围绕解决生产中的关键性科学技术问题，总结、交流并推广生产中具有普遍意义的重大发明创造和先进经验的工作任务，并根据确定下来的工作任务和国家的要求，开展了一系列服务生产建设的科学普及推广活动，成为当时我国科普事业的重要组织者和领导者。当时的中国科协及地方各级科协特别重视围绕群众性试验研究活动、先进技术总结推广、科学技术知识宣传普及、专业技术人才培训等内容，开展了形式多样的科学普及活动。

例如，在1961年4月召开的一次全国工作会议上，中国科协特别要求针对农、林、牧、副、渔生产需要，广泛组织开展群众性农村科学试验运动经验总结和试验研究、培训及技术上门等科普活动。在中国科协的广泛号召、不断推动和1963年全国农业科学技术工作会议的鼓舞下，全国各地农村普遍掀起了建立群众科学实验小组的热潮，至1965年，农村科学实验小组达到100多万个，成员达到700万人，有力地推动了当时的农村科普工作。

在“文化大革命”之前的十几年间，我国科普工作在各个层面上都呈现出一片繁荣的景象。围绕党和政府的中心任务，广泛开展了爱国卫生知识、农业生产知识、破除迷信等内容的宣传普及活动；配合国家提出的逐步实现社会主义工业化的目标，广泛开展了以广大干部为对象的工业化科学知识讲座、以产业工人为对象的工业技术知识讲座；配合农业合作化运动和农业科技的推广应用，编印了大量农业科普读物，开展了群众性科学实验活动；配合国家“12年科学发展规划”，举办了自动化、计算机、半导体等大量新兴科技知识讲座等。

“文化大革命”期间，科普工作遭受破坏，中国科协被停止活动。直到“文化大革命”结束，中国科协组织工作和全国科普工作才得以恢复。1978年3月18日，全国科学大会在北京召开，邓小平同志在开幕式上做了重要讲话，提出并阐述了“科学技术是生产力”的论断，强调要大力发展科学研究事业和科学教育事业。这次大会不仅标志着我国科学春天的到来，也给全国科普工作带来了春风，揭开了新时期科普工作繁荣发展的序幕。

1978年12月18日，中国共产党召开了具有重大历史意义的十一届三中全会，确立了改革开放的重大决策，从此我国进入了改革开放的历史新时期。改革开放不仅为我国各项事业的发展注入了活力，也极大地推动了我国科学技术教育、传播和普及事业的快速发展。特别是根据新科技革命迅猛发展以及我国现代化建设的实际需要，我国确立了大力发展和运用科学技术的基本国策，科学普及工作又重新得到党和政府的高度重视，科普工作由此进入另一个新的繁荣发展时期。

例如，1979—1988年，全国出版了2万多种科普图书，科普杂志也由“文化大革命”前的百十来种猛增到247种。在20世纪80年代初期，面向农村的“科技报”更是异军突起，不仅全国各省、自治区、直辖市都有了“科技报”，而且发行量十分巨大，许多省、市的科技报发行量超过百余万份，《湖南科技报》发行量曾经达到180万份，《山东科技报》达到200万份。这些报纸对改革开放后实行家庭联产承包责任制的农业发展，对传播农业科学技术新成果，普及先进适用技术，培养农民技术骨干，推动农村技术进步，发挥了巨大的推进作用。①

20世纪90年代之后的科普工作逐步被提升到国家战略的高度，科普政策法规体系逐步建立起来，科普事业迈入全面发展的新阶段。1994年12月，我国发布了新中国成立以来第一个科普工作的纲领性文件——《中共中央国务院关于加强科学技术普及工作的若干意见》（以下简称《关于加强科学技术普及工作的若干意见》），明确了科普工作的任务要求，提出了推动科普工作的具体措施。根据“若干意见”的要求，国务院于1996年4月成立了以国家科委为组长单位的国家科普工作联席会议制度，由国家科普工作联席会议负责统筹管理和组织协调全国的科普工作。

随后，国家有关部门先后出台了《关于加强科普宣传工作的通知》《关于进一步组织好科技下乡活动的通知》等一系列重要政策文件，组织开展了“科技下乡”等重要的科普活动，全国许多省、自治区、直辖市自20世纪90年代中期之后也先后制定和颁布了地方性的科普条例。2002年，第九届全国人大常委会第28次会议通过并颁布了《科普法》，首次以法律的形式对科学技术普及工作的任务、属性、各类机构组织和公民的权利和义务等内容做出了明确规定。

2005年年底，国务院颁布实施《国家中长期科学和技术发展规划

① 申振钰.新中国迎来第二次科普高潮[N].大众科技报，2003-06-12.

纲要（2006—2020年）》，提出了实施全民科学素质行动计划。随后，国务院于2006年初颁布了《科学素质纲要》。《科学素质纲要》是我国科普政策历史上又一个具有里程碑意义的重要文件，对全民科学素质建设工作做出了全面规划，提出了全民科学素质行动计划的方针、目标、主要行动、基础工程、保障条件和组织实施，公民科学素质建设工作自此成为一项国家行动。①

正是在这一系列重要政策和措施的推进下，我国在近十几年中逐步形成了独具特色的科学普及工作体系，建立了一个包括全国、地方、基层在内，覆盖农村、城市、学校、企业等各方面的规模庞大的组织网络体系和工作队伍，在科学普及工作的各个层面（例如，农村科普、城镇科普、西部科普、青少年科普、科普设施建设等）都取得了快速发展。经常性的科普活动丰富多彩，全国性的大型科普活动和科普项目（例如，科技活动周、全国科普日、科技下乡、科技示范县建设等）不断向纵深发展。

特别是近些年来，在全面实施《科学素质纲要》的推动下，我国科普事业全面发展，政府部门和各地方围绕未成年人、农民、城镇劳动者、领导干部和公务员、社区居民等重点人群科学素质的提升，以及实施科学教育与培训基础工程、科普资源开发与共享工程、大众传媒科技传播能力建设工程、科普基础设施工程、科普人才建设工程和完善公民科学素质建设长效机制等重点任务，组织开展了许多有针对性的科学普及工作，同时“十三五”时期进一步强化了社区科普益民工程、科普信息化工程和科普产业助力工程的实施，从而大大促进了我国整体科普能力的明显提高。

我国近些年来的科普工作充分结合节约能源资源、保护生态环境、保障安全健康、促进创新创造等时代发展要求和人民群众需求，

① 任福君.新中国科普政策的简要回顾[N].大众科技，2008-12-16.

积极向广大人民群众传播普及科学知识、科学方法、科学思想、科学精神，促进了广大人民群众科学素质的提高。中国科协组织的“公民科学素质调查”数据显示，我国公民科学素质水平近几年来有了明显提升，2015年，我国公民具备基本科学素质的比例达到了6.2%，具备基本科学素质的公民比例较前些年有了较大幅度的提高，表明我国公民科学素质水平已经进入快速提升轨道。

本讲小结

科普伴随着科学技术的产生而出现，伴随着科学技术的发展而演进，但直到近代科学阶段才真正作为人类传播现象的一个特殊分支而得到发展，至19世纪才受到了社会的关注并实现了某种程度的独立，在20世纪才确立了包括科学技术的教育、传播、普及在内的基本体系。20世纪下半叶以来，在科学技术和经济社会发展、现代信息和传播技术应用的推动下，科学技术创新、传播、应用的规模和速度不断提高，科普的作用和地位也日益提升，科普进入现代发展阶段。当代科普既获得了来自多方面的巨大推动力，同时也因公众对待科学技术态度的变化以及科学与公众关系的紧张而遭遇挑战，这些重要因素将极大地影响科普的未来发展，推动科普理论和实践发生深刻变革。自新中国成立以来，科普工作始终受到党和政府的高度重视，特别是近些年来在全面深入实施《科学素质纲要》和当下大力实施科普信息化建设工程的推动下，我国科普事业全面快速发展，科普能力明显提升，这必然促进我国公民科学素质水平进入跨越提升轨道。

第二讲
科普的概念理解

在过去的20余年中，科技传播与普及（科普）在国际范围内已成长为一个十分活跃的研究领域、实践领域和重要的政策议题，社会中的科技传播与普及活动、大学里的科技传播与普及课程稳步增加，科技传播与普及从业者和研究者队伍也在不断壮大，但人们对许多问题的理解还不一致，关键术语的使用还不统一，一些比较基础的概念并没有共识性的定义。因此，在系统考察国内外学者对相关概念的理解、深入分析当代科普实践发展的基础上，形成对科普概念的基本理解，对我们研究科普仍然是一项极为重要的工作。

1 国内研究与实践界对相关概念的理解

近些年来，越来越多的学科领域开始关注并研究科普问题，如社会学、人类学、传播学、科技哲学、管理学，等等，但当下总体上最核心的力量主要是三个方面：一是主要集中于科协系统的“科学技术普及”，它已成为最基础的概念，通常被简称为“科学普及”“科普”；二是主要集中于新闻传播学领域的“科技传播”，更多关注传播手段和传播效率；三是科学史家和科学哲学家最常使用的“科学传播”，它尝试通过挑战主流和传统科普意识形态，对当代科学传播现象进行批判性反思。[①] 目前，科学普及研究领域的一些学者就“科学普及”给出了一些不同定义，并积极推进“科普学”的建设，实践领域已经颁布实施了《科普法》，对科普范畴进行了明确规定，然而，对于“科技传播”或

① 吴国盛. 当代中国的科学传播[J].自然辩证法通讯，2016，38(2)：1—6.

“科学传播”的理解，科普界仍然存在着一些争论。

1.1 国内科普界对“科学普及”的定义

此处所言的“科普界”不仅包括我国科普领域的学者、一般实践者，还包括科普政策的制定者和推动实施者。关于“科学普及”的定义，目前虽仍众说纷纭，但基本观点已经大体达成一致，有了基本统一的遵循。

周孟璞、松鹰等在《科普学》一书中曾详细列举过国内学者给出的各种代表性的“科学普及”定义。[①] 章道义在1983年出版的《科普创作概论》一书中较早尝试对“科学普及”进行了界定，书中将“科学普及”定义为“把人类已经掌握的科学技术知识和技能以及先进的科学思想和科学方法，通过各种方式和途径，广泛地传播到社会的有关方面，为广大人民群众所了解，用以提高学识，增长才干，促进社会主义的物质文明和精神文明”。郭治在1996年出版的《科技传播学引论》一书中，从传播学的角度对科普概念做了这样的界定：“从传播学的角度来看，科普工作是一种促进科技传播的行为，它的受传者是广大公众，它的传播内容有三个层次，包括科学知识和实用技术、科学方法和过程、科学思想和观念。科普工作要通过大众传播、组织传播和人际传播，引起科普对象（受众）头脑中的内向传播，从而达到提高公众科学素养的效果。”国内不少学者把科学普及理解为科学传播活动。2002年，袁清林在《科普学概论》一书中认为：“科普是在一定背景下，以促进公众智力开发和素质提高为使命，利用专门的普及载体和灵活多样的宣传、教育、服务形式，面向社会，面向公众，适时适需地传播科学精神、科学知识、科学思想和科学方法，实现科学的广泛扩散、转移和形态转化，从而取得预想的社会、经济、教育和科学文化效果的社会化的科学传播活动。”

① 周孟璞，松鹰.科普学[M].成都：四川科学技术出版社，2007：115—122.

《科学技术普及概论》一书曾将国内出现的“科学普及”定义区分为几类。例如，除根据我国《科普法》相关规定的“法律上的定义”外，“倚重传播学的定义”将科学普及界定为提高公众科学素质的科技传播活动，而“系统角度的定义”将科学普及界定为利用多种手段和途径提高公众科学素质的系统过程。①

更具中国特色的是，我国颁布了专门的科普法律法规，对科普概念进行了法律层面的规定。2002年颁布实施的《科普法》将“科学普及”定义为：国家和社会采取易于公众理解、接受、参与的方式，普及科学技术知识、倡导科学方法、传播科学思想、弘扬科学精神的活动；2006年颁布的《科学素质纲要》进一步对“科学普及”的内涵进行了间接补充说明，对科普提出了“四科两能力”的提升公民基本科学素质的任务要求，丰富了科普的内容，提升了科普的目标。明确规定：“公民具备基本科学素质一般指了解必要的科学技术知识，掌握基本的科学方法，树立科学思想，崇尚科学精神，并具有一定的应用它们处理实际问题、参与公共事务的能力。”

经梳理分析国内科普界关于科学普及的理解，可以得到这样一些共识性的看法：科学普及的基本内容包括科学技术知识、科学方法、科学思想、科学精神，面向的基本对象是社会公众，目标是通过公众易于理解、接受、参与的方式，提高公众的科学文化素质。这些共识的基本思想事实上都已经反映在国家颁布的一些相关法规政策文件（如《科普法》《科学素质纲要》）中。

1.2 国内学者对“科学（技）传播”的理解

20世纪90年代以来，伴随着对国际“科学传播”（science communication）和“公众理解科学”（public understanding of science,

① 科学技术普及概论编写组.科学技术普及概论[M].北京：科学普及出版社，2002：45—46.

PUS）理论的译介思潮，国内关于“科学传播”“科技传播”的使用和研究逐渐活跃起来，翟全杰、田松、刘华杰、吴国盛、黄时进、刘兵、李大光、朱效民、任福君等许多学者尝试从不同视角对“科学传播”“科技传播”进行了界定。

翟杰全曾在1998年将“科技传播”定义为“科技知识信息通过跨越时空的扩散而使不同的个体间实现知识共享的过程”，并将科技传播区分为专业交流、科技教育、科技普及三个方面。田松认为，科技传播就是科学技术知识的传播，所以科技传播讨论的问题是“怎样传播”，怎样把这种确定的科学以更高的效率、更好的效果传播出去，或者讨论有什么新的科技手段（比如互联网）来进行传播。[①]

2000年前后，刘华杰和吴国盛先后发表文章，使用了科学传播的概念，并指出传统科普、公众理解科学和科学传播是科普（或科学传播）的三个不同阶段。刘华杰指出：“称现代科普为‘科学传播’更合适，科学传播是比公众理解科学和传统科普更广泛的一个概念，前者包含后者。”[②]吴国盛认为：“我们提出‘科学传播’的概念，是把它看成科学普及的一个新的形态，是公众理解科学运动的一个扩展和延续。”[③] 2003年吴国盛再次发表文章提出，科学传播包括科学界内部的传播、科学与其他文化之间的传播、科学与公众之间的传播三个层面，强调“多元、平等、开放、互动”的“传播”观念。[④]

黄时进在2010年出版的《科学传播导论》一书中对“科学传播”概念进行了广义和狭义的区分，将“科学传播”界定为：科学共同体和公众通过“平等”与“互动”的沟通，通过各种有效的媒介，将人

① 田松.科学传播——一个新兴的学术领域[J].新闻与传播研究，2007（2）：81—90.

② 刘华杰.大科学时代的科普理念[N].光明日报，2000-05-08.

③ 吴国盛.从科学普及到科学传播[N].科技日报，2000-09-22.

④ 吴国盛.科学传播与科学文化再思考[N].中华读书报，2003-10-29.

类在认识自然和社会实践中所产生的科学、技术及相关的文化知识，在包括科学家在内的社会全体成员中传播与扩散，引发人们对科学的兴趣和理解，来倡导科学方法，传播科学思想，弘扬科学精神，并促进民主理念的启蒙。[①]

2 国际学者和相关组织关于“科学（技）传播”的理解

在国际科普研究中最常用的术语是“science communication”，但关键术语的使用同样很不统一，在研究文献或相关报告中经常还可以看到“scientific communication”“technical communication”“public communication of science and technology”等不同术语。这些术语虽然对于不同学者在不同与境（context）之下含义可能有所不同，但都和科普密切相关。在当下实践中，科技传播和科学传播之间存在着许多交叉，有时也在通用。

2.1 贝尔纳对“scientific communication”的理解

最早关注并研究科技传播现象的学者是科学社会学奠基人之一——英国著名科学家贝尔纳（J. D. Bernal），他在1939年出版的《科学的社会功能》一书中利用一章的篇幅（第十一章）专门讨论了科技传播（scientific communication）问题。[②] 他认为“科学情报（scientific information）数量之多已使其传播成为巨大问题”“需要极为认真地考虑解决科技传播的全盘问题，不仅包括科学家之间交流的问题，而且

① 黄时进.科学传播导论[M].上海：华东理工大学出版社，2010：17—18.

② 即《科学的社会功能》第十一章，标题为“scientific communication”（科技传播），国内中译本译为“科学交流”。参见J.D. Bernal. The Social Function of Science[M].The MIT press，1967：292—308；中译本见：[英]J.D.贝尔纳.科学的社会功能[M]. 陈体芳，译.北京：商务印书馆，1982。本节引文主要引自该书中译本的第398—418页，个别用语根据原文做了调整。

包括向公众传播的问题”。

贝尔纳将科技传播问题“划分为提供专门资料和提供一般资料两个部分；第一部分涉及科学出版物本身的职能和科学家之间个人联系的其他手段，第二部分涉及科学教育和科学普及工作”，并特别强调了科学教育和科学普及工作的重要性，认为科学教育和科学普及对推动科学的发展和应用具有重要作用：科学教育和科普工作有助于让公众理解科学所起的作用，了解科学对人类生活可能产生的影响。

贝尔纳的《科学的社会功能》一书包含有许多极富启发和极有远见的观点。例如，强调报纸、广播、出版等媒体对科技传播的重要作用，重视公众对科学作用、科学方法的理解，甚至还提出“群众参与科学”（popular participation in science）的主张。贝尔纳认为“除非普通大众……明白科学家在做什么，否则就不可能期望他们向科学家提供他们的工作所需要的支援，等等”。

贝尔纳将科技传播划分为“科学家之间的交流”和“面向公众的传播”的观点，在后来科技传播领域也有相当大的代表性。比如，在国际科技传播研究领域有着广泛影响的《科学传播》（*Science Communication*）杂志就将“science communication”划分为研究共同体内的传播（communication within rcscarch communitics）和面向公众的科技信息传播（communication of scientific and technical information to the public）两个方面。①

2.2《科学与公众》报告对“science communication”的界定

2000年，英国科技办公室和维尔康信托基金在广泛调查英国公众对待科学的态度以及英国科学传播活动的基础上，发布了《科学与

① http://www.sagepub.com/journals/Journal200892/aimsAndScope.

公众》（*Science and the Public*）报告，报告将“科学传播”（science communication）界定为：“发生于这样一些群体或组织之间的传播：科学共同体内的群体（包括学术界和工业界中的群体）、科学共同体和媒体、科学共同体和公众、科学共同体和政府或其他权力权威部门、科学共同体和政府及其他影响政策的机构、工业界和公众、媒体（包括博物馆和科学中心）和公众、政府和公众。”[①]

《科学与公众》报告认为，科学正在通过多种方式推进和改变着我们的生活，科学给我们带来了许多积极后果，但也产生了许多让我们担心的问题。调查发现：包括学术团体、大学、公司、媒体组织、地方政府、科学中心、博物馆、公众群体等组织、机构或群体积极参与科学传播活动，科学传播活动的类型呈现出复杂多样的特点，但人们对科学传播的理解仍然存在较大差异，对“科学传播”概念的定义存在争论，对科学传播目的的看法也不尽相同。

英国科技办公室和维尔康信托基金调查英国公众对待科学和科学家的态度以及科学传播活动的类型的目的时，尝试通过调查和分析来确定是否需要改善英国的科学传播实践，以便通过这种改善推进科学争论领域的公众参与（public engagement）。《科学与公众》报告强调了科学对话的重要性，认为当代科学的许多发展如此重要，以至于需要在国家层面进行广泛讨论，科学家和政治家不能在没有公众参与讨论的情况下做出决策，科学决策必须充分吸收公众的意见。

如果从界定“科学传播”概念的角度L来看，贝尔纳的《科学的社会功能》与《科学传播》杂志、《科学与公众》报告采用的方式方法是基本一致的，可以称之为描述式、列举式的界定方法，描述了科技

① Office of Science ，Technology，Wellcome Trus's. Science and the public: a review of science communication and public attitudes to science in Britain [EB/OL].http://www.wellcome.ac.uk/stellent/groups/corporatesite/@msh_peda/documents/web_document/wtd003419.pdf.

传播的形态，列举了科技传播的类别，对我们理解科技传播有重要帮助，但并没有按照定义理论和定义方法的要求去说明科技传播的基本特征。正如有学者所指出的，这就像把“教书”定义成“教师所做的事情”一样，本身没有错误，却不能提升人们的理解。[①]

2.3 澳大利亚学者对“science communication”的定义

2003年，澳大利亚学者T.W.伯恩斯、D.J.奥康纳、S.M.斯托克麦耶在《科学传播：当代定义》一文中给出了一个可以简称为“AEIOU定义”的科学传播定义：“使用适当的方法、媒介、活动和对话来引发个人对科学的这样一种或多种反应：意识（awareness）、愉悦（enjoyment）、兴趣（interest）、意见（opinion）、理解（understanding）”。[②] 相比上述几种定义方法，这一定义更符合定义理论和定义方法的基本要求。

“AEIOU定义”中的“A”代表上述个人反映中的“意识”。科学意识本身有不同的层次，最基本的科学意识是能够意识到科学技术的重要性，了解科学技术的某些发展状况；较高层次的科学意识意味着更高的科学素养和对科学技术的理解。提高公众的科学意识是科学传播人员的重要职责，所有的科学传播活动都要通过传播过程使公众熟悉科学技术的新发展，认识到科学技术与个人生活的密切联系。

“E”代表“愉悦”。公众可以像欣赏艺术品一样欣赏科学，并得到相应的感受和体验。对科学的愉悦可以引发公众对科学的积极态度，这种态度随后可以带来更为深刻的体验，从而促进公众对科学的积极学习。激发公众对科学的愉悦是科学传播追求的重要目标，无论

① 这类列举式定义在科学传播文献中实际上还有很多，甚至有学者就直接将“科学传播”定义为“专业传播者（新闻工作者、公共信息官员、科学家自身）的活动”，参见：D. Treise , M. Weigold. Advancing science communication: a survey of science communicators[J].Science Communication , 2002(3):310—322.

② T.W. Burns, D.J.O’Connor, S.M.Stocklmayer.Science communication: a contemporary definition[J].Public Understanding of Science. 2003(12): 183—202; T.W.伯恩斯，D.J.奥康纳，S.M.斯托克麦耶.科学传播的一种当代定义[J].李曦，译.科普研究，2007(6): 19—33.

这种愉悦是公众在参观科学展示或博物馆过程中获得的体验，还是在阅读科学书籍或参与科学活动时获得的满足。

“I”代表“兴趣”。科学传播可以使用不同的方式方法来激发公众对科学的兴趣，有效的传播应该像阅读一部伟大的作品那样鼓舞人，像听一首美妙的音乐那样令人愉悦，或者像喜爱的体育运动项目那样激发人的参与和热情。科学传播可以引发公众的多种反应，兴趣就是其中的一种，科学传播活动应该能够促进公众（特别是年轻公众）对科学的兴趣以及学习和参与科学的热情。

“O”代表“观点”。科学传播不仅要提高公众的科学意识、引发公众的愉悦体验、激发公众的参与兴趣，还要促进公众形成自己对待科学的态度、看法和观点，或者使公众能够改变自己原来对待科学的态度、看法而形成新的观点。如果科学传播促使公众形成了自己的观点与态度，或者使他们肯定、反思、重塑了原有的观点和态度，那么这样的科学传播就是最有力的（或者说是最有效的）。

“U”代表“理解”。科学传播的重要目标是促进公众理解科学，理解科学的知识内容，理解科学探究的过程，理解科学的应用及其对个人和社会的影响。公众对科学的理解并不意味着公众要拥有全面的知识，而是强调公众对科学内容、科学方法、科学进展、科学应用及其实质的认识和理解。公众对科学的理解是公众提高其科学素养的先决条件，也是社会培育科学文化的重要基础。

澳大利亚学者给出的这个“AEIOU定义”从“科学传播所引发的个人对科学的反应”视角描述了科学传播的基本特征，形式上符合定义方法要求，也有助于理解科学传播的任务目标。在T.W.伯恩斯看来，如果有足够数量的个人展示了这类个人反应，那么这类反应就可以被看作属于公众群体的反应。因此，利用这一定义，也可以方便地讨论科学传播与体现在公众群体层面的公众科学意识、公众理解科学、科学素养、科学文化的关系。

3 “科普”的术语解释和概念界定

国内的科技传播研究始于20世纪80年代中期，进入21世纪之后开始活跃起来。目前，通常使用“科技传播”的学者往往将科技传播置于科技创新与社会发展的背景下，关注科技传播的社会功能，强调科学技术的普及、促进公众对科学的理解、服务社会的科技创新；而通常使用“科学传播”的学者则往往将科学传播置于推进科学与公众对话的与境（context）中，将科学传播问题与科学文化建设、公众参与科学问题联系在一起。

3.1 “科普”的术语解释

在当代科学技术与社会发展背景下，鉴于发展科学技术普及、提高公众科学素养、促进公众理解科学、推进科学交流对话、服务科学技术创新和科学文化建设等多个层面的问题，可以把“科技传播与普及”作为一个整合性、包容性、基础性术语来使用。“科技传播与普及”在表达上包括了“科技”“传播”“普及”三个关键的组成部分。“科技”涉及科普的内容，也体现了科普的特点。

目前，国内外公众理解科学、科学传播研究领域，受习惯用法的影响，“公众理解科学”“科学传播”等表达方式用的都是“科学”而非“科技”，但实际上这里的“科学”都指的是进入“大科学”时代以后广义的科学，包括技术在内。事实上，这种习惯用法有时会引起一些不必要的麻烦和误解。为了避免误解，国际上一些政策文本、研究报告通常都会对其中的“科学”进行定义，以说明“科学”包括“技术”在内，实际上指的是“科学和技术”。

例如，英国皇家学会1985年发布的《公众理解科学》报告就特别申明，“我们所理解的‘科学’是广义的‘科学’：它包括数学、技术、工程和医学。”[①] 英国上议院2000年发布的《科学与社会》报告也

① 英国皇家学会.公众理解科学[M].唐英英，译.北京：北京理工大学出版社，2004：2.

指出，“科学”包括工程、技术和医学。[①] 美国科学促进协会在其发布的《面向全体美国人的科学》报告中，还专门就报告的名称进行了解释，其报告名称之所以只用“科学”，只是出于使报告名称在表达上更简洁的考虑，报告名称中的“科学”包括自然科学和社会科学、数学、工程和技术。[②]

“科技传播与普及”中的“传播”“普及”涉及科学技术传播普及的过程和方式，即科学技术通过传播、普及而达到特定的目标。“科技传播与普及”可以简称为“科技传播”（或“科学传播”），也可以简称为“科技普及”（或“科学普及”“科普”）。当然，作为“科技传播与普及”简称的“科普”与传统“科普”是有区别的，它不局限于传统“科普”所强调的基础知识（甚至是科学常识）的普及，还包含当代传播内容、当代传播理念，是当代“科普”、现代“科普”。

作为“科技传播与普及”简称的“科普”概念在外延上包括各种传统科普实践以及各种科技传播和科学传播实践，传播普及的内容包括科学技术知识、科学方法、科学思想、科学精神以及科学与社会的相互关系等多个方面，涉及传播普及科学技术知识、促进公众理解科学、提升公众科学素质、服务公众参与科学和社会科技创新等多种任务，既强调科学技术传播普及的基础性和重要性，又强调接受当代传播理念的指导和对当代传播理论的应用。

3.2 “科普”概念的界定

借鉴国内外学者和业界关于科学普及、科技传播、科学传播的相关理解或定义，“科技传播与普及”或者说“科普”概念可以界定

① 英国上议院科学技术特别委员会.科学与社会[M].张卜天，张东林，译.北京：北京理工大学出版社，2004：11—12.

② 美国科学促进协会.科学素养的基准[M].中国科学技术协会，译.北京：科学普及出版社，2001：247.

为：指利用适当的传播方法、媒介、活动，通过对科学技术知识、科学方法、科学思想、科学精神以及科学技术与社会发展信息的传播普及，促进科学技术的扩散和公众对科学技术的分享与参与，激发公众个人、群体、社会组织对科学技术的意识、体验、兴趣、理解、意见的过程。

科普的基本特征和基本功能是，传播者（个人或组织）使用适当的技能、方法、工具和媒介以及各类传播活动（包括科学对话活动），促进科学技术在社会范围内的广泛扩散，实现公众个人、群体以及社会组织等对科学技术的分享，并激发他们对科学技术的反应（意识、体验、兴趣、理解、意见等）。适当的传播方法、媒介、活动是科普的基础和“工具”。公众个人、群体和社会组织等对科学的反应是科普的目标和结果。

科普的对象（受众）是公众个人、群体及社会组织。传统科学普及强调公众个人和群体对科学技术的学习与掌握，传播关系被简化为科学家或专业人士对普通公众和科学外行的关系。当代科普则强调公众对科学技术的学习、理解、参与，传播关系中不仅包含社会组织，而且包含更多平等交流的特征。科学家群体、传播媒体、政府部门、工业界都是科学对话的重要参与者，因而也是科普的重要对象。

科普的任务是，激发公众个人、群体或社会组织等对科学技术的意识、体验、兴趣、理解、意见。意识、体验、兴趣、理解、意见之间不是“并且”的关系，而是“或者”的关系，而且就一般情形而言，其间存在某种递进关系，公众对科学技术的意识和体验，有助于增加公众的兴趣，影响公众的态度；公众对科学技术有了自己的认识和理解，才可能形成自己的意见。公众拥有自己的理解和意见是参与科学对话的重要基础。

科普包括两个基本的子过程，即科学技术信息的传播扩散过程和公众对科学技术信息的学习分享过程。传播扩散是公众学习分享的基础，公众学习分享是传播扩散的结果。这两个基本过程是科普活动得以展开并取得效果的基础，只有通过科技信息的扩散和公众分享，科学技术才能进入公众的生活和意识之中，才能成为公众体验和感兴趣的对象，才能引发公众的理解和思考。

科学技术知识、方法、思想从其本性上来说最初都具有“私有性”，它们最初都来源于发现者个人的智慧和努力，都属于他们个人的知识，这些要素只有通过传播扩散和公众分享过程，才能实现外部化、社会化，被公众知晓、了解、学习和掌握，从而引发公众个人、群体和社会组织对科学技术的意识、体验、兴趣、理解、意见。科普的社会效果取决于科学技术扩散的范围和共享的程度，科学技术的社会功能依赖于它是否被传播以及传播的深度和广度。

本讲小结

目前科普研究和实践领域的关键术语使用还不统一，基础概念也缺乏共识性定义，考察分析国内外学者及有关组织对“科学普及”“科技传播”“科学传播”等相关概念的界定和理解，我们可以将“科技传播与普及”（简称“科普”）作为一个基础术语，并将其界定为“利用适当的传播方法、媒介、活动，通过对科学技术知识、科学方法、科学思想、科学精神以及科学技术与社会发展信息的传播普及，促进科学技术的扩散和公众对科学技术的分享，激发公众个人、群体、社会组织等对科学技术的意识、体验、兴趣、理解、意见的过程”。

第三讲
科普的构成和主体

科普是人类传播现象的一个特殊分支，遵循人类一般传播现象的基本逻辑。虽然在许多人看来，科普的内容与科学技术相关，传播的任务目标相对单纯，要比社会其他传播现象简单，但多年来诸多有关研究和社会实践结果充分表明，科普同样涉及复杂的传播关系，受到复杂因素的影响。若从发生学的角度，主体（传播者）和受众、与科学技术相关的内容、传播渠道构成了科普的基本要素，各基本要素间的相互作用形成科普中的基本关系，进而形成科普的基本结构。

1 科普的构成要素

在传播学中，为了研究传播现象的结构和过程，揭示传播现象的特点和本质，传播学家们提出了许多不同的“传播模式”。传播模式研究是模型方法在传播研究中的一个具体应用，传播学家利用“传播模式”为传播现象建立模型，用以解释传播现象的构成和结构、描述传播现象的过程和关系。在对科普的研究中，“传播模式”方法同样可以用于分析科普现象和过程的结构、要素和关系。

1.1 社会传播现象的构成要素

社会传播现象具有结构性、过程性、系统性的特点，由特定的构成要素组成，形成了特定的结构和关系，通过特定的过程执行其功能。分析传播的基本要素、结构、关系，是传播研究的逻辑起点。传播学家就是用“传播模式”概念和方法来研究和描述传播现象的构成要素、基本结构、传播关系和传播过程的。在传播学家所提出的诸多“传播模式”中，最为基础且影响广泛的“传播模式”是拉斯韦尔

（H.D.Lasswer）提出的“5W”模式。

“5W”模式是由美国政治学家拉斯韦尔在1948年发表的《社会传播的结构与功能》一文中提出的一个传播模式。“5W”模式认为社会传播现象包括五个基本要素：谁（who）、说什么（say what）、通过什么渠道（in which channel）、对谁说（to whom）、取得什么效果（with what effect），它们分别对应的是传播现象的传播主体（传播者）、传播内容、传播渠道、传播对象（受众）和传播效果。

英国传播学家麦奎尔（D. McQuail）按照结构顺序将这五个要素进行排列，便成为著名的“5W”模式（图3–1）。

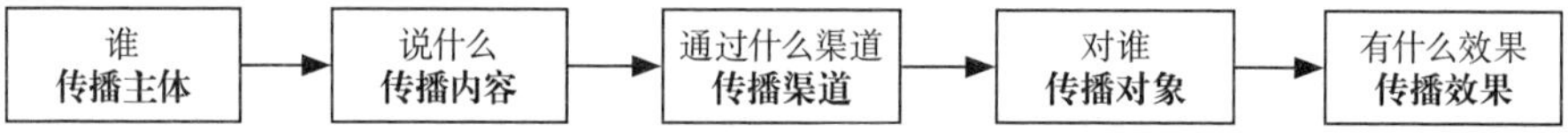

图3–1 “5W”模式

“5W”模式简洁而清晰地概括了传播现象的基本构成，在传播学史上第一次将人们每天都在接触却又复杂多样的传播活动进行了结构性的解剖。“5W”模式不仅是传播学史上最早的一个传播结构模型，具有开创性意义，而且引领了传播学研究的发展方向，为传播学的独立奠定了重要基础。后来的传播学正是在“5W”模式的基础上确立了自己的基本框架：控制研究、内容分析、媒介分析、受众分析、效果分析（图3–2）。

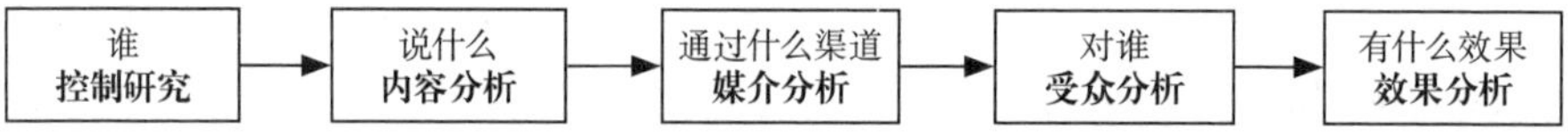

图3–2 “5W”模式与传播学研究领域

当然，对“5W”模式的批评从来也没有停止过。有学者批评“5W”模式忽略了传播过程中的目的和环境要素，没有考虑到传播是为了何种目的进行、在什么环境中发生的，也忽略了传播过程之外的社会系统对传播的影响。1958年，苏联学者布雷多克就在“5W”模式基础上增加了“传播现象发生的具体环境（在什么情景下）”和“传播者发送信息的意图（为了什么目的）”这两项因素，将“5W”模式发展成“7W”模式。

有些传播学家对“5W”模式将传播现象简化为单向的线性过程也提出了批评，认为“5W”模式忽视了社会传播现象中的复杂关系以及现实中的各种复杂因素对传播效果所产生的复杂影响，从而提出了强调传播者与受众双向互动关系或是强调传播现象系统性特点的传播模式。其中，比较著名的有施拉姆（W. L. Schramm)的循环互动模式、赖利夫妇（J. W. Riley, M.W. Riley）的系统模式、马莱兹克（G. Maletzke）关于大众传播过程的系统模式等。

施拉姆是对传播学发展做出杰出贡献的一位学者，他将分散于新闻学、社会学、心理学、政治学等领域的传播研究成果加以整理、归纳、综合，勾勒出了传播学的核心问题和基本框架，最终使传播学成为一门独立学科，因而被尊称为“传播学创始人”和“传播学之父”。1954年，施拉姆在《传播是怎样运行的》一文中，以奥斯古德（C.E.Osgood）的观点为基础，提出了“循环互动模式”（图3–3）。

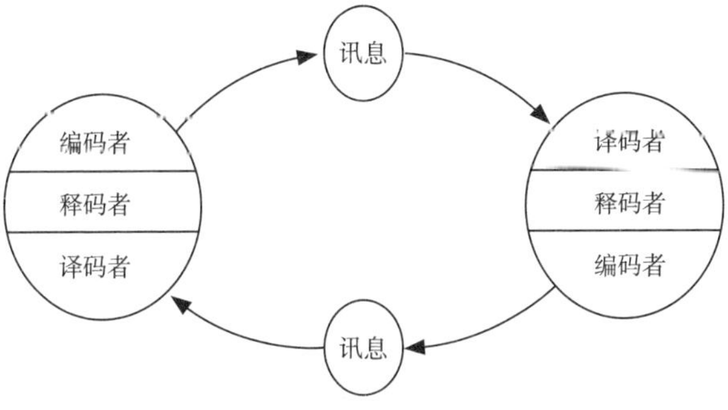

图3–3 施拉姆的循环互动模式

施拉姆的循环互动模式突出强调了传播过程的循环性和传播参与者的互动性，而赖利夫妇以及马莱兹克所提出的系统模式则将传播过程置于社会大系统中，强调了传播过程的系统性特点。赖利夫妇于1959年提出的“系统模式”（图3-4）认为，多重结构是社会传播系统的本质特点，传播活动的任何参与者都是有内在活动的个体系统，他们分属于不同的群体系统，个体系统之间相互连接形成人际传播，群体系统又存在于更大的社会结构中。

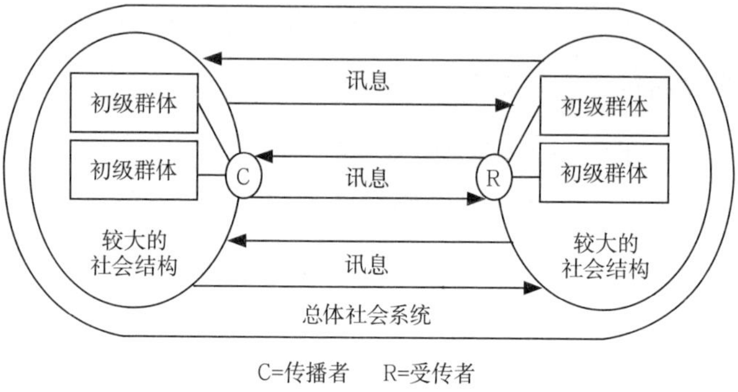

图3-4 赖利夫妇的系统模式

赖利夫妇的系统模式强调了任何传播活动都存在于复杂的社会关系之中，而德国学者马莱兹克在1963年提出的系统模式则把传播现象看作是包括社会心理因素在内的各种社会影响力交互作用的一个“场”（图3-5），强调了任何传播参与者在传播过程中都会受到复杂因素的影响，例如，传播参与者（传播者、受众）的自我印象、人格结构、所属群体成员的身份、所处的社会环境以及信息的内容、媒介的性质，等等。

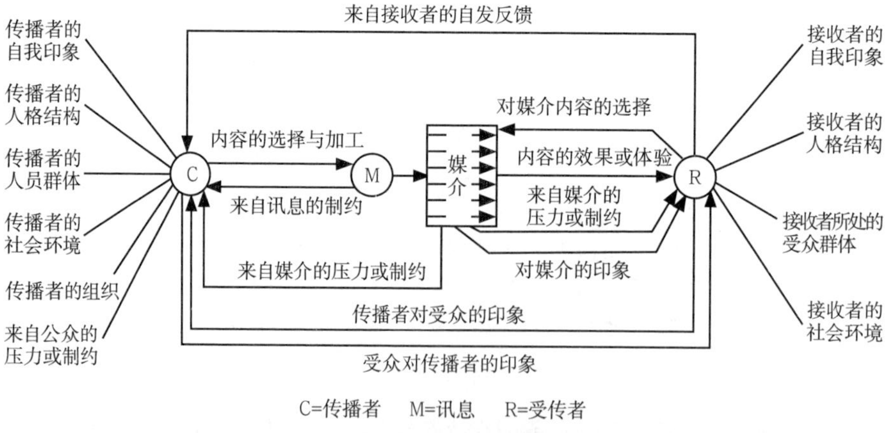

图3-5 马莱兹克关于大众传播过程的系统模式

1.2 科普过程的构成要素

“传播模式”研究是传播学家分析传播现象结构和特征的一种重要方法，传播学家利用“传播模式”揭示传播现象的构成要素和基本关系。但是，如果从发生学的角度来看，只要有了传播主体、传播内容、传播渠道、传播对象四大基本要素，传播现象就可以发生了。“四要素论”可以成为描述传播现象最简单的模型。事实上，传播学家贝罗（D. K. Berlo）早在1960年就在《传播的过程》一书中提出过一个“四要素”模型（图3-6）。①

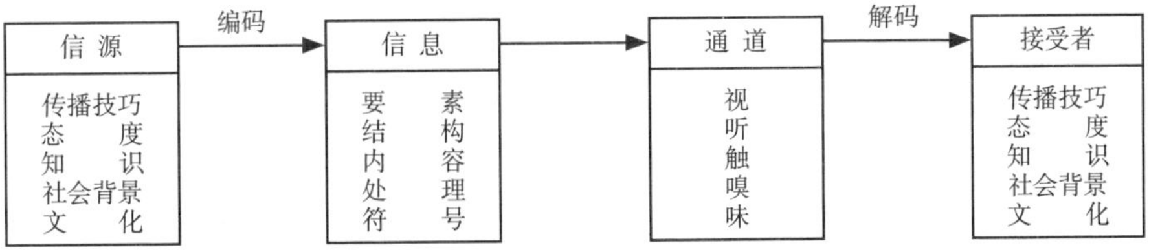

图3-6 贝罗的传播模式

“四要素论”同样可以成为研究和分析科普现象的基础模型。根据“四要素论”模型，科普由这样四个基本要素构成：科普者（传播者）、科普内容（传播内容）、科普渠道（传播渠道）、科普对象（传播受众）。这四大要素是科普活动得以启动和发生的基本条件，也是所有科普实践共同拥有的基本特征。

分析科普的参与者（传播者和受众）、内容、渠道，明确科普的基本构成，认识科普的基本特征，是科普研究的逻辑起点。“四要素论”可以为认识科普构成和特征提供一个有用的工具。当然，我们不能因此就将科普现象简单化。事实上，科普现象和社会其他传播现象一样具有复杂性，其参与者、内容、渠道都包含着许多值得深入研究的特殊问题。

2 科普的参与主体

正如社会领域的其他传播现象一样，科普活动也有两类参与者：传播

① D.K.Berlo.The Process of Communication[M] New York: Holt，Rinehart，and Winston，1960.

者和受众。在传统科学普及阶段，常常将科普中的基本关系理解为拥有知识的科学家与缺乏知识的普通公众之间的关系，将传播过程简化为单向的、自上而下的、公众被动接受的知识传递过程。事实上，当代科普的传播者与受众已经拥有了多元化特征，传播关系也拥有了平等互动的特征，科普需要在理论上拥有多元主体、平等互动的理念。

2.1 科普参与者的历史演进

科普参与者经历了从个体到群体再到组织的发展历程。在近代科学技术发展的早期，科普活动的参与者主要是以个人身份进入传播关系中的，传播者和受众角色也相对比较明确，传播者是科学家以及拥有科学知识的人，受众则是那些有兴趣学习科学知识的普通大众，知识流程基本上是从科学家到大众。在知识存量规模较小、科技应用并不普遍的背景下，科普主要是靠个体行为来支撑的。

随着近代科学技术的发展和科学家群体的形成，科普开始受到群体背景的影响。特别是自19世纪上半叶开始，为了吸引并赢得更多公众对科学和发明的关注和支持，同时满足并激发普通大众对科学和发明的热情和兴趣，科学家、工程师、发明家共同参与到科学普及中来，积极向公众宣传和普及科学新知识、新技术、新发明。科学家群体和对科学感兴趣的公众群体成为科普活动的参与者。

20世纪以后，随着科学技术职业化、建制化的发展以及科学技术重要性、影响力的不断增加，科普领域出现了越来越多的社会组织，社会组织成为科普的活跃参与者。当代科普参与主体如图3-7所示：首先是媒体组织被吸引到科普活动中来，科学技术内容越来越多地出现在大众媒体中，科技专业记者成为科普的职业传播者。其次是政府部门和工业组织也越来越多地介入科普活动中。在当代科普领域，科学家群体（包括科学团体与科学组织）、社会公众、媒体组织、政府部门、工业机构、专业组织（与科学技术关系密切的文化教育机构、公共卫生机构以及非营利组织、非政府组织等）各自出于不同的动机与需要，共同参与到科普中来，活跃了科普局面，推动了科普事业的发展，同时也使传播关系变得更为复杂化和网络化，甚至使传播关系具有了更强的博弈色彩。

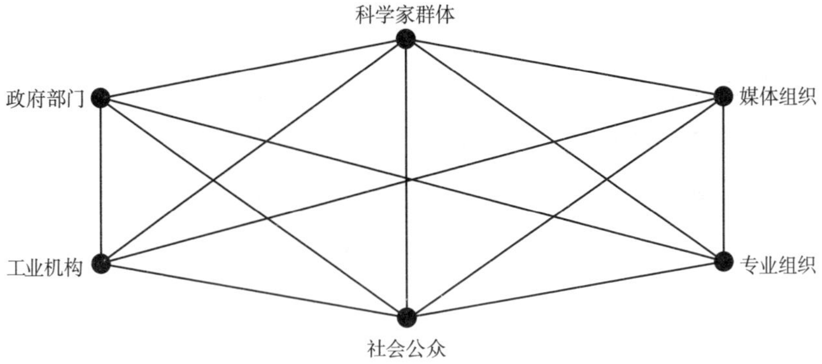

图3-7 当代科普参与主体

2.2 当代科普的主体关系

就当代科普的一般情形来看，科学共同体、政府部门、工业机构、传播媒体、专业组织由于在科学技术领域或科技传播方面各自拥有特殊的资源优势（如知识资源、政策资源、创新资源或媒体资源等），经常在科普中处于传播者的位置，而公众群体则经常处于科普受众的位置。但就科普的基本关系而言，传播者不能把公众视为等待知识注入的“空瓶子”，而应该把公众视为平等的参与者。

当代科普已经成为科学共同体、政府部门、工业机构、传播媒体、专业组织、公众群体等多元主体共同参与的一个实践领域，参与主体的多元化使科普形成了开放互动的网络化传播关系，成为一个具有多元互动特征的活跃的社会传播系统。与科学技术相关的知识和信息在这样的网络系统中频繁流动，不仅公众群体会成为传播对象，科学家群体、政府部门、工业机构、传播媒体、专业组织等也会经常性地成为传播的对象。

在当代科学技术与社会发展的背景下，公众群体就总体情况来看，的确处于标准化知识缺失的状态，属于远离普适性科学的“外行”群体，但公众在生产生活实践经验中也积累了很多对于解决实际问题有效的“地方性知识”，同时又是科学技术的消费者、科技发展资源的提供者、科技应用后果的最终承受者，而且科学技术的发展和应用最终是为了满足包括全体公众在内的整个社会的需要，因此科普不能把公众群体视为知识灌输的对象，公众群体事实上就是科学技术领域的参与者、对话者与合作者。

当代科普需要坚持“多元主体论”和“公众（受众）主体论”的理念。在科技发达的西方国家，政府机构和科学团体近些年来都在积极尝试发展科学技术领域的对话交流活动，探索吸引公众参与对话的各种措施（如国家级或地方级协商、共识会议、平民评审团、利益相关者对话等），[①] 使公众群体（或通过其代表）平等参与到科学技术决策或政策的协商和讨论中来，成为与科学家、政府平等对话的参与者。因而，“公众参与模型”“民主模型”“对话模型”近些年来在国际科学传播领域变得颇为流行。

2.3 公众群体的分群与分层

随着科学技术与社会的不断发展，当代科普无论是在理念上还是在实践措施上都发生了重要变化，细分公众群体就是其中的一个重要动向。公众群体中的不同公众了解和掌握科学技术的程度不同，接触和应用科学技术的机会也不同，因而，科普需要针对不同的公众采取有针对性的措施和策略，这样才能更好地提高科普实践的效果，提升科普的公共服务能力。

英国皇家学会1985年发布的《公众理解科学》报告把公众群体区分为：追求个人满足与幸福的私人个体、作为民主社会成员履行公民职责的个体公民、从事技术及半技术性职业的人群、从事中层管理工作和专职性工作及商务活动的人士、在社会中负责制定政策或做出决策的人员五个群体。[②] 2006年，国务院实施的《科学素质纲要》选择了未成年人、农民、城镇劳动人口、领导干部和公务员四个重点人群，提出了有针对性的科学素质行动任务和措施。[③]

---

① 英国上议院科学技术特别委员会.科学与社会[M].张卜天，张东林，译.北京：北京理工大学出版社，2004：63—89.

② 英国皇家学会.公众理解科学[M].唐英英，译.北京：北京理工大学出版社，2004：3.

③ 在《科学素质纲要实施方案（2011—2015年）》又增加了“社区居民”这一新的公众群体，具体内容参见本教程第十二讲。

现代科普已经不再像早期那样将所有公众都视为对科学缺乏了解的外行，也不再将公众群体视为整齐均一的同质群体，而是认为公众群体是异质多样的、可以分层的。科普领域另一个有价值的理论是将公众群体区分为热心公众、感兴趣公众、一般公众的“公众分层理论”。这一理论认为科学技术政策形成过程中涉及五个群体：决策者、政策领导者[①]、热心公众、感兴趣公众、一般公众。

正如公众群体中有人热心于谈论政治或体育一样，公众群体中也有人热心于谈论科学技术，科学技术也有其热心公众。对科学技术政策某个问题的兴趣水平较高并感到对该问题非常了解的那些公民被称为该问题的热心公众（attentive public）。科学技术政策的几乎每个问题都会有其热心公众和感兴趣公众，他们通常比其他公众更了解相关的知识和信息，热心于参加政策问题讨论。在任何一种政治体制下，科学技术决策都可能会受到那些感兴趣的公民的影响。[②]

米勒（J.D. Miller）等学者认为，热心公众关心科技政策的讨论，会给政策出台造成压力，对科技政策的民主讨论非常重要。[③] 特别是那些存在分歧或争论的科技政策问题，往往会吸引热心公众参与到政策讨论中来，公众的观点也会对政策产生影响。热心公众和感兴趣公众不仅是科技政策讨论的热心参与者，一般也是科普活动的热心参与者和科普事业的积极支持者，科普事业的发展依赖于社会能有更多的热心公众和感兴趣公众。

2.4 科普的“第三方”

传播媒体、科普设施、专业组织、民间团体这类参与者在当代科普体

① 所谓“政策领导者”指的是那些对政策可以施加重要影响但又不属于决策部门的人士。例如，在科学技术政策领域，权威的科学家和工程师、科技公司领导者、重要科学机构的领导人、大学校长等，虽然他们对科学技术政策并没有实际决策权，但却可以直接影响政府科学技术政策的决策。

② [德]迈诺尔夫·迪克尔斯，等.在理解与信赖之间：公众、科学与技术[C].田松，译. 北京：北京理工大学出版社，2006：70—88.

③ 张晓芳.论Miller的PUS研究思路：热心公众理论-科学素养概念-公众科学素养测量[J].科学学与科学技术管理，2003(11)：57—60.

系中发挥着特殊而重要的作用，可以被看作是科普的“第三方”。传播媒体、科普设施由于掌控着面向社会公众的传播手段而在科技传播体系中占据特殊位置，某些专业组织和民间团体则因为其特殊的社会角色而在科技传播体系中扮演着特殊角色。科普事业的发展需要科学共同体、政府部门、工业机构和公众群体的积极参与，也需要通过有效的激励机制培育强大的“第三方”。

传播媒体在当代已经成为科普的一大主力，处于科普的最前沿。国内外近些年来的相关调查表明，传播媒体是科学技术知识信息流向公众的基本通道之一和公众获取科学技术知识和信息的重要来源之一。例如，通过电视来获取科学技术信息的公众比例在我国超过了80%。不仅如此，传播媒体（包括网络媒体）在当代已经成为公众在科技事务方面表达意见、参与科技政策讨论的重要渠道和平台之一。

与此同时，随着传播媒体在科普领域中的地位不断上升，媒体与科技传播的关系也变得异常复杂起来。当代媒体已经不再是科学知识的“转发器”，在科技传播方面也拥有了自己的“独立人格”，媒体可以通过筛选信息和传播观点影响公众的判断、思考和意见形成，可通过议程设置功能引发公众对特定科技议题的关注，甚至会给公众“灌输”媒体所理解的“科学技术”，而这些理解却有可能包含对科学的“误读”或“歪曲”。

从世界科技发达国家的经验来看，包括自然博物馆、科学技术馆、天文馆等在内的科普设施在科普中发挥着极为重要的作用，公众通过参观科技场馆获取科学技术信息，学习科学技术知识，掌握科学方法，体验科学的现象、原理及其背后的科学思想和科学精神。与报纸、电视、网络以及其他传播途径相比，科技场馆拥有一些非常特殊的科技传播优势，具有很强的直观性、可接触性、参与性、亲和力和影响力，在科普体系中发挥着非常特殊的作用。[①]

① 翟杰全，杨恋洁，周小磊.科技类博物馆的科技传播[J].北京理工大学学报（社会科学版），2012（1）：121—124.

专业组织和民间团体包括那些业务范围与科学技术有关的非营利组织（NPO）、非政府组织（NGO）以及各类政策咨询、文化教育、环境保护、公共卫生机构等。从社会角色与社会属性方面来看，这些专业组织往往具有民间性、自治性、志愿性、公益性、中立性等特点，在当代社会公共事务和公共管理领域扮演着重要角色，被认为是现代社会结构中政府部门、私营部门之外的“第三部门”和“第三种力量”。

专业组织和民间团体涉及的社会领域相当广泛，如环境保护、医疗卫生、文化教育、技术推广、社区治理等。特别是那些致力于环境保护或技术推广、服务于医疗卫生或文化教育的NPO、NGO，它们通常都非常重视相关科学技术的传播、普及和宣传，因而成为科普的一支重要力量。在我国环境保护领域就活跃着自然之友、中华环保基金会等一大批非政府组织，它们在推进环保项目的同时，积极开展环保知识的宣传，成为环保科普的重要力量。

本讲小结

科普是人类传播现象的一个特殊分支，传播的内容与科学技术密切相关。以传播学的理论与方法分析，科普同样拥有自己的系统结构，与科学技术相关的内容、科技传播参与者（传播者和受众）以及传播渠道构成科普系统结构的基本要素。在当代环境下，科学家群体、科学共同体、公众群体、媒体组织、政府部门、工业机构、专业组织作为重要的参与主体积极参与到科普活动中来，形成了网络化的互动传播关系，使科普具有了多元互动的特征。

第四讲 科普的内容和渠道

科普的内容和渠道是科普的两大基本构成要素。传统科学普及工作被定位于科学技术的大众化和通俗化，任务目标是向普通大众宣传普及那些与他们的生产生活和工作密切相关的基础知识、常识知识、实用知识与技能，服务于普通大众日常生产生活和工作等的实际应用，主要依靠群众性科普活动、媒体科技宣传、通俗科普读物出版等手段。

当代科普已经发展到利用多样化渠道、传播多样化内容、达成多元化目标的阶段，科学技术知识、科学方法、科学思想、科学精神以及科学技术与社会发展的关系成为传播普及的基本内容，科学技术教育、媒体科技传播、科普设施传播、群众性科普活动成为传播普及的基本渠道。根据社会和公众需求选择传播内容和渠道，提升公众科学素质，促进公众参与科学，推进科学文化建设，成为当代科普实践的重要特征。

1 科普的传播内容

科普的传播内容是流动在科普过程中的科学技术知识及相关信息，与传统科学普及的内容仅集中于科学技术基础知识不同，科普的传播内容包括不同的类别和层次。对于提高公众科学素质、促进公众理解科学来说，常用的分类和分层方法是，将传播内容区分为科学知识、科学方法、科学思想、科学精神以及科学技术与社会发展的关系。

1.1 科学知识

这里的“科学知识”指的是科学技术领域的各种知识、理论和信息（如科学数据）等。科学领域中的知识有不同的表现和表达形式，如科学数据、科学事实、科学概念、科学定理、科学理论以及已获得某种承认的科学假说等。技术领域内的知识则有技术原理知识、技术操作知识、技术标准知识等不同形态。

现代科学技术已经发展出了一个门类繁多、相互关联、交叉渗透的知识网络，仅自然科学一类就包括了数千门学科。在这样一个庞大的知识网络中，每天还会有新知识不断被发现。科学技术知识传播的任务是从这些知识中选择那些与公众生产生活和工作关系密切、能促进公众更好地理解科学技术的相关内容，服务于公众学习和掌握必要的科学技术知识，适应科技化社会环境以及公众生产生活和工作的需要。

科学技术知识每天都在通过多种途径，从科研机构、高等院校、公司企业、专业组织、科普设施流向社会和公众，在社会中传播扩散，促进公众对科学技术的分享。针对公众传播科学技术知识是科普的第一要务，获取所需的科学技术知识是公众在科技传播方面的重要需求。传播普及科学技术知识是科普的基础功能，只有在实现了这一功能之后，科普才有可能达成更多的其他目标和任务。

1.2 科学方法

科学技术方法，可以简称为科学方法，对科学技术知识的发现和获得有导引、规范的作用和功能，是比科学技术知识更高级的科学技术要素。中国古人早就强调过方法的重要性，认为“授人以鱼，不如授人以渔”。公众对科学方法的了解、认识、理解和掌握，有助于他们更好地理解知识是怎么来的，从而更好地理解科学技术本身，也有助于他们运用科学方法解决生活中、工作中遇到的各种问题，从而提高自身在科学技术方面的判断力以及运用科学技术的基本能力。

随着科学技术不断向纵深化、专门化发展，科学技术研究对科学方法的依赖性越来越强，新的研究方法也不断被发展出来，科学技术现已拥有了一个庞大的方法体系。比如，在自然科学研究领域，既有实验方法、数学方法、模型方法、系统论方法等通用性较强的方法，也有适用于某些特定学科领域的具体方法。当然，所有的科学方法都有特定的适用条件，也各有其特定的局限性。

对科学方法的某种程度的掌握是公众理解科学技术的重要基础。面向社会和公众的科学方法的普及重在帮助公众认识和了解科学方法的基本特征，学会在日常生活和工作中运用适当方法思考和处理遇到的问题，能够自主地运用科学方法区分和辨别科学与非科学。著名科普作家卡尔·萨根（Carl Sagan）就曾说过，如果我们不向公众说明科学严格的研究方法，人们又怎么能够分辨出什么是科学、什么是伪科学呢？

1.3 科学思想

科学技术思想，简称科学思想，是科学技术系统内具有思想性内容的构成要素，是蕴藏于知识和方法背后的关于研究对象的总体性看法及相应的思想观念。科学思想通常有两种存在状态，一是还没有总结提炼和清晰表达的隐性状态，是科学家在科学研究中实际存在、应用但未得到清晰化的思想观念；二是经由科学家本人或他人加以提炼并予以清晰表达的显性状态。科学思想通常有特定的适用范围，有些只针对某类对象（如量子力学思想），有些则可能适用于理解一大类对象（如物理学思想）。

科学思想是立足于科学技术实践和科学认识而产生的，是关于研究对象的总体看法，科学思想的提炼与总结依赖对科学技术知识、理论、方法的概括和提升，但一旦提炼出相应的科学思想，从科普的角度来看，可能比科学知识和理论本身更容易传播，因为科学思想的表达和传播有时可以不需要更多的专业语言，也更容易为公众所理解。公众可能不大容易弄明白“宇宙大爆炸”理论本身，但了解其中所包含的思想可能会相对容易。

在科学技术迅猛发展的今天，普通公众已经很难全面了解和掌握科学技术领域的各种知识和理论，因此“对公民要求过多的具体知识是不切实际的，但是他们对思想性的东西，还是可以理解和把握的”。[①] 而且由于科学思想比具体知识有更高的概括层次，公众对科

① 刘立.我国公民科学素质的基本内涵与结构[C]// 全民科学素质行动计划制定工作领导小组办公室.全民科学素质行动计划课题研究论文集.北京：科学普及出版社，2005：55.

学思想的理解和掌握更有利于提升科学素质。毛泽东当年在《湘江评论》上就曾说过，国人“迷信神鬼，迷信物象，迷信命运，迷信强权……这是科学思想不发达的结果”[①]。

1.4 科学精神

科学史上，较早对科学精神进行系统研究的学者是美国科学社会学家默顿（R. K. Merton）。他在1942年发表的文章中首次提出“科学的精神气质”概念，认为现代科学的精神气质有四个方面：普遍性、公有性、无私利性和有条理的怀疑精神。科学的精神气质是默顿科学社会学的重要基础。[②]默顿关于科学精神的研究属于科学社会学的视角，主要研究的是科学共同体内部内化于科学家行为或者说科学家应该坚持的基本规范。

许多关于科学精神的研究是在更宽广的视野中进行的，这样的科学精神不仅适用于指导和约束科学家的科学实践，而且也是每个社会成员都应该坚持和遵循的。例如，有学者将科学精神概括为探索求真的理性精神、实验取证的求实精神、开拓创新的进取精神和执着敬业的献身精神等；也有学者认为科学精神可以用实事求是、探索真理、崇尚真理、勇于创新、反对迷信、反对盲从、解放思想、追求真理、与时俱进等来描述。

科学精神是基于近代科学技术发展而产生的具有普遍性的科学规范和精神气质，不仅科学家要拥有并遵守科学精神，而且全体社会成员都需要学习、理解和掌握科学精神，并能在科学精神的指导下观察和处理各种与科技相关的问题。科普需要在培育和弘扬科学精神方面承担重要职责，通过普及科学知识、倡导科学方法、传播科学思想，为公众理解科学精神提供重要基础；同时通过传播提炼出来的科学精

① 转引自：刘立.我国公民科学素质的基本内涵与结构[C]// 全民科学素质行动计划制定工作领导小组办公室.全民科学素质行动计划课题研究论文集.北京：科学普及出版社，2005：56.

② 彭炳忠.论科学精神[J].自然辩证法研究，1998（10）：25—29.

神的理论和观点，帮助公众学习和掌握科学精神。

1.5 科学技术和社会发展关系的相关内容

当代科学技术与社会系统之间存在密切的互动关系，科普除了要传播普及科学技术的知识、方法、思想、精神这些科学技术的“内部要素”，还需要将科学技术与社会之间关系的相关内容、科学技术发展及其在社会中的应用信息作为传播的重要内容，帮助公众理解科学技术与社会之间的复杂关系，关注科学技术对社会以及社会对科学技术产生、发展的复杂影响，促进公众更好地理解科学技术及其在社会中的作用。

“科学技术和社会发展关系的相关内容”包括多个复杂的方面，例如，科学技术发展的历史与当代发展特点、科学技术与社会各领域的互动关系、国家发展科学技术的重要政策、科学技术领域的某些重要进展等方面的相关内容。了解这些内容和信息，有助于公众形成对科学技术发展的整体认识，认识科学技术发展的某些规律，明确科学技术领域中那些重大的发现、发明产生的社会背景，从而形成对科学技术发展的正确认识，并理解科学技术对人类文明的重要作用。

在当代科学技术广泛运用于社会各个领域并产生复杂后果的背景下，科普特别需要注重公众了解科学技术在解决资源、生态、环境、社会问题中的重要作用，了解科学技术对个人生活、产业进步、经济增长的影响及其影响方式，了解科学技术有可能产生的负面效应，形成对待科学技术的理性态度和基本观点，客观评价科学技术的作用及其后果。这对于提高公众的科学素质和科学理解水平有极为重要的价值和意义。

科普还应该面向公众传播当代科学技术发展、国家科学技术发展的政策信息，使公众了解某些重要的科学技术领域的发展状况及重大进展，思考这些进展的意义以及可能产生的后果，促进公众能够在必要的时候参与到相关的政策协商对话中来，参与到科技发展与应用问题的评估与监督中来。公众对科学技术事务的参与水平，不仅取决于公众对科学知识和方法的理解水平，也取决于对科学技术发展动态的了解程度。

总之，科普拥有一个复杂的内容体系，包括知识、方法、思想、精神以及科学技术与社会的关系等多个层面。刘华杰曾提出“一阶（first order）科学传播”与“二阶（second order）科学传播”的概念，认为科学传播包含一阶科学传播，即关于科学技术基本知识的传播；也包括二阶科学传播，即关于科学方法、科学精神、科学文化、科学的社会运作等内容的传播。① 这种分层的观点对科普理论和实践是有重要启发意义的。

2 科普的传播渠道

科普的传播渠道是扩散和传递科学技术知识和信息的途径和通道。利用人际传播渠道、群体传播渠道、组织传播渠道、大众传播渠道是科普和其他社会传播现象的共性特征，同时科普也拥有自己独有的一些传播渠道，例如，科学技术教育、媒体科技传播、科普设施传播、群众性科普活动等。随着科普的发展，未来在科学对话等方面还可能出现新的传播渠道。

2.1 当代科普的基本渠道

在目前的科普领域，具有扩散性特点的传播渠道已经得到了良好的发展，科学技术教育、媒体科技传播、科普设施传播、群众性科普活动已经成为科普的基本渠道。

科学技术教育是依托教育过程和教育途径实现的科普，现在已经

① 刘华杰.科学传播读本[M].上海：上海交通大学出版社，2007：3.

成为公众学习科学技术知识的基础途径。无论是在学校范围内进行的正规科学技术教育还是在学校范围外开展的非正规科学技术教育，都具有传播与普及科学技术的重要功能。20世纪70年代以来，随着公民科学素质理论研究的不断深化和公众科学素质现状调查的不断深入，人们发现各种形式的科学技术教育对提高公民科学素质都有重要作用，公众科学素质水平与所受教育的程度密切相关，受教育程度越高的公众群体，具备科学素质的比例越高。科学技术教育对提高公众科学素质的基础价值现已得到世界许多国家的高度认同，这些国家纷纷制定了面向素质提升的教育改革计划。

媒体科技传播是当代科普的另一个基本渠道，大众媒体已经成为影响公众科学素质的重要因素。我国历次公众科学素质调查结果都表明，电视、报纸等公众经常接触的大众媒体是公众获得科学技术信息的重要渠道，无论是报纸、电视这些带有传统特点的大众媒体，还是基于现代信息技术迅速发展起来的互联网等新型媒体，在传播普及科学技术、提高公众科学素质方面都发挥着重要作用。

包括科技馆、天文馆、展览馆、科普教育基地等在内的科普设施，承担着科普渠道的重要职责。科普设施是以传播普及科学技术、提高公众科学素质为目的，面向公众开展科普展览、进行科普教育的专门设施，从发达国家科普的经验来看，科技馆、天文馆、展览馆等科技场馆是科技传播、科技教育、科学普及的重要场所和重要基地，因拥有许多鲜明的特点和优势而在科普体系中扮演着重要角色。

各类群众性科普活动由政府部门、科学组织等机构举办，在当代同样也是科普的基本渠道之一。特别是面向全社会的大型科学普及活动历来受到各国政府和科技界的高度重视，“科技周”就是被世界各国政府和科技界视为进行科普教育的有效方式之一，目前许多国家每年都组织科技日、科技周、科技节、科技月甚至是科学年等活动，通过这些活动将科学技术带到广大公众身边。

目前在我国，有科技活动周、全国科普日、科技下乡等影响广泛的全国性大型群众性科普活动，也有许多在城乡各地举办的形式多样的小型群众性科普活动（如科普讲座、咨询活动等）。贴近社会和公众科普需求而开展丰富多彩的群众性科普活动，有助于公众更好地了解科学技术的发展，获取必要的科学技术知识，提升科学素质和科学认识水平。

2.2 当代科普渠道的多样化特征

传统科学普及在传播渠道和活动类型方面相对比较单一。随着科学技术越来越广泛地运用于社会生产和生活的各个领域，科学技术与社会以及与公众的关系越来越密切，社会和公众因而也产生了越来越普遍化、多样化的科普需求。为了满足这种普遍多样的科普需求，科普发展出了多样化的传播渠道和多样化的活动形式，在传播渠道和活动形式方面呈现出多样化的特征，既有扩散性和公共性的传播渠道（如上述四种渠道）和活动，也有交流性和私人性的传播渠道（如人际交流）和活动。

1999年，英国科技办公室和维尔康信托基金曾对英国的科学传播活动进行了广泛调查，调查发现包括学术团体、大学、工业公司、媒体组织、地方政府、科学中心、博物馆、公众群体等在内的许多组织和群体积极参与科学传播活动，科学传播活动类型呈现出复杂多样的特点（图4-1）。[①] 中国科协近些年来的“中国公民科学素质调查”结果也表明，我国公众对科普渠道的利用也呈现出明显的多样化特征（表4-1）。

① Research International.Science and the Public: Mapping Science Communication Activities[R/OL].http://www.wellcome.ac.uk/stellent/groups/corporatesite/@msh_peda/documents/web_document/wtd003418.pdf.

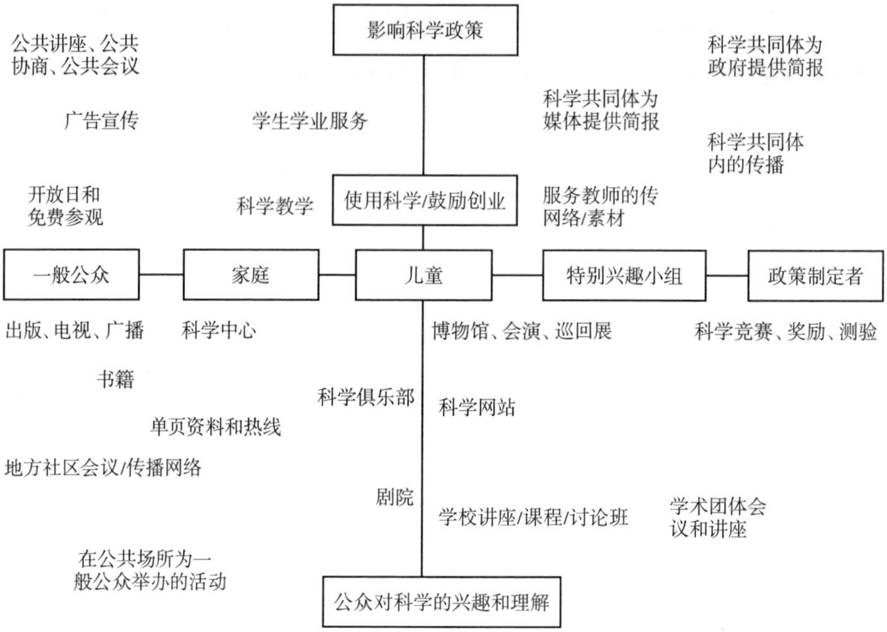

图4-1 科学传播活动类型图谱[①]

表4-1 2005年、2007年、2010年、2015年我国公众科普渠道利用情况

调查项目	具体渠道	渠道利用（多项选择/%）			
		2005年	2007年	2010年	2015年
我国公民获取科技信息渠道情况*	电视	91.0	90.2	87.5	93.4
	报纸	44.9	60.2	59.1	38.6
	人际交谈/亲友同事	48.7	34.7	43.0	34.9
	互联网/移动互联网	7.9	10.7	26.6	53.4
	广播	22.4	20.6	24.6	25.0
	一般杂志	合并到报纸	9.7	12.2	—
	图书	10.2	11.9	11.9	11.4
	科学期刊/杂志、期刊	9.5	13.2	10.5	13.3
	其他渠道	7.9	—	—	30.2

① 资料来源：Science and the Public: Mapping science communication activities. Prepared by Research International，1999.

续表

调查项目	具体渠道	渠道利用（多项选择/%）			
		2005年	2007年	2010年	2015年
我国公民参观科普基础设施情况**	动物园、水族馆、植物园	30.3	51.9	57.9	53.7
	图书阅览室	29.2	43.7	54.5	34.3
	公共图书馆	26.7	41.0	50.3	40.4
	科普画廊、宣传栏	36.7	46.8	48.7	20.7
	科技示范点、科普活动站	30.9	29.1	35.5	13.5
	工农业生产园区	—	30.0	34.2	27.5
	科技馆等科技类场馆	9.3	16.7	27.0	22.7
	自然博物馆	7.1	13.9	21.9	22.1
	美术馆、展览馆	11.2	17.5	26.4	—
	高校、科研院所实验室	—	2.7	11.2	9.7
我国公众参加科普活动情况***	科技周、科普日	11.9	14.7	23.8	7.8
	科技培训	30.8	35.2	35.6	11.0
	科技咨询	30.4	32.4	31.4	8.1
	科普讲座	23.9	25.8	29.4	12.4
	科技展览	—	21.3	25.1	14.6
	科普宣传车活动	11.6	13.8	13.7	17.7

资料来源：2005年我国公众科学素养调查主要结果[EB/OL].(2006-05-12).http://scitech.people.com.cn/GB/25509/56813/63493/63494/4369018.htm.；2007公民科学素质调查结果发布[EB/OL].（2008-11-16）.http://www.cast.org.cn/n35081/n35473/n35518/10964160.html.；2010年第八次中国公民科学素养调查结果发布[EB/OL].(2010-11-25).http://www.cast.org.cn/n35081/n35473/n35518/12451858.html.；中国科协发布第九次中国公民科学素质调查结果[EB/OL].(2015-09-22).http://www.cast.org.cn/n35081/n35096/n10225918/16670746.html.；张超,何薇,任磊. 中国公民获取科技信息的状况及新趋势[J].科普研究,2016(3):22—27；中国公民科学素质调查课题组.2015年中国公民科学素质抽样调查数据总表[J].科普研究,2016(3):65—115.

说明：*表中数值为公众利用这些渠道获取科技信息的比例；**表中数值表示过去一年中参观此类科普基础设施的公众比例；***表中数值表示过去一年中参加过此类科普活动的公众比例。

随着当代社会对公众参与科学事务问题的关注，“科学对话”正在发展为当代科普的新模式、新渠道。目前，在科技发达的西方国家，政府机构和科学团体已经探索了包括国家级或地方级协商、常设协商评议组、公民评审团、共识会议、利益相关者对话、互联网对话等各种科学对话实践形式。① 这些“科学对话”活动往往以科学普及为基础，以交流讨论为手段，以达成共识为目标，具有多重重要的功能。另外，公众群体内的人际交流一直都是科普的重要渠道，此处不做赘述。

科普渠道是科普的重要组成部分，加强渠道建设、发挥各种渠道的优势、提高各种渠道的效能，对提升全体公民的科学素质有重要的价值，对实现科技传播与普及服务的公平普惠有重要的作用。步入新时代，需要以强化传播渠道建设、整合各类传播渠道、促进渠道集成协同的理念为引领，利用多样化的科技传播渠道和多样化的科技传播活动，推进科普事业的繁荣发展。

本讲小结

科普内容和科普渠道是科普的两大基本构成要素。科普的基本内容包括科学知识、科学方法、科学思想、科学精神以及科学技术与社会发展关系的相关内容，基本渠道则包括科学技术教育、媒体科技传播、科普设施传播、群众性科普活动。公众群体内的人际交流以及正在成长中的“科学对话”在当代科普中也扮演着重要角色。利用多样化的传播渠道和传播活动，传播普及与科技相关的多方面内容，实现公众学习科技知识、理解科学技术、参与公共事务等多个重要目标，服务于国家及社会的科学文化建设、科技创新文化建设，是当代科普的重要特征。

① 英国上议院科学技术特别委员会.科学与社会[M].张卜天，张东林，译.北京：北京理工大学出版社，2004：63—89.

第五讲
科普的模式和模型

在科普领域，模式和模型问题仍是需要深化研究的基础课题。到目前为止，在从“模式”和“模型”包括什么样的含义到有什么样的模式和模型等问题上，学者们的理解和看法仍然很不一致。一般而言，科普的“模式”（pattern，mode）主要指的是因综合形态的不同而形成的科普的不同类型，科普模式通常具有一般性、类型性、可操作性等特征；而“模型”（model，pattern）则主要是指那些可以用来概括性、简约化地表达关于科普的某种理解并能指导科普实践的理论、观念或理念，科普模型通常具有概括性、指导性、指向性特征。

1 科普模式

在科普的历史发展中出现过不同形态的传播模式，在科普的现实实践中也有各具特色的不同模式，随着科普的发展以及新技术和新手段（如互联网和新媒体技术等）的运用，科普模式还会不断创新。当代科普实践形式和传播模式已经呈现出多样化的发展特点。然而到目前为止，科普模式理论还没有很好地建立起来。

1.1 基于时空特征的模式分类

研究科技传播的学者们从跨越时空、传播载体、流程特性、综合属性等角度对科技传播模式进行过分类和研究。林坚在《科技传播的结构和模式探析》一文中就将科技传播模式区分为历时性传播模式、空间跨越模式、地域推移模式。[①] 历时性传播指的是科学技术从古代、近代到

---

① 林坚.科技传播的结构和模式探析[J].科学技术与辩证法，2001（4）：49—53.

现代的传播。空间跨越模式是指利用电话、广播、电视、计算机网络而突破空间障碍的传播。地域推移模式是科学技术在特定历史条件下的传播方式。由于世界地域辽阔，以前受交通工具和信息传播工具的局限，传播只能以地域推移的方式逐渐延伸。作为中国古代四大发明之一的印刷术西传就呈现出明显的地域推移特征。历史学家认为，中国印刷术传入欧洲有几条不同的路线，其中最重要的一条就是经由我国新疆地区、中亚、西亚，最后辗转传到欧洲和世界其他地区。

事实上，社会的所有传播现象都涉及跨越时间、跨越空间两个基本方面，从主要是实现时间跨越还是空间跨越来区分，科技传播模式可以分为历时性传播、跨空间传播两种基本模式。[①] 历时性传播属于时间轴上的纵向传递，有很强的历史性特征，体现为历史性的跨越，对科学技术的传承与发展有重要作用。跨空间传播是空间轴上的横向扩散，有很强的空间跨越特征，体现为地域上的扩散。科学技术的历时性传播和跨空间传播都包含着对科学技术的传播、扩散和普及。

跨越时间和跨越空间是传播现象不可分割的两个方面。在人类传播历史上，跨越时间的传播通常会带来跨越空间的结果，而跨越空间的传播通常需要跨越时间的条件。随着传播技术和手段的不断进步，传播的跨空间和即时传播能力都得到了空前提高，即时性的跨空间传播也已经成为现实。当代利用电视、互联网的传播已经可以实现相对即时性的跨空间传播。基于时空特征的模式分类对分析人类文明史中的科技传播现象具有重要的价值和意义。

1.2 基于传播载体的模式分类

从传播载体的角度进行区分，可将科技传播或科普模式分为以人为载体、以物为载体、以媒体为载体等不同模式。在以人为载体的科普中，掌握和拥有知识、技能的人是知识、技能传播的媒介和载体，

---

① 翟杰全.让科技跨越时空：科技传播与科技传播学[M].北京：北京理工大学出版社，2002：71.

这种传播模式在传播技术不发达的早期非常常见也非常重要。例如，师传徒受、口口相传就曾是技能、技术传播的基本形式，古代许多重要的技术成就也是通过人口迁徙、战争中俘获工匠等方式实现跨地域扩散的。

以物为载体的科技传播或科普是利用某种实物（如展品、模型、产品等）作为负载知识信息的载体。在现代科普体系中，各种纸质媒介（如图书、期刊、报纸）、电子媒介（如广播、电视等）、网络媒介（互联网和移动互联网）都可以成为科普的媒介。以媒体为载体的科普有许多特殊的优势，不仅容易扩展传播的范围，提高传播的效率，而且知识信息的可保存性和可复制性也相对比较强。

1.3 基于流程特性的模式分类

从传播流程特性的角度区分，科普可以分为扩散式、交流式、参与式等不同模式。通过大众媒体的科学普及属于典型的扩散式传播。扩散式传播通常面向数量较大的受众群体，利用传播媒介和传播平台，传播者和受众的角色相对固定，信息流动方向相对单一，具有扩散性强、传播范围广、传播速度快、倍增效应强等优点，利于知识信息的大范围扩散，但同时也往往存在单向传播、反馈不充分等不足。

交流式科普是知识信息可在传播者和受众之间双向流动的传播模式。通过人际交流的科普就是具有交流特点的传播模式，传播者和受众可以在交流过程中交换角色，反馈迅速及时，可以使双方就某个话题深入讨论，实现知识信息的交流和共享。民主模型实践下的科学对话也属于交流式传播模式，科学家、政府部门、公众之间可以就某个科技议题进行讨论，最后达成共识。

参与式科普主要是指受众（传播者）通过参与科学过程获取（传播）科学技术内容的模式。普通公众在科学技术制度化的背景下已经被排斥在科学体制之外，但他们可以通过某种特定的“参与”过程获得科学技术知识和信息。例如，通过科技类博物馆举办的交互式、参与式展览，体验科学探索的过程；通过参加科技兴趣小组、“公民科学项目”[①] 参与科学探索和科学研究工作等。

1.4 基于综合属性的模式分类

近些年来，在公众理解科学和科学传播研究领域，有学者开始用“线性”和“非线性”特征作为区分不同模式的标准，认为传统科学普及的传播模式是线性的，这种传播模式将科普理解为从科学家群体（科学共同体）到公众的自上而下的、单向线性的传播过程；而强调多元、平等、开放、互动、民主、对话理念的科学传播模式是非线性的，它将科普理解为参与者之间平等、互动、交流的关系。

有些科学传播学者总结过与“线性模式”相应的一些模型，例如，约翰·杜兰特(John Durant)总结出的“缺失模型”以及斯蒂文·夏平（Steven Shapin）总结出的“权威解说模式”。“缺失模型”认为，公众缺乏知识，需要从科学家那里获得知识。而“权威解说模式”认为，科学事业的专业化和复杂化使外行的公众难以理解，媒体（特别是大众媒体）需要在科学家和非科学家之间架起桥梁，向公众传播和解释科学。

许多科学传播学者认为，早期的科学普及坚持的是缺失模型或权威解说模式，随着科学技术的进步，当代科学传播模式不再是线性直达的，而是具有了循环互动和非线性的特征。在非线性的科学传播模式中，普通公众的主体意识被唤醒，要求与科学家以平等的姿态进行对话，从而使传播者与接受者之间形成了相互交流、共同合作的新型关系。[②] 强调科学对话、公众参与的“参与模型”“民主模型”就是与非线性模式相对应的传播模型。

① 所谓“公民科学项目”(citizen science projects)一般是由科学机构或科学团体提出的，吸引青少年学生、业余爱好者、普通公众参与的探索性、研究性科学项目，学生或公众在这些项目中可以帮助科学家或与科学家一起进行探索性研究，包括监测环境数据、观察禽鸟数量、收集天气信息、搜集科学数据等。

② 黄时进.科学传播导论[M].上海：华东理工大学出版社，2010：129—137.

“线性”和“非线性”的标准实际上是个综合标准，区分标准中包括了相关的科技传播理念、传播关系性质、传播流程特征等多方面内容。但强调非线性模式重要性的学者们往往轻视线性模式的重要性。事实上，在社会传播现象中，传播模式不断创新，但就一般情形而言，新模式的出现不会完全取代旧模式；从当代科普实践来看，自上而下的线性模式和平等交流的非线性模式不仅都客观存在，而且都起着重要作用。

2 科普模型

20世纪80年代以来，随着公众理解科学运动的不断推进，人们对科学与公众关系以及科普中出现的问题进行了更为深入的研究，概括或总结了科普（科学传播）的一些模型。事实上，这些模型同时也可以被视为科学与公众关系、公众理解科学的模型。这些模型往往以高度概括化、简约化的方式呈现，但蕴含丰富的内容，包含对科普的基本特征、形态、关系、过程的基本理解，也包括了一些能给科普实践以指导的一些观念、理念、理论等。

2.1 缺失模型

目前，在国内外科普研究领域，“缺失模型”（the deficit model）是饱受批评的一个模型。批评者认为缺失模型包括或预设了这样一些观点：科学在现代社会中是至高无上的，科学知识是绝对可靠的知识；从科学到公众的知识流动是单向的和自上而下的；缺乏科学知识和对科学的不理解，导致公众疏远、怀疑甚至拒绝科学；公众理解科学可以使公众更好地接受和支持科学，从而支持科学技术的发展与应用；等等。

“缺失模型”实际上主要是由缺失模型的批评者们概括和命名的。在批评者看来，缺失模型广泛流行于传统科学普及工作中，是传统科学普及的理论基础；20世纪70年代以来欧美国家的公众科学素质调查以及

20世纪80年代提出的公众理解科学概念也都以缺失模型为基础；缺失模型的许多观点和预设是存在问题的，它将公众视为缺乏科学知识的纯粹外行，把科学与公众之间的关系简化为知识单向传递的关系。

对缺失模型的批评得到了一些研究成果的支持。例如，关于公众态度的一些实证研究表明，公众拥有更多的知识并不意味着对科学有更多的支持，对科学的充分理解也并不一定会产生对科学的信赖，拥有科学知识的程度与对科学的态度之间不是线性递进的关系；以缺失模型为指导的公众理解科学经过20余年的积极努力，也没有能让“正确回答”诸如DNA的定义或相对论知识的公众比例显著增长。[①]

对传统科学普及理论与实践的反思以及对“缺失模型”的批评和分析，对推进科普理论与实践发展具有重要的价值。但值得注意的是，强调公众知识缺失、强调科普重要性的观点与认为“公众无知”“科学至上”并不完全等同，强调科学知识普及和公众理解科学即使在今天仍然具有重要的价值。公众相对于科技发展和工作生活需求而言的知识缺失已经成为当代科学与公众关系领域中的一个基本问题。

2.2 与境模型

有些“缺失模型”的批评者认为，公众不是等待知识注入的“空瓶子”，现实中的公众是在具体与境（context）中接受和理解科学的，公众的个人心理和社会情境都会影响他们对科学的看法。这就引出了“与境模型”（the contextual model）的基本观点。与境模型目前在那些需要特别重视受众看法的领域已经得到应用，例如在健康传播领域，医生在给患者提供相关医疗建议时就需要考虑患者个人的理解和看法以及他们所处的特殊情境。

与境模型认为，公众的生活经验、文化语境、个人境遇会为他们塑造一个社会心理认知框架，公众就是用这一框架来处理接收到的各

① Bruce V Lewenstein. Models of public communication of science and technology[EB/OL]. Version: 16 June 2003.[2009-12-09].http：www.dgdc.unam.mx/Assets/pdfs/sem_feb04.pdf.

种信息的；社会系统和传播媒介的主张也会影响公众的看法，放大或抑制公众对某些问题的担心。现实中有许多例子可以说明生活习惯和传统观念有时会妨碍人们接受新的观念，罗杰斯（E.M.Rogers）在《创新的扩散》中就收录过一个典型案例——“秘鲁村庄的开水风波”[①]。

秘鲁偏远山区的一些村民习惯饮用生水，不知道不洁的生水会导致疾病，因而出现了许多健康问题。公共卫生组织人员在一个有200多户村民的村庄里开展了历时两年的喝开水推广活动，甚至对有的村民登门拜访达25次之多，但两年中仅说服了11个家庭主妇接受了这一生活习惯，原因是村民从小就养成了不喝开水的习惯，而且村民们还有一个根深蒂固的观念“只有得病的人才喝煮过的热水”。

与境模型反对缺失模型将公众看作是被动接受知识的“空瓶子”，认为公众在具体社会情境中具有一定的内省性，明确自己所处的环境，会用自己的认知框架来处理和理解接收到的知识和信息，这就反映了公众理解科学中的复杂性，无论从理论还是从实践的角度来看都是非常有价值的。与境模型的基本观点与传播学的结论也是基本一致的，传播学认为受众会用自己的认知模式来解释和理解接收到的信息，信息的来源、传播者的态度以及受众自身的需求、认知结构、所处的社会环境都会影响他们对信息的理解与接受。

但与境模型本身也存在着一些问题，并因此受到一些学者的批评。例如，与境模型看起来反对缺失模型，但既然认为公众按自己的方式而不是按标准科学的要求来理解科学，这实际上等于默认了“公众知识缺失”的观点，有学者因此就认为与境模型纯粹是缺失模型的一个更复杂的版本而已。[②]与境模型对科普实践有启发意义，但似乎很难给予操作性的具体指导。

---

① [美]埃弗雷特•M.罗杰斯.创新的扩散[M].辛欣，译.北京：中央编译出版社，2002：1.

② Bruce V Lewenstein. Models of public communication of science and technology[EB/OL]. Version: 16 June 2003.[2009-12-09].http：www.dgdc.unam.mx/Assets/pdfs/sem_feb04.pdf.

2.3 地方知识模型

有些对缺失模型持批评态度的学者认为，公众在知识上并不是“一无所有”，他们拥有极有价值的地方知识、外行知识，反倒是科学家常常认为科学至高无上、正确无误，缺乏“内省”，看不到科学知识在具体社会情境中的局限性，忽视公众所拥有的地方知识的重要价值。这些观点引出了“外行知识模型”（the lay expertise model）、“地方知识模型”（the local knowledge model）、内省模型（the reflexivity model）。

这类模型得到了一些案例研究的支持。[①]在地方知识模型、外行知识模型看来，科学专家掌握着专家知识、内行知识、科学知识，而公众则拥有外行知识、地方知识、外行专长，这些外行知识和专长对解决某些实际问题同样是有价值的；科学家往往自以为是地认为科学是没有问题的，应该被公众不加怀疑地接受，不仅看不到公众拥有的地方知识的价值，而且还对这类知识加以排斥，结果使公众丧失了对科学的信任。

到目前为止，“地方知识”还没有明确定义，通常指的是那些还没有被普适化科学认可的、具有某种本土特征的非标准化知识、地方知识、本土知识、民间知识。“地方知识”虽不能用现代科学的标准来检验，但对于解决在具体社会情境下的具体实际问题往往很有效。那些源于生活生产实践的经验、历史传承下来的传统知识通常都可以被归到地方知识之中。例如，传统中国医学（中医）、传统历法（阴历）就可以被看作是一类典型的地方知识，国际医学界对中医是不是科学仍然存在争议，中医在许多国家仍然被视为另类医学。

地方知识模型、外行知识模型由于强调公众拥有地方知识、外行知识而赢得不少学者的支持，同时也因为存在一些内在缺陷而受到批

① 刘兵，李正伟.布赖恩•温的公众理解科学理论研究：内省模型[J].科学学研究，2003（6）：581—585.

评。地方知识模型认为公众拥有同样可以解决问题的地方知识，这似乎为论证公众与科学家之间的平等关系提供了重要论据，但这种将科学知识与地方知识区隔开来、赋予地方知识与科学知识平等权利的做法，事实上有可能加剧公众与科学之间的紧张关系。有学者因此就指责地方知识模型是“反科学”的。①

而且，地方知识模型、外行知识模型到目前为止还没有回答这样一个必须回答的问题：既然公众拥有同样可以解决实际问题的地方知识，那他们是否可以因此而拒绝科学？事实上，每个拥有悠久历史的民族都会拥有许多还不能归到标准化科学中的地方知识（在医疗健康、天气预测、节气历法等方面尤其如此），这些知识的确有重要的价值，需要（科学）给予足够的尊重和重视。但拥有这种地方知识并不能给他们提供拒绝排斥科学的理由。

2.4 民主模型

近些年来，许多学者认为，科学与公众关系领域出现的问题（例如，公众不像以前那样信任、支持科学技术了）并不是因为公众缺乏科学知识，而是因为公众对科学没有发言权，解决问题的办法因而不是一味强调从科学家到公众的知识传播，而是建立公众能够参与科学决策的民主机制，使公众能够参与到科学对话中来。这种观点对应的是民主模型（the democratic model）、参与模型（the participation model，the engagement model）、对话模型（the dialogue model）。

在20世纪后期，包括转基因食品、转基因作物、克隆技术乃至信息技术、纳米技术在内的许多前沿科技的发展与应用引起了广泛的社会争议，这些新科技可能带来的健康安全风险或社会伦理挑战引起了公众的担心和忧虑，公众群体似乎出现了对科学的“信任危机”，这让政府组织和科学家们意识到发展科学对话的重要性。英国上议院

① Bruce V Lewenstein. Models of public communication of science and technology[EB/OL]. Version: 16 June 2003.[2009-12-09].http：www.dgdc.unam.mx/Assets/pdfs/sem_feb04.pdf.

2000年发布的《科学与社会》报告就提出了建立对话氛围、推进对话战略的建议。

英国科技办公室同年发布的《科学与公众》报告同样也强调了科学对话的重要性，认为科学技术在当代的发展如此重要，以至于需要在国家层面进行广泛的讨论，科学家和政治家不能在没有公众参与讨论的情况下做出决策；科学传播应该充分利用媒体促进公众的科学参与，使公众参与到科学对话中来。《科学与公众》报告认为，强调专家与非专家双向对话的“民主模型”“参与模型”是比“缺失模型”更好的科学传播模型。

民主模型、对话模型、参与模型强调发展科学与公众的交流对话、促进公众参与科学事务讨论、在科技决策领域建立民主机制的重要性。正是在民主模型的推动下，当代科学传播政策和实践发生了重要转向，合作、交流、对话、参与成为科学传播领域新的流行语。很显然，在基于民主模型的科学传播实践中，公众地位得到极大提升，不仅成为科学对话的重要参与者，而且在科学决策讨论中扮演着重要角色。

民主模型、对话模型、参与模型的提出顺应了推进社会民主化进程的要求，促进了科学传播理念与实践的变革。但民主模型本身也存在着需要进一步深入研究的许多问题，比如，由于强调对公众科学权利的政治承诺，民主模型更像是一个关于科学与公众关系的政治学模型（而非科学传播模型）；模型仍然需要回答公众如何才能切实地参与到对话中来、科学传播在其中扮演什么角色等问题。

2.5 对现有模型的简单分析

近些年来，在公众理解科学和科学传播理论与实践领域，对缺失模型的反思和批评，对与境模型、地方知识模型、民主模型等的探讨和分析，深化了对当代科学与公众关系复杂性的理解，促进了科普的理念更新，推动了科普理论和实践的发展。但到目前为止，科普的新模型仍然处于不断发展变化中，不仅每类（个）模型都各有需要回答和解决的问题，而且所有这些模型都还不能很好地概括和解释当代多样化的科普实践。

科普的当代实践模式和活动类型具有复杂多样的特征，包括了从科技类博物馆的科学展览、大众媒体的科技报道、科学团体的公共讲座到科学对话中的公共协商等各种模式和类型。就这些不同模式和类型与当代科普实践的关系来看，任何一类（个）模型还不能有效概括和合理解释科普实践中的复杂情形，某些具有复合性特征和多重目标的科普活动也无法在任何一个单一模型中得到很好的解释。

“公众理解科学”学者杜兰特就认为，缺失模型的一个很大优点在于它非常适合理解“公众理解科学”在教育方面的作用，而民主模型则在有争议的转基因食品等问题讨论中更为适用。[①] 科学传播教授布鲁斯·莱温斯坦（Bruce Lewenstein）则认为，在英美等国家颇有传统的“公民科学项目”弥补了公众知识缺失，促进了公众的科学参与，帮助人们用地方知识解决了本地问题，但现有模型却不能解释这类拥有多重交叉目标的活动。[②]

科普模型目前仍然是需要深化研究和广泛探讨的基础课题，不同的科普实践可能需要不同的模型（系列模型），科普理论可能需要更具概括性、整合性、开放性的模型。翟杰全在《科技公共传播：知识普及、科学理解、公众参与》一文中曾提出过一个包含科学知识普及、公众理解科学、公众参与对话的“整合模型”，[③]《科技传播与普及概论》一书对这一整合模型又给予了发展。[④]

---

① 李正伟，刘兵. 公众理解科学的理论研究：约翰·杜兰特的缺失模型[J]. 科学对社会的影响，2003（3）：12—15.

② Bruce V Lewenstein. Models of public communication of science and technology[EB/OL]. Version: 16 June 2003.[2009-12-09].http: www.dgdc.unam.mx/Assets/pdfs/sem_feb04.pdf.

③ 翟杰全.科技公共传播：知识普及、科学理解、公众参与[J].北京理工大学学报(社会科学版),2008(6)：29—32.

④ 任福君，翟杰全.科技传播与普及概论（修订版）[M].北京：中国科学技术出版社，2014：132.或参见本教程第七讲。

本讲小结

科普存在着不同的模式和类型，学者们已经对科普模式进行了初步研究，并提炼、概括出了一些模型，如缺失模型、与境模型、地方知识模型、民主模型等，近些年来也热烈讨论了科普模型的许多问题。但到目前为止，科普模式理论还没有很好地建立起来，现有的模型仍然还不能很好地概括和解释当代科普实践，每个模型都有需要回答和解决的问题。科普模式和科普模型问题仍然是科普研究领域需要深化研究的基础课题，需要科普理论界和实践界进一步根据科普实践的发展和时代的需求，提出更有解释力的模式理论和传播模型，促进科普的模式创新和理论创新。

第六讲
科普的当代需求

20世纪（特别是20世纪下半叶）以来，随着科学技术突飞猛进的发展及其在社会生产生活各领域中的广泛应用，科学技术与社会的关系变得前所未有的紧密，科学技术创新越来越成为经济社会发展的驱动力，社会生产生活也越来越受到科学技术应用的深刻影响。来自公众、社会、国家各个层面的旺盛需求提升了科普的地位和作用，推动了当代科普的快速发展。

1 当代科学技术和经济社会的发展

20世纪，科学技术领域建立了一系列全新理论，获得了一系列重大突破，特别是在20世纪下半叶的科学技术革命。这次革命改变了科学技术与社会的关系，使科学技术创新成为经济增长的基本动力，科技驱动发展、创新推动增长成为当代经济社会发展的基本特征。科学技术本身的迅猛发展以及经济社会对科技创新的高度依赖使科普的重要性在当代有了前所未有的增长。

1.1 当代科学技术的基本特征

20世纪以来的科学技术呈现出一系列全新的发展特征，科学技术研究不断向更微观和更宏观的对象领域拓展，学科高度分化而又不断交叉融合，科技创新成果不断涌现，加速发展趋势日益明显，科学技术知识在“复杂性”和“数量”上都有了前所未有的提升。当代科学技术的这种发展特征，不仅使公众了解当代科学技术及其发展遇到了更多困难，甚至连科学家之间的相互了解也受到了直接影响。

其一，进入20世纪，科学技术研究的对象领域得到极大拓展。科学在微观方面深入到基本粒子、基因层次以及量子领域、纳米尺度，在宏观方面扩展到星系、黑洞和宇宙的爆炸，当代科学前沿已经进入一个与人们所熟识的经验世界不同的“超经验”世界。20世纪的技术对象也已经不再是传统意义的“物体”，而是分子、原子、电子或基因。伴随着科学技术不断地向纵深发展，科学技术拥有了更多难以用传统知识和思维方法来理解的内容。

其二，20世纪的科学技术学科高度分化而又不断交叉融合。科学技术不断向纵深领域推进，增强了科学技术的专业分工和学科分化。目前，仅自然科学的学科分支就达数千个之多。与此同时，学科之间又不断交叉、渗透、融合，跨学科研究新领域和交叉边缘学科不断产生，从而使学科关系更为复杂，学科边界更加模糊。学科不断分化和交叉融合已成为当代科学技术发展的两种基本趋势。

其三，科学技术领域的交叉融合使科学技术内部形成了新的互动机制，促进了科学技术的“群状突破”。比如在技术领域，20世纪后半叶以来，包括微电子技术、信息技术、新材料技术、新制造技术、激光技术、生物技术、航空航天技术在内的整个技术群系实现了整体突破。在当代，任何一种重大的技术突破都有可能依赖相关技术突破，并为其他领域的技术突破创造条件，“集成创新”成为当代科技创新的一种重要模式。

其四，20世纪的科学技术也呈现出明显的“指数增长”特征。20世纪下半叶以来，科学技术全面进入“大科学”阶段，在科学技术内外各种因素的共同推动下，科学技术发展速度有了前所未有的提高，新理论和新技术呈激增之势，知识更新速度明显加快，呈现出“指数增长”、爆发式增长的新特点。有学者曾估计，科学技术在最近几十年中所取得的新成果已经超过了人类过去2000年科技成果的总和。

其五，20世纪的科学和技术之间互动关系日渐明显，界限愈加模糊，科学技术化、技术科学化、科学技术一体化成为重要趋势。科学理论的发展引导着技术发展的基本方向，技术突破越来越依赖理论上的突破，甚至许多重大成就往往都是对突破性理论的直接应用。同时，科学理论的发展对先进技术手段的依赖性不断增强，科学研究的方向也越来越受到技术应用目标的牵引。

特别是在20世纪下半叶，科学和技术的相互促进与融合趋势不断增强，从科学理论的突破到技术原理的提出，再到实现技术突破之间的间隔越来越短，信息科学技术、环境科学技术、能源科学技术、材料科学技术、生物医学科学技术等领域的快速发展实际上都应归功于科学和技术的这种互动与融合。科学和技术的相互促进与不断融合不仅促进了科学技术本身的迅猛发展，而且为科学技术的快速应用奠定了重要基础。

1.2 当代经济社会的发展特征

科学技术在20世纪的迅猛发展和广泛应用同时也改变了科学技术与经济社会的关系，推动了社会生产方式和经济社会发展模式的深刻变革，科技驱动发展、创新推动增长成为当代经济社会发展的基本特征。特别是20世纪下半叶以来，科技创新、传播、应用的规模和速度不断提高，科学研究、技术创新、产业发展、社会进步相互促进和一体化发展趋势更加明显，正在深刻改变着世界科技和经济社会发展形态。①

首先，科学技术的广泛应用促进了科学、技术、生产的一体化。科学技术成果在当代社会生产领域获得了广泛运用，生产技术进步也越来越依靠科学技术的应用。科学、技术、生产的一体化为社会生产提供了先进手段，促进了科学技术向现实生产力的快速转化，使科学技术第一生产力的作用日益突出。自动化、信息化、智能化成为当代主导的生产方式，柔性制造、智能制造、全球制造日益成为生产方式

① 胡锦涛.坚持走中国特色自主创新道路 为建设创新型国家而努力奋斗——在全国科学技术大会上的讲话[EB/OL].[2006-01-09].http://news.xinhuanet.com/st/2006-01/09/content_4030855.htm；胡锦涛.在中国科学院第十五次院士大会、中国工程院第十次院士大会上的讲话[EB/OL].[2010-06-07].http://www.gov.cn/ldhd/2010-06/07/content_1622343.htm.

变革的基本方向。

其次，科学技术创新成为经济社会发展的基本推动力量。科学技术的迅猛发展和广泛应用深刻改变了传统的经济发展方式，提高了产业的技术水平，推动了产业结构的变革，科学技术越来越成为推动产业进步和经济增长的基本动力。特别是在20世纪下半叶，以知识和信息为基础的产业快速发展，成为推动经济增长的引擎，经济发展方式正在向充分依靠科学技术应用的创新驱动型的方向转变。经济社会发展在当代已经迈进知识经济阶段。

最后，当代社会在科学技术促进之下呈现出高度科技化的特征。科学技术在社会生活、生产、管理等各领域的应用促进了社会环境、社会面貌的深刻变革，社会生活对科技产品的依赖性越来越强，社会生产的科技含量越来越高，社会管理也越来越依赖科学技术手段的运用。科学技术的发展和应用从来没有像今天这样深刻影响着社会生产生活的方方面面，也从来没有像今天这样深刻地影响着人们的思想观念和生活方式。

2 当代科普需求的变化

当代科学技术与社会之间越来越紧密的关系，使经济社会发展、社会生产生活以及社会的各类组织和群体受到了科学技术及其应用的广泛影响，从而促进了科普需求的不断增长，使科普的地位、作用和价值得到前所未有的提升。在当代科学技术与经济社会发展背景下，来自国家、社会、公众等不同层面的科普需求不仅呈现出日益增长的态势，而且呈现出普遍化、多样化、分层化、个性化的发展特征。

2.1 科普的国家需求

当代科学技术的迅猛发展及其对经济社会发展的深刻影响，给世界各国的谋求发展都提出了重大挑战，美国、日本、欧洲等发达国家和地区纷纷将科技创新确立为基本国策和地区战略，加强国家创新体系建设，目标就是充分依靠科学技术和科技创新来提升国家的综合国力和核心竞争力。基于对当代科学技术和社会发展基本趋势的科学分析及对我国基本国情和战略需求的准确判断，我国同样也提出了提高自主创新能力、建设创新型国家的发展战略。2016年，党中央、国务院发布《国家创新驱动发展战略纲要》，明确到2020年进入创新型国家行列，到2030年跻身创新型国家前列，到2050年建成世界科技创新强国。[①] 在2016年全国科技创新大会、两院院士大会、中国科协第九次全国代表大会上，习近平做了题为“为建设世界科技强国而奋斗”的重要讲话，再次强调了建设世界科技强国的奋斗目标。

从当代科学技术和社会发展的基本要求以及世界科技发达国家的经验来看，创新型国家和科技创新强国建设不仅依赖创新能力的不断提高和创新机制的不断完善，也依赖国民科学素质的不断提高、创新环境的良好营造。科学技术创新和科学技术普及是支撑创新型国家和科技创新强国建设的两个重要方面，没有创新活动的活跃和创新成果的不断涌现，创新型国家和科技创新强国建设目标便难以实现；没有科学技术的充分传播与普及和公民科学素质的不断提高，激励创新的社会环境、文化氛围当然也难以良好营造。

很难想象在科普并不活跃的社会里，科学技术成果能够得到广泛传播和应用，科技创新能够得到良好发展，国家创新体系能够高效运行，创新型国家和科技创新强国建设目标能够顺利实现。因此，在科技创新驱动经济社会发展的时代，任何有远见的国家及政府都会从国家发展战略的高度看待科普的重要价值，加大科普投入和科普工作力度，加强科普能力和设施建设，高度重视动员、激励社会各界科技传播与普及积极性的机制建设。

科普可以给提高全民科学素质、培育社会创新文化、营造激励创新的社会环境、建设创新型国家提供多种重要服务和基础支撑。在当代科学技

① 中共中央、国务院印发《国家创新驱动发展战略纲要》[EB/OL]. [2016-05-19]. http://news.xinhuanet.com/politics/2016-05/19/c_1118898033.htm.

术和社会发展背景下，科普已经和国家发展战略需求紧密联系在了一起，强化科普工作也因而成为国家实施科技创新发展战略的基本措施之一。基于提高全民科学素质、推进科学文化建设、建设创新型国家和科技创新强国目标而产生的科普需求，构成了科普领域的国家需求。

2.2 科普的社会需求

社会各领域、各行业、各产业以及社会各类组织对科普的需求，构成了科普的社会需求。[①]这种需求包括他们作为受众接受科普、获得必要科技知识和信息的需求，也包括他们作为传播者面向社会和公众传播普及本领域（行业、产业）科学技术知识和信息的需要。随着社会各领域、各行业、各产业以及社会各类组织对科学技术依赖性的不断增强，科普的社会需求也在不断增长。

科普社会需求的增长主要源于两种基本的原因。一是为了充分利用科学技术促进本领域（行业、产业、组织）的发展，社会各领域都需要利用各种科普途径获取有用的科技知识和信息，提升成员的素质和能力；二是通过各种形式的科普活动向社会和公众传播本领域（行业、产业）的科技知识和信息，以赢得社会和公众的了解、关注和支持。

但不同领域（行业、产业）中的不同组织在具体参与科普的时候，又可能因面对的具体问题的不同而在需求和动机方面呈现出复杂多样的特点。[②]例如，政府部门积极参与科普更主要的目的是提高公众的科学素质，促进公众对政府决策内容的理解和支持；而公司企业积极参与科普活动，重要的动机之一是为了促进消费者对富含科技的新产品或新技术的认知与接受。

国际公众理解科学领域著名学者杜兰特就曾指出，生活在复杂的科学技术文明中的人们应该具有一定的科学知识水平，政府需要高素

① 从广义上来说，科普的社会需求包括来自国家，社会各领域、各行业、各产业，以及社会各类组织和公众各类群体在科普方面的各类需求。这里是狭义的理解，仅指来自社会各领域、各行业、各产业以及社会各类组织的科普需求。

② 翟杰全. 科技公共传播的传播主体及其参与动机[J]. 北京理工大学学报（社会科学版），2005(5)：13—16.

质的公民参与政治，实业家们需要具备技术素养的劳动力加入他们的生产大军，科学家们需要更多具有科学素质的公众支持他们的工作；许多公共政策的决议也都含有科学背景，只有当这些决议经过具备科学素质的公众的讨论，才能真正称得上是民主决策。[①]

科普社会需求的不断增长使社会各领域、各行业、各产业及其组织成为科普的积极参与者，促进了科普主体多元化的发展，带动了行业、产业科普的发展，使科普出现领域分化和行业细化的发展趋势。目前在科技发达国家，科普已经细化出诸如工程技术传播、环境科学传播、医疗健康传播等不同的专业领域。

2.3 科普的公众需求

科普的国家需求和社会需求都与公众需求密切相关，甚至可以说最终都根源于社会全体公众的需要。但在当代，科普的公众需求包括来自公众工作、学习、生活、参与公共事务所产生的各种需求。随着科学技术与公众社会生活的关系越来越密切，这类需求同样也有了前所未有的增长。

首先，在科学技术迅猛发展和广泛应用的促进下，社会生产和生活环境发生了巨大变革，科技化程度有了极大的增长，公众无论在工作学习中还是在日常生活中，都不得不经常性地接触与科学技术相关的问题，使用科技含量较高的产品。在当代，科学技术已经成为影响人们生活的关键因素，科学技术也正在让生活变得更美好、更便利，为了更好地适应高度科技化的社会环境，提升各种工作技能，改善日常生活的质量，提高生活的品质，当代的人们显然要比过去的人们更需要了解和掌握更多的科学技术知识和信息。

特别是对我国公众而言，掌握必要的科学技术知识以适应科技化的生活越来越成为人们生活的重要组成部分，拥有更高的科学素质也越来越成为更多的人们自觉的精神追求，这就使来自公众生活的科普需求不断增长。中共十九大报告中就指出我国社会的主要矛盾已经

① 李正伟，刘兵.公众理解科学的理论研究：约翰·杜兰特的缺失模型[J].科学对社会的影响，2003（3）：12—15.

转化为人民日益增长的美好生活需要和不平衡不充分的发展之间的矛盾。伴随着我国30余年的经济高速增长和快速发展，人民群众的生活水平大幅提升，生活质量持续改善，因而在物质生活、社会生活、文化生活、精神生活等方面也有了更高要求，人们越来越希望掌握更多科学技术知识、拥有更高的科技运用能力、不断提升自己的科学素质。面对广大人民群众日益增长的美好生活需要所提出的知识需求和科普需求，我国的科普工作需要提升科普传播的覆盖面，提高科技知识的通达率，让人民群众能够更加便捷高效地及时获得所需的各种科学技术知识和信息。

其次，随着经济社会发展越来越依靠科学技术的发展和应用，科学技术越来越广泛地影响到社会生产和生活的各个领域，作为科学技术发展资源提供者和科技应用后果承担者的公众显然也需要更好地理解科学技术的发展和应用，关注科学技术对人类生活可能产生的各种影响，并能运用所掌握的科学技术知识积极参与社会公共事务。

科学技术与公众关系领域在20世纪下半叶出现了许多值得关注的复杂矛盾，譬如一方面是科学技术越来越广泛直接地影响公众生活，公众不得不经常性地接触科技现象，另一方面却是随着科学技术专业化程度的不断提高，公众了解科学技术变得越来越困难，特别是随着科学技术大规模的广泛应用，产生的应用后果似乎也变得更为复杂、难以预料、令人担忧。20世纪80年代的公众理解科学运动、90年代的科学对话议题事实上都与此有关。基于公众理解科学、参与公共事务的科普需求在当代同样不断增长。无论是因为科学技术与公众的关系变得前所未有的紧密，还是因为公众需要提升自身科学素质、参与公共事务和科学对话，来自公众的科普需求都有了前所未有的增长。科普需要给生活于当代科学技术与社会背景下的公众传播普及更多的知识，帮助他们更好地理解科学技术，促进他们更积极地思考科学技术发展和应用的问题、更好地参与与科学技术相关的公共事务。

总之，在当代科学技术与社会发展背景下，来自国家、社会、公众各个层面的科普需求都有了普遍性增长，而且呈现出明显的多样化和分层化特征。这种不断增长的科普需求不仅是促进当代科普活跃起来的基本原因，而且通过转变为国家、社会、公众对市场的和非市场的科普产品和科普服务的强烈渴求，推动公益性科普事业和经营性科普产业的发展，从而成为推动当代科普继续繁荣发展的基本动力。

本讲小结

科学技术在20世纪的迅猛发展和广泛应用促进了经济社会发展的深刻变革，也深刻影响了社会生产生活方式以及科学技术与公众之间的基本关系。科学技术和经济社会的这种发展特征提升了科普的地位和价值，促进了来自于国家、社会、公众各个层面的科普需求不断增长。在当代，科普已经与国家战略发展需求、社会各领域发展需求以及公众的工作、生活、参与公共事务需求紧密联系在了一起。需要全面分析来自于国家、社会、公众各层面的科普需求，并站在国家发展、社会发展、科学与公众关系的高度来理解科普的价值和重要性，大力推进其理论与实践的发展。

第七讲 科普的当代目标和任务

目前，人们对科普目标、任务的看法和理解还不尽相同，相关研究文献和政策文本也有关于科普目标和任务的各种说法，例如促进公众对科学技术的掌握、理解和运用，提高公众的科学意识、兴趣和素质，使公众了解科学技术在社会中的作用及其方式，形成科学理性的行为方式和生活方式，拥有对待科学技术的理性态度，能够参与社会公共事务和科学对话，等等。

事实上，科普并不是只有唯一的目标和任务。随着科普需求普遍化和多样化的发展，科普实践的目标和任务也呈现出多样化和分层化的特点。科普的当代目标涉及面向公众的目标（公众目标）和服务社会发展的目标（社会目标）等不同方面。

1 科普的当代目标

科普的基本功能是通过传播普及科学知识、科学方法、科学思想、科学精神以及与科学技术和社会发展相关的内容，促进科学技术的社会扩散和公众对科学技术的分享和参与，激发公众个人、群体、社会组织对科学技术的意识、体验、兴趣、理解、意见。科普的目标涉及公众科学兴趣、公众科学意识、公众科学素质、公众理解科学以及公众参与、科学对话、科学文化、科技创新等多个不同的方面。

这些不同可概括为公众目标和社会目标两个基本层次。提高公众科学兴趣、增强公众科学意识、促进公众理解科学、提升公众科学素养主要涉及科普在个人或群体方面可能产生的作用和影响，属于科普的公众目标；培育科学文化、发展科学对话、促进公众参与、服务科技创新更多的是与科普的社会功能有关，属于科普的社会目标。

1.1 科普的公众目标

英国科技办公室2000年发布的《科学与公众》报告认为，科学传播参与者对科学传播目的的认识和理解并不一致，不同参与者往往从不同角度来理解科学传播的目的：传播科学技术知识、影响公众的科学态度、解释科学的经济社会作用、传播科学对日常生活的意义等。[①] 这些不同的理解事实上都与科普的公众目标有关。伯恩斯等学者给出的科学传播“AEIOU定义”也突出强调了科学传播在公众个人和群体层面所要达成的目标。

公众目标在科普所有目标中处于最基础的地位，它本身又包括许多相互有别的子目标，其中，公众科学意识、公众理解科学、公众科学素质最值得关注。“公众科学意识”（public awareness of science)属于对科学技术的一种积极的心理倾向，到目前为止还没有精确定义。如果一个公众拥有学习科学技术的积极意愿，遇到问题时能积极寻求科学的理论和方法，那么就可以认为他拥有某种程度的科学意识。

“公众理解科学”（public understanding of science）可以被简单定义为“非专家人士对科学问题的理解”，[②] 通常包括公众对科学概念和知识的理解、对科学方法和本性的理解、对科学的社会作用以及科学与社会之间关系的理解等。在国际学术界，“公众理解科学”和“科学传播”这两个概念的关系至今仍没有得到清晰厘定，甚至有学者将它们视为可以互相替代的同义语。实际上，公众理解科学可以被认为是科学传播（科普）所要达到的一个目标，科学传播（科普）是达成

---

① Office of Science and Technology Wellcome Trust. Science and the public: a review of science communication and public attitudes to science in Britain[R].London: 2000. [EB/OL]. http://www.wellcome.ac.uk/stellent/groups/corporatesite/@msh_peda/documents/web_document/wtd003419.pdf.

② The Select Committee Appointed to Consider Science and Technology, House of Lords. Third report: science and society[R]. London: 2000. [EB/OL].http: //www.publications.parliament.uk/pa/ld199900/ldselect/ldsctech/38/3805.htm.

公众理解科学目标的手段。“公众理解科学实践”可以认为是以公众理解科学为目标的科学传播（科普）实践。

“公众科学素质”或“公众科学素养”（scientific literacy）是20世纪下半叶受到广泛关注的热点问题，最初指的是公众具备阅读和理解与科学技术相关的文章的基本能力。20世纪80年代以来的科学素养概念深受美国学者米勒提出的科学素养三维模型的影响。该模型将科学素养概括为：对基本科学术语的理解，对科学方法、过程或本质的理解，对科学技术作用于个人和社会的影响以及相关政策的理解。

2006年，国务院颁布实施的《科学素质纲要》将“公民科学素质”界定为“了解必要的科学技术知识，掌握基本的科学方法，树立科学思想，崇尚科学精神，并具有一定的应用它们处理实际问题、参与公共事务的能力”，并认为科学素质是公民素质的重要组成部分，提高公民科学素质对于增强公民获取和运用科技知识的能力、改善生活质量、实现全面发展以及对于提高国家自主创新能力、建设创新型国家和科技强国等具有十分重要的意义。

提高公众科学意识、促进公众理解科学、提升公众科学素质是科普在公众层面所要达成的重要目标，公众科学意识、公众理解科学、公众科学素质之间也具有密切关系。公众一旦拥有科学意识这种积极心理倾向，便会更加积极主动地学习并运用科学技术，从而为提高科学素质和科学理解水平创造条件，公众科学意识“可以被看作公众理解科学和科学素养的先决条件，实际上也是后者的根本组成部分”。[①]

科普和公众科学意识、公众理解科学、科学素养之间具有双向促进的关系，科普是提升公众科学意识、促进公众理解科学、提高科学素养的重要手段和途径；公众较高的科学意识、科学理解和科学素

① T.W.伯恩斯，D.J.奥康纳，S.M.斯托克麦耶.科学传播的一种当代定义[J].李曦，译.科普研究，2007(6)：19—33.

养水平，能够促进公众对科学技术产生更为积极的心理指向和兴趣水平，激励他们更积极地参与科普活动，并提升科普活动的效果。

1.2 科普的社会目标

科普的社会作用存在这样一个“链式反应”：科普活动首先作用于参与活动的公众个人，引发个人对科学技术的意识、兴趣、理解、意见等（个人反应）；如果有足够数量的公众个人展示了这种反应，那么它们就可以被看作属于公众群体的反应（群体反应）；一旦某种反应成为公众群体的思想认识或社会行为的一部分，科普便影响到了整个社会的思想意识和文化氛围。

科普的社会目标包括促进科学文化建设、科学对话、公众参与、科技创新等多个方面。“科学文化”（scientific culture）从广义的角度理解是基于科学技术的发展及其应用而建立起来的一种社会文化。在这样一种文化环境与氛围中，科学技术能够高度介入社会过程并得到社会的支持，社会成员重视应用科学技术并追求自身科学素质的提升，科学技术和社会能够良性交互并相互促进。

健康的科学文化拥有一整套促进和规范科学技术发展与创新的价值观念和社会规范。在这种价值观念与社会规范的激励和影响下，公众有学习科技知识、提高科学素质的意愿，有关注科技发展、参与科技事务的热情，能较好理解科学技术及其作用，理性看待和支持科学技术；社会有促进科学技术发展的动力和机制，科学技术创新拥有活力。科普和科学文化建设具有密切关系，甚至有学者认为科学文化传播是当代科普的核心任务。[①]

科学技术的迅猛发展和广泛应用带来了激动人心的成果，但也引发了人们的许多担忧和激烈的社会争议，科学对话（scientific dialogue）和

① 张玉玲.科学文化：当代中国科学传播的核心内容[J].河南大学学报(自然科学版)，2005(3)：123—126.

公众参与（public participation）因而成为社会关注的热点话题之一。在近些年来的国际公众理解科学和科学传播实践中，许多国家的政府部门和科学团体探索了利用共识会议、圆桌讨论、公众参与技术评估等形式，吸引公众参与到科学事务讨论中来。

科普可以给科学对话和公众参与提供多种重要服务和支撑条件。例如，激发公众对科学技术问题的思考，提升公众的科学素质和科学理解水平，为公众参与对话提供相应的渠道和平台等。鉴于科学对话、公众参与在促进科学技术与社会良性互动、解决科学技术与公众关系领域出现的各种问题等方面的重要价值，科普需要为科学对话、公众参与提供服务，并通过这种服务促进科技决策领域的民主机制建设。

科学文化、科学对话本身都不是最终的目的，培育科学文化、发展科学对话，是为了激励、促进、引导、规范科学技术的发展、应用和创新。当代科普需要通过传播普及科学技术信息、培育科学文化、发展科学对话，服务科学技术的发展、应用和创新，使科学技术发展成果普惠于社会，发挥出推动社会进步的最大效用。服务科学技术发展、应用和创新，是当代科普的重要目标。

2 科普的当代任务

科学技术对社会影响的广泛化、科学与公众之间关系的复杂化决定了当代科普任务目标的多重性。传播普及科学技术知识、促进公众理解科学、服务公众参与科学、服务科学技术创新等是当代科普的基本任务。科普通过承担这些任务，使公众拥有较高水平的科学兴趣、科学意识和科学素质，使社会拥有健康的科学文化和科学对话机制，激励、促进、引导、规范科学技术的发展和创新。这是经济社会和科学技术健康发展的基本前提，也是当代科普的价值所在。

2.1 普及科学技术知识

在当代科学技术和社会发展的背景下，“普及科学技术知识”的重要性是不言而喻的。随着科学技术越来越广泛深入地应用于社会生产生活的各个领域，公众的工作和生活、社会发展的过程和环境越来越受到科学技术的直接影响，如果社会和公众不能拥有必要的科学技术知识，无论是社会的健康发展还是公众的工作生活，都将面临严重的问题，科学技术本身也将失去必要的公众支持和社会监督。

科普的社会价值就在于在科学技术与社会、科学技术与公众之间建立一座知识传递的桥梁，基本功能就在于利用适当的科普方法、媒介、活动，将科学家群体和科学研究机构创造的知识和成果，传播、输送、普及给社会和公众，促进科学技术知识的社会扩散和公众对科学技术的分享和参与。当然，科普的内容并不仅限于具体的科技知识，但传播普及科技知识显然是一个重要的基础。

普及科学技术知识无论对公众还是对社会都具有重要的价值。科学技术知识的广泛普及，可以提高公众的科学素质和认识水平，改善公众的物质生活和精神生活；有助于提升社会的知识水平和文明程度，促进社会对科学技术的应用，从而实现科普的公众目标和社会目标。很难想象，没有科学技术知识的充分普及，公众能有对待科学技术的理性态度，能够切实参与到科学技术问题对话的讨论中来。

2.2 促进公众理解科学

在当代科学技术和社会发展的背景下，“促进公众理解科学”的重要性同样是毋庸置疑的。20世纪80年代以来，公众理解科学问题受到社会各界的关注，公众理解科学也成为一个十分活跃的研究和实践领域。尽管到目前为止，研究性文献还没有给出“公众理解科学”的确切定义，但通常认为公众对科学的“理解”包括理解科学的基本术语、观点和知识，理解科学的方法、过程和本质，理解科学影响个人与社会的作用及其作用方式，等等。①

与“普及科学技术知识”的任务不同，“促进公众理解科学”重在增进公众对科学技术及其作用的深刻理解和全面认识，提升公众的科学素质。米勒认为，懂得一些科学知识同理解科学显然是不一样的，懂得事实本身并不意味着理解了它们的意义。②公众对科学的理解依赖对科学术语、科学概念、科学理论的理解，但更重要的是理解科学的方法、过程以及科学对个人和社会的影响，理解科学技术的局限性和复杂性，从而深刻认识科学技术的本质和特点。

科学技术知识的传播普及和公众对科学技术的学习思考是公众理解科学的基础，公众理解科学则是提升公众科学素质、参与科学对话的基础。如果公众不能拥有对科学的基本理解，没有对科技发展和应用的独立思考，公众科学素质就无法得到有效提升，参与科学对话就会成为一句空话。例如，有学者通过研究发现，对转基因技术和层出不穷的新技术缺乏理解就造成了部分公众出现非理性的态度。③

2.3 服务公众参与科学

贝尔纳早在20世纪30年代就强调过“群众参与科学工作”的重要性，但直到最近一些年人们才又重新意识到“公众参与科学”的重要价值。公众对科学的参与包括不同的层次和形式，例如，参与科学研究工作（如参与“公民科学”项目），参与科技创新活动，利用各种途径（如利用媒体）参与科学问题讨论，作为公众代表参与科技政策协商（如在“共识会议”中），等等。其中最有价值的参与活动是参与科学技术决策的讨论和协商，这种参与实际上是与民主社会保障公众在科学技术方面的基本权利紧密联系在一起的。现代科学技术发展需要耗费庞大的社会资源，科学技术应

① 李大光.对“公众理解科学”的理解[N].中华读书报，2005-04-13.

② 李正伟，刘兵.公众理解科学的理论研究：约翰·杜兰特的缺失模型[J].科学对社会的影响，2003（3）：12—15.

③ 李大光.理解科学是否就能信赖科学[N].中华读书报，2006-01-25.

用也会给社会带来广泛影响（有时甚至会导致严重后果），因此，在科学技术发展与应用的一系列重大问题上，需要充分保障公众的知情权、话语权、参与权、监督权，民主社会不能将公众排除在科技决策之外。

当代科普需要能够为“公众参与”提供多方面的服务。例如，通过传播普及科学技术相关内容，促进公众对科学技术及其作用的理解，提升公众在科技发展与应用问题上的判断力；利用媒体等手段设置讨论议题，激发公众对科技发展与应用问题的思考与讨论；通过探索兼具科学对话功能的科普活动形式，建设公众参与政策协商、科学对话的渠道和平台，使公众能够切实参与到科学对话中来。

2.4 服务科学技术创新

科普的目的不是仅为了告诉社会和公众“科学是什么”“科学怎么样”，以便使社会和公众适应科学技术的要求，也不仅是为了使公众以怀疑的眼光对待科学技术的发展及其应用，而是要通过促进社会和公众对科学技术及其作用的理解，对科学技术问题的思考，形成理性的态度和行为，培育健康的科学文化和创新文化，建立健康的科学对话机制，激励、促进、引导、规范科学技术的发展和创新，最终促进社会进步和人的全面发展。

“服务科学技术创新”是当代科普需要承担的一项重要任务。科普同样可以从多个方面为科学技术发展和创新提供服务，例如，提高公众的科学素质、营造激励创新的环境、提高国家创新体系内知识交流效率[①]等。科普和科学技术创新是科学技术工作中两个相辅相成的重要方面，传播普及科学技术、提高全民科学素质，是激励科技创新、建设创新型国家的内在要求。[②]

① 活跃的科技传播和知识交流对国家创新体系的高质量运行具有重要的作用。参见：翟杰全.构建面向知识经济的国家科技传播体系[J].科研管理，2001(1)：8—13；翟杰全.国家科技传播体系内的知识交流研究[J].科研管理，2002(2)：5—12。

② 胡锦涛.在纪念中国科协成立50周年大会上的讲话[EB/OL].[2008-12-15].http://news.xinhuanet.com/newscenter/2008-12/15/content_10509648.htm.

3 体现当代科普多重任务的整合模型

在科普需求普遍增长和多样化发展的推动下，当代科普已经呈现出多主体（科学共同体、政府部门、工业部门、公众等）、多内容（科学知识、方法、思想、精神、科学的社会作用等）、多渠道（科学教育、大众媒体、科普设施、群众性科普活动、科学对话活动等）、多任务（普及科技技术知识、促进公众理解科学、服务公众参与科学、服务科技创新等）的发展特点。

根据当代科普的这种发展特征和发展趋向，可以为科普建立如图7-1所示的整合模型。

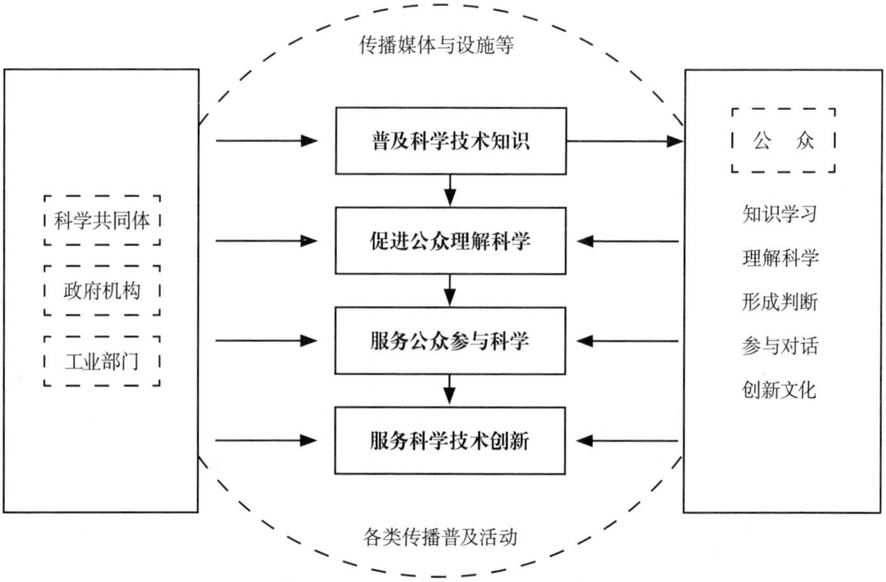

图7-1 科普整合模型

当代科普包括三方重要的参与者：一是科学共同体、政府机构、工业部门等；二是社会组织、公众群体；三是传播媒体、科普设施等。科学共同体、政府机构、工业部门由于各自在科学技术方面拥有或掌握某些特殊资源，通常处于科学技术传播者的位置。公众由于远离科学则通常处于传播受众的位置。传播媒体、科普设施承担传播

“渠道”“中介”“平台”的重要功能，在科普中扮演着“第三方”的重要角色。

科普承担普及科学技术知识、促进公众理解科学、服务公众参与科学、服务科学技术创新等基本任务，这些任务之间存在递进的关系。普及科学技术知识是科普的基础任务，只有在这一基础之上，科普才能更好地促进公众理解科学、服务公众参与科学、服务科学技术创新等。科普最终要通过为科学技术发展和创新提供服务，促进经济社会的全面发展，实现自己的社会功能，获得自己的社会价值。

在当代科学技术发展的背景下，处于科学体制之外的普通公众在科学知识方面存在一定的缺失，因此，科普需要特别强调普及科学技术知识的重要性。

在科普的其他层面，公众与掌握着科学或技术的机构和组织处于互动关系之中。与境模型认为公众会用自己的认知框架处理和理解接收到的信息，并经过自己的思考形成对科学技术的理解，这意味着公众理解科学会受到公众自身因素和具体社会情境的影响。在科学公共事务和科学对话中，公众显然是与其他对话参与者（科学家、政府部门、工业机构等）平等的一方。在科技创新过程中，创新者也必须把公众看作是创新的参与者与合作者。

本讲小结

在科普需求普遍化和多样化的推动下，当代科普具有了多目标和多任务的特点，既要在科学与公众之间构建一座科技信息传递的桥梁，使公众更好地理解科学及其作用，促进公众参与社会的科学对话，同时还要满足科学文化建设、科学技术创新提出的各种需求。科普在当代科技发展和社会进步中扮演着多种重要角色，公众知识水平和科学素质的提升、对科学的理解和参与，以及社会的科学文化建设和科技创新发展无不受惠于科普的作用。

第八讲
科普和公民科学素质建设

科普拥有多重社会功能和价值，既与公众获取科学知识、提升科学素质、参与科学事务有关，又与营造创新环境、激励科技创新、促进经济社会发展、建设创新型国家有关，甚至事关科学事务领域的公民权利、民主机制建设，因而自20世纪下半叶以来，科普受到世界各国的关注与重视，成为国家支持、政府引导、全民参与的一项社会事业，成为政府部门和社会组织共同协作承担的一项重要工作。

1　科普的当代社会形态

当代科普在许多方面都呈现出明显的分层化特征。例如，传播内容上可分为“一阶科学传播”与“二阶科学传播”，传播对象上可分为热心公众、感兴趣公众和普通公众等。就科普的当代社会形态来看，可以区分出科普事业、科普工作、科普实践活动（与人们常说的科普事业、科普工作、科普活动相对应）三个重要层次。这三个层次分别对应科普的宏观、中观、微观三大领域。

1.1 科普事业

科普满足国家、社会和公众的广泛需求，服务的是公共目标，实现的是公共利益，提供的是公共服务，面对的是社会和公众，在基本性质上属于科学文化建设事业的范畴，并且需要组织和动员社会各界力量共同参与，具有群众性、经常性、社会性的特点，对社会发展具有广泛的影响和重要的价值。因此，科普具有公共事业、社会事业的基本特征，将科普定位于“社会事业”是恰当的和必要的。

在我国，科普作为影响广泛、意义深远的社会事业的重要性已经得到广泛认同。中共中央、国务院1994年发布的《关于加强科学技术普及工作的若干意见》明确指出，科普工作是一项意义深远的宏大社会工程，事关经济振兴、科技进步和社会发展的全局。2006年，国务院颁布实施的《科学素质纲要》将全民科学素质建设确定为建设创新型国家的基础性社会工程，是政府引导实施、全民广泛参与的社会行动。

作为一项社会事业的科普，需要国家为之提供相应的法规政策，规划基本任务，引导发展方向，完善管理的体制与机制，强化资源合理配置和基础设施建设，营造良好的社会环境和社会氛围，动员组织社会各界和公众群体积极参与，并通过提供丰富的科技公共产品、服务和活动，实现科普对全体公民的公平普惠。国家在发展科普事业中承担着特殊而重要的职责。

从国际公共事业发展的普遍经验来看，国家需要利用国家公共财政支持公共事业的发展，组织公共产品的供给，保证提供充分的社会公共服务。当然在具体操作模式上，公共产品供给可以有不同的模式，未必一定要采用政府全包的方式，譬如可以由国家投资、交由社会组织甚至是私营企业经营管理。对于科普事业的发展来说，需要广泛动员并激励科研组织、教育机构、公司企业、社会团体等各类组织积极参与。

我国科普事业自改革开放以来（特别是近些年来）取得了重要进展，资源投入有了增长，发展环境得到改善，基础设施建设得到强化，服务能力也不断提升。当然，与发达国家相比，我国的科普事业还存在明显差距，总体上还不能满足我国经济社会快速发展的需要，还需要进一步深化供给侧结构性改革，强化机制建设和资源建设力度，特别是要建立适应市场环境条件的激励机制和引导社会力量积极参与的体系机制。

1.2 科普工作

科普事业、工作、活动三种形态之间既有明显的差别，也有密切的联系。科普事业的发展需要依靠社会各领域、各方面的科普工作来推动，而科普工作的成效最终要落实并体现在实践活动及其效果上。科普工作主要指的是国家机关、政府部门、社会组织、社会团体根据国家科普事业发展的需求以及自身业务职责的要求，在科普方面所要承担的具体任务、采取的具体行动以及所要完成的具体业务。

科普事业面向经济社会、国家战略以及社会全体的公共需求，而科普工作则需要面向科普事业发展的需求，工作内容包括与科技传播与普及相关的决策规划、组织管理、资源建设、社会动员、人才培养、产品开发、产业推进、活动组织等具体工作。科普工作的主体是国家机关、政府部门、社会组织、社会团体等，即我国《科普法》中所提到的各类组织、机构、团体，[①]社会成员负有参与、协助、支持科普工作的义务。

科普工作的重点任务包括两个基本方面。一是利用决策规划、组织管理、社会动员、资源建设等工作，推动并活跃社会的科普局面；二是面向社会和公众组织开展各种经常性、群众性、社会化的科普实践活动。国家机关、政府部门、社会组织、社会团体各自根据所要承担的社会职责要求、结合自身工作业务内容开展相应的科普工作，分工协作地共同推动科普事业的发展。

在我国，政府科普工作在整个科普工作体系中占有特殊而重要的位置。政府科普工作不仅包括依靠公共财政加大投入，加强设施建设，支持资源建设，组织显示度较高的实践活动（如全国科普日、科技活动周等）和影响范围广的科普项目（如科技下乡等），而且包括

① 例如《科普法》第一章所提到的国家机关、武装力量、社会团体、企业事业单位、农村基层组织及其他组织；第二章提到的国务院科学技术行政部门和其他行政部门、各级人民政府及其科学技术行政部门和其他行政部门、科学技术协会；第三章提到的各类学校及其他教育机构，科技馆（站）、科技活动中心和其他科普教育基地，科学研究和技术开发机构、高等院校、自然科学和社会科学类社会团体，新闻出版、广播影视、文化等机构和团体，医疗卫生、计划生育、环境保护、国土资源、体育、气象、地震、文物、旅游等国家机关、事业单位，工会、共产主义青年团、妇女联合会等社会团体，企业，农村基层组织及各类农村经济组织、农业技术推广机构和农村专业技术协会，城镇基层组织及社区，公园、商场、机场、车站、码头等各类公共场所的经营管理单位，等等。

利用政策促进、规划引导、动员激励等手段，促进教育科研机构、社会组织、公司企业乃至社会团体积极参与社会的科普工作，将其纳入自己的业务工作范围。

在当代，科普事业的发展和科普工作的推进需要政府、科技、社会、产业民间团体的多元推动。在我国目前的科普工作领域，同样呈现出政府强、民间弱的特点，社会和产业力量没有得到充分调动，非政府组织、非营利组织的科普积极性没有得到有效激发。根据市场经济和社会转型的发展，推进政府科普管理模式改革，加强科普社会化机制建设，促进形成政府、科技、社会、产业、民间团体多元推动机制和格局，将是今后政府科普工作的重要任务之一。

1.3 科普实践活动

科普事业的发展、科普工作的成效最终都要体现在整体局面是否活跃、实践活动是否丰富、实际效果是否不断提升、社会影响是否不断扩大等方面。科普实践活动（科普活动）是推进科普工作的载体和手段，在科普体系中具有基础性的地位和作用。政府部门或社会组织开展的全国科普日、科技活动周、科技下乡、科普讲座、科普咨询、青少年夏（冬）令营、科普展览展示等活动，都属于科普实践活动的范畴。

科普实践活动通常由国家机关、政府部门、社会组织、社会团体等组织举办，面向社会和公众，旨在普及科学技术知识、传播科学思想和方法、提高公众科学素质、促进公众理解科学、提升公众运用科学技术和参与公共事务的能力。某些科普实践活动的目的可能还包括宣传国家的科技方针政策、展示科技发展最新成就、激发公众对科学问题的思考、倡导科学文明的生产方式和生活方式等。

科普实践活动具有类型多样的特点，不同的活动可能在具体内容、组织形式等方面存在较大差异。科技部“全国科普工作统计调查方案”基于科普统计的需要，将科普活动分为科普（技）讲座、科普

（技）展览、科普（技）竞赛、科普国际交流、青少年科普、科技活动周、大学和科研机构向社会开放、实用技术培训、重大科普活动九类。并认为科普活动与其他科技活动存在一些区别（表8-1）。[①]

表8-1 科普活动与其他科技活动的区别

项　目	目　的	内　容	组织形式
科普活动	普及科学技术知识、倡导科学方法、传播科学思想、弘扬科学精神、举办社会公益型活动	传播内容多样化且非系统化	参与人员自愿，普及形式多样化：语言、图片、实物等，给人们一种感性和理性的认识
科学研究与发展活动（R&D）	为了增加知识总量，以及利用这些知识去发明新的用途，所从事的系统的创造性工作	具有创造性、新颖性因素，运用科学方法，产生新的知识	以科学家与工程师为主
技术创新活动	以市场需求为起点和归宿点	产品创新与工艺创新，带有明显的经济目的	以企业为主，有关科研机构和高等院校参与
专业学术交流活动	传递新的研究动向和知识成果，交流研究经验	专业科技知识	专业科技人员
正规教育	向青少年及社会成员进行德育、智育、体育和美育等方面的正规培训，培养有文化、有思想的劳动者	传授系统知识，教材、培训时间和人员比较固定	由正式教育单位组织实施，对受教育者具有法律、行政的强制性
商品展览与交易活动	向社会展示产品，以便扩大商品市场交易规模	通过产品展示，传递产品使用方法、用途，推销产品以获得市场效益，经济目的明显	市场管理部门和企业共同组织

① 科学技术部政策法规司，中国科学技术信息研究所.全国科普统计培训教材[EB/OL].[2011-03].http://www.istic.ac.cn/Portals/0/documents/sgdt/附件4：2010年度科普统计培训教材.doc.

科普实践活动目前还没有统一的标准分类方法，实际上也存在多种分类的可能性。按综合特征，可以区分为群众性科普活动、探究性科普活动、媒体传播类科普活动、展览展示类科普活动、科技培训类活动、咨询推广类科普活动、示范引导类科普活动等。但现实中的某些科普活动可能兼有不同类型的内容和活动形式，如我国的“科普大篷车”就包括有科普展览、技术咨询、科普资料发放、科普影视放映等多项科普活动内容。

群众性科普活动有科技活动周、全国科普日这类大型活动，也有常规的科普（技）讲座、报告会这类面向公众的小型科普活动，以及大学、科研机构的公众开放日这类机构科普活动。探究性科普活动有科普（技）竞赛、科技夏（冬）令营、科技兴趣小组活动等不同类型，通常面向特定范围的公众群体（如青少年学生和科学爱好者等）。媒体传播类、展览展示类科普活动分别是利用媒体、展览这类手段开展的。

在我国，面向特定人群（如农民等）的科技培训、面向地方的技术推广活动以及科协等部门组织的科普示范社区、科普惠农计划等活动，往往都兼有技术培训、推广、示范等多种功能。例如，科技部等部门组织实施的“科技下乡”就在向广大农村地区宣传推广科学技术的同时，也极大地推动了面向农村地区的科普工作；由中国科协组织实施的“科普惠农兴村计划”利用示范引导机制将农村地区的技术示范推广和科普很好地结合了起来。

2 科学素质议题的发展变迁

20世纪下半叶以来，随着科学技术的迅猛发展以及新科技革命的全面爆发，科技创新逐渐成为经济发展的基本动力，科学技术和高素质人才的竞争由此也成为国际竞争的焦点，公民科学素质和公众理解科学问题开始成为受到社会广泛关注的重要话题。[①] 20世纪80年代前后，以美国、欧盟为代表的发达国家和地区开始进行广泛的科学素质调查，出台提升公民科学素质的相关政策，将公民科学素质建设工作纳入国家科技发展战略。

国际上“科学素质”议题经历过一个从教育议题到政策议题的发展历程。“科学素质”概念最初产生于20世纪50年代的美国。1952年，美国教育改革家科南特（J. B. Conant）发表了一篇名为《科学通识教育》的文章，首次使用了“科学素质”概念，他认为具备科学素质的个体公民需要接受科学的教育。1958年，赫德（P. DeH. Hurd）发表了《科学素质：它对美国学校的意义》一文，使“科学素质”成为科学教育的一个重要议题。

20世纪50—70年代，对于科学素质概念的探讨大多与科学教育相关，科学素质被认为是科学教育的重要目标。“科学素质”被解释为能够运用科学的知识和概念进行交流，采用科学的方法解决问题，拥有科学技术相关的实用技能。70年代之后，科学素质概念越来越频繁地出现在科学教育、公众理解科学领域的各种文献、文件或教育改革方案中，一些国家开始将公民科学素质问题纳入重要议事日程。

美国科学促进委员会在1985年启动了旨在通过推进科学教育改革提升全体美国人科学素质的“2061计划”，发布了《面向全体美国人的科学》《科学素养的基准》《科学教育改革的蓝本》等重要报告，提出成人科学素质的基本目标，规划了达到这些目标的基本步骤，提出了面向科学素质的课程设计方案。美国政府1994年发布的《科学与国家利益》报告曾将“提高全体美国人的科学和技术素养”列为美国

① “公民”和“公众”通常都指的是全体社会成员，但“公民”属于法律上的概念和政治学概念，使用“公民”概念时通常更强调社会成员拥有法律或政治意义上的相应权利；而“公众”则属于社会学的概念，通常指的是一般社会成员。

科学政策的五大目标之一。[①]

在美国的教育界、科学界和政府呼吁通过推进科学教育改革提升美国人科学素质的同时，英国教育界、科技界则开始倡导“公众理解科学”，强调通过正规教育、大众媒体、工业组织、科学共同体的共同努力，促进公众更好地理解科学技术。1985年，英国皇家学会发表了著名的《公众理解科学》报告，报告认为提高公众理解科学的水平事关国家的长远目标，科学素养已经成为当代公众的必备要求。

20世纪90年代之后，一些国际组织也注意到提升公众科学素质对解决全球性问题的重要性，发布了许多涉及科学素质内容的报告。例如，联合国教科文组织和国际科学教育理事会1993年就提出过“全民科学技术素质”（scientific and technological literacy for all）概念，[②]经济合作与发展组织1997年发布了《促进公众理解科学技术》报告，世界科学大会在1999年发布的《科学和利用科学知识宣言》中也强调了提高科学素质对促进知识应用的重要意义，等等。

伴随着理论界和学术界对科学素质问题的关注与研究、教育界和科学界的呼吁与行动，以及发达国家政府和国际组织对公民科学素质建设的高度重视，许多国家开展了制度化的公民科学素质调查工作，通过调查考察公民科学素质的状况。美国是最早进行公民科学素质调查的国家，早在1957年就进行过第一次全国性的调查，70年代中后期逐渐形成了制度化的公民科学素质调查工作体系，调查采用的测量指标、调查方法在国际上也产生了广泛影响。

1979年，米勒提出自己关于科学素质的定义和理解，建立了后来广为人知的科学素质三维模型，进而发展出了一个标准化的科学素质测量体系——米勒体系。该模型在内容上包括对科学基本概念和知识

① 《科学与国家利益》提出的美国科学政策五大目标包括：保持在科学知识前沿方面的领先地位；增进基础研究与国家目标之间的联系；鼓励合作伙伴以推动对科学和工程的投资；造就21世纪最优秀的科学家和工程师；提高全体美国人的科学和技术素养。

② 程东红.关于科学素质概念的几点讨论[J].科普研究，2007（3）：5—10.

的理解、对科学探究过程和本质的理解、对科学技术作用于社会的影响以及相关政策的理解。米勒提出的科学素质模型及其测量体系因简洁、明确，成为随后美国公民科学素质调查的重要理论基础。①

20世纪八九十年代，许多国家和地区的公民科学素质调查基本上都是以米勒的三维体系为基础的。欧盟是较早开展公民科学态度调查和科学素质测量的地区之一，自1977年至今进行了数次广泛的调查，获得的大量数据为欧共体分析各国公民科学素质状况及其变化提供了重要参考。近些年来，印度、巴西等一些发展中国家也高度重视公民科学素质调查工作，调查中既借鉴和吸收了米勒体系的基本内容，同时也结合了本国国情。我国也采用了米勒体系进行公民科学素质（素养）调查，已进行了九次中国公民科学素质调查。

这些年来，随着国际科技传播与普及理论的发展以及人们对公民科学素质建设需求认识的深化，具有广泛影响力的米勒体系也受到质疑，陆续有些国家的公民科学素质测评不再采用米勒体系。1992年，欧共体最后一次采用经典米勒体系进行公民科学素质调查，1995年，美国最后一次采用经典米勒体系进行公民科学素质调查。印度2003年、巴西2004年、欧盟2005年和美国科学与工程指标2008年进行的公民科学素质调查，都没有采用原来的经典米勒体系。② 它们提出并采用了“公民科学素质指数”（civic scientific literacy index）来表征一个国家具有公民科学素质的比例（Miller 2012），③ 其对应的新的公民科学素质测评体系是对原有米勒体系的扬弃和发展。该指标体系将原有米勒体系的三维指标调整为二维指标，进而又合并为以“科技知识”

① 自20世纪80年代开始，在美国国家科学基金会的资助下，美国公众科学素质调查每两年进行一次，调查结果被收录在《美国科学与工程指标》中。

② 张超，任磊，何薇.创建中国公民科学素质指数[J].科普研究，2008，3(6):51—58.

③ J.D.Miller. The sources and impact of civic science literacy. In M W Bauer, R Shukla & N Allum (Eds.), The culture of science: how the public relates to science across the globe. New York (NY): Routledge,2012.

为核心的一维体系，设计了若干道“科技知识”题目，公民如能答对70%的题目，就算具有科学素质了。[①]

我国目前虽然仍然采用原有的米勒体系进行公民科学素质调查，但已有研究者开始了新的研究和尝试。2008年，中国科普研究所科学素质研究室的张超、任磊、何薇开发出了独具“中国特色”的“中国公民科学素质指数”，对公民个体科学素质的测评进行了所有测试题目得分的总分值的计算和评价。上海、北京等地也开始了针对地方特色和个性化需求的地方性公民科学素质测评指标体系的研究。比如，2010年上海市在李健民教授的领衔下率先研制出了以能力为导向的中国公民科学素质基准及测试体系，该体系以《科学素质纲要》对公民科学素质的定义为依据，评估指标包括“科学生活能力”“科学劳动能力”“参与公共事务能力”以及“终身学习与全面发展能力”四个方面，四项指标测试全部合格才算是公民具备了科学素质。再比如，2017年，北京市在刘立教授的领衔下也开始尝试针对北京地区公民科学素质建设和社会发展需求特点的公民科学素质测评指标体系的研究，研究团队结合首都北京特有的战略地位、资源环境和科技发展特点等多重因素，提出了“以功能为核心的公民科学素质测评指标体系”（目前还在研究过程中）。

纵观多年的测评实践和目前新的研究进展，在我国目前进入新时代的背景下，原有的米勒测评体系有很多方面已经不能很好地适应我国公民科学素质的测评和建设需要，新时代的中国公民科学素质测评指标需适应时代特征，同时也要体现中国特色，需要以国际体系为借鉴，以《科普法》提出的“四科”和《科学素质纲要》提出的“四科两能力”为准绳补充新的元素。

① 刘立.公民科学素质测评国际新进展及对我国的启示[EB/OL].(2018-01-25).http://mp.weixin.qq.com/s/NjmuqF6ggPJ6iwvkz523rw.

3 我国科普和公民科学素质建设

近些年来，我国在借鉴国际科学素质议题有关理论和实践的基础上，也开始逐步完善现行公民科学素质测评指标体系，并结合本国实际不断推动实践的发展，科普工作和公民科学素质建设工作之间形成了良好的互动关系。

科普面向公众传播普及科学技术信息，促进公众了解科学技术的发展，服务公众学习科学技术知识、方法、思想和精神，促使公众理解科学技术的价值和作用，重要目的和结果之一就在于提高公民科学素质。科普和公民科学素质建设具有密切的互动关系，提高公民科学素质是科普的重要目的之一，科普是提高公民科学素质的重要手段和途径，提高公民科学素质需要依靠科普来实现。

自2006年国务院颁布实施《科学素质纲要》以来，科普的核心工作内容之一就是服务全民科学素质建设。随着《科学素质纲要》的全面实施，科普的各项工作获得了全面而快速的发展。《科学素质纲要》的颁布实施推动了我国科普工作的发展，为科普事业的繁荣注入了新的动力和活力。

科普虽然有着比公民科学素质建设更广阔的工作领域（例如，包括服务科学技术的创造和创新，是科技创新发展中与科技创新同等重要的一翼等），但在《科学素质纲要》实施以来，全民科学素质建设工作一直是推进科普的重要抓手。胡锦涛在2008年纪念中国科协成立50周年大会上要求，要以贯彻实施全民科学素质行动计划纲要为抓手，以未成年人、农民、城镇劳动人口、领导干部和公务员为重点，以科普资源共建共享为突破口，广泛开展群众性、基础性、社会性科普活动，不断增强科普服务能力和水平，推动形成社会化科普工作格局，加大科技知识在全社会的传播速度和覆盖广度。①

① 胡锦涛.在纪念中国科协成立50周年大会上的讲话[EB/OL].(2008-12-15).http://news.xinhuanet.com/newscenter/2008-12/15/content_10509648.htm.

2016年，科技部、财政部、中宣部牵头，中组部等20个部门参加制定了《中国公民科学素质基准》，建立了《科学素质纲要》实施的监测指标体系。该基准结合《科普法》《国家中长期科学和技术发展规划纲要(2006—2020年)》和《科学素质纲要》等确定的科普工作任务，为公民提高自身科学素质提供了衡量尺度，为定期开展中国公民科学素质调查和全国科普统计工作提供了指导。这些内容进一步表明公民科学素质建设在科普工作中的核心地位，因而，新时代必须紧紧围绕公民科学素质建设这一重要指挥棒，努力将科学普及与科技创新结合起来，真正使二者成为一体两翼，共同推进我国科普事业的发展。

本讲小结

当代科普涉及科普事业、科普工作、科普实践活动三个重要的层面，并且和公民科学素质建设具有密切的互动关系。科普是提高公民科学素质的重要手段和途径，提高公民科学素质是科普的重要目的和目标。近些年来，服务全民科学素质建设成为我国科普的核心工作内容之一。随着《科学素质纲要》的全面实施，科普的各项工作也获得了全面而快速的发展。在当前及未来阶段，需要以全民科学素质建设工作为抓手，推进我国科普事业全面健康发展。

第九讲
我国公民科学素质建设:《科学素质纲要》

科普工作自中华人民共和国成立之后就受到党和国家的高度重视，20世纪90年代之后，科普更是被提升到国家战略的高度。1994年，中共中央、国务院发布《关于加强科学技术普及工作的若干意见》；2002年，全国人民代表大会通过并颁布《科普法》；2006年国务院又颁布了《科学素质纲要》。这三个文件构成我国新时期科普事业发展的三大纲领性文件。

《科学素质纲要》是我国科普发展史上一个里程碑式的重要文件，也是我国公民科学素质建设工作方面第一个系统性的纲领文件。《科学素质纲要》对2006—2020年全民科学素质行动计划做出了全面规划，提出了全民科学素质行动的方针目标和基本任务，公民科学素质建设工作由此成为一项国家行动。目前，实施《科学素质纲要》成为推进我国公民科学素质建设工作的基本内容和基本手段。

1 《科学素质纲要》出台的背景

《科学素质纲要》将公民科学素质建设工作确立为坚持走中国特色的自主创新道路、建设创新型国家的一项基础性社会工程和政府引导实施、全民广泛参与的社会行动。明确指出，全民科学素质行动计划的目的是发挥政府的主导作用，调动社会力量的共同参与，大力加强公民科学素质建设，通过发展科学技术教育、传播与普及，尽快使全民科学素质在整体上大幅度提高，到21世纪中叶实现成年公民具备基本科学素质的长远目标。

《科学素质纲要》的提出和出台主要是基于国际科学技术、经济社会发展趋势及其要求，以及我国国家发展战略的需要、公民科学素质状况的现实国情背景，适应了服务科学技术发展、提高自主创新能力、建设创新型国家、实现经济社会可持续发展、构建社会主义和谐社会的时代要求，也适应了增强公民获取和运用科技信息的能力以及改善生活质量、实现全面发展的现实需求。

1.1《科学素质纲要》出台的国际背景

当代科学技术和经济社会发展提出的现实要求，以及国际社会对公众科学素质建设的普遍重视，是我国政府提出并实施《科学素质纲要》的重要国际背景。

20世纪下半叶以来，科学技术迅猛发展并广泛应用，深刻改变了科学技术与经济社会发展的关系，经济社会发展越来越依靠科学技术的推动，科学技术创新成为经济发展的基本动力，社会生活也越来越呈现出高度科技化的发展特征，越来越多的国家将科学技术发展和创新列为国家发展战略，通过发展科学技术、促进科技成果应用、培养高素质创新人才、激励科学技术创新，繁荣国家经济、增强国家实力。

20世纪80年代前后，随着新科技革命的全面爆发和经济全球化进程的不断加快，科学技术知识的创造、传播、应用规模的不断扩大，科学技术全球扩散速度不断加快，基于科学技术的国际竞争日益激烈，人们逐渐认识到了提升公民科学素质水平对促进国家现代化发展、增强综合国力和国际竞争力的价值。正是基于这样的发展背景，美国、英国的教育界和科学界在这一时期相继提出了公众科学素质、公众理解科学等重要概念和理论。

到20世纪90年代，世界许多国家将公民科学素质工作纳入国家科技发展战略，一些国际组织也发布了强调科学素质问题对促进各国经济社会发展、解决全球性问题重要性的许多文件和报告。例如，联合国教科文组织在1995年发表的《世界科技报告》就指出，发展中国家与发达国家的差距，从根本上说是知识的差距，人才和劳动者素质的差距。欧盟在《欧洲的科学、社会与公民》等文件中，也强调了提升公众科学素质的重要性。

正是基于上述国际背景，2001年，江泽民在中国科学技术协会第六次全国代表大会上的讲话中就明确指出，“一个国家人民的思想道德和科学文化素质如何，从根本上决定着其综合国力和国际竞争力的提高”“必须把提高全民族的科学素质作为一项重要的基础性社会工程，全面加以推进”。

1.2《科学素质纲要》出台的国内背景

从我国国内经济社会发展来看，《科学素质纲要》也是政府基于我国经济社会发展、转变经济发展方式、增强自主创新能力、建设创新型国家的现实需要而做出的一项战略决策，是贯彻落实科学发展观、构建社会主义和谐社会、实现全面建设小康社会宏伟目标的一项重要举措。自改革开放以来，我国经济社会实现了快速发展，综合国力大幅提升，人民生活明显改善，创造了社会发展的奇迹。

但在相当长期的经济发展中，经济规模的外延扩张和自然资源的过度消耗仍然扮演着重要角色，经济增长严重依赖资金高投入和资源高消耗，不断扩张的建设型投资、基于便宜成本的出口、国外资金技术的大规模引进以及改革开放政策带来的巨大的资源、市场、人口红利，仍然是推动经济增长的重要因素，资源环境约束和经济快速增长之间的矛盾日益突出。加快经济发展方式转变已经成为一项十分紧迫的战略任务。

经济发展方式转变的关键是充分依靠科学技术创新，提高自主创新能力，改造传统产业，发展高新技术产业，推进产业结构升级。显然需要培育大批科学技术专门人才和高素质人才，大力开展科学技术教育、传播与普及，提高国民综合素质和公民科学素质，积极营造崇尚科学、鼓励创新的良好文化氛围。很难想象在一个公民科学素质较低的国度，科学技术能够很好地立足于公民意识，国家经济能走上科技创新驱动的发展道路。

不仅如此，提高公民科学素质对促进人与自然、人与社会的协调发展也具有重要作用，对于实现整体社会可持续发展具有重要价值。依赖资源高消耗的经济增长已经对我国的环境和生态造成巨大压力，社会可持续发展需要公众能够形成科学、文明、健康的生活方式，合理利用自然资源，实现人与自然和谐相处，并在社会生活中自觉承担公民的社会责任，积极参与社会公共事务，实现人与社会的协调发展。

从实施建设创新型国家战略到促进社会各方面协调发展所提出的现实需求，是我国出台《科学素质纲要》的重要国内环境。《科学素质纲要》在前言部分明确指出，公民科学素质水平低下已成为制约我国经济发展和社会进步的瓶颈之一，提高公民科学素质对于增强公民获取和运用科技知识的能力、改善生活质量、实现全面发展，对于提高国家自主创新能力、建设创新型国家、实现经济社会全面协调可持续发展、构建社会主义和谐社会，都具有十分重要的意义。

1.3 《科学素质纲要》出台的科学素质国情背景

《科学素质纲要》同时也是针对我国公民科学素质建设和公民科学素质状况的现实国情而出台的。改革开放以来、特别是实施科教兴国战略以来，我国公民科学素质建设工作有了较大发展，但仍存在许多有待解决的问题。例如，科普设施、队伍、经费等资源不足，科普力度不够、能力不强，公民科学素质水平与现代化建设需求差距较大还不能有效满足社会需要，等等。

国内关于公众科学素质的研究和中国科协进行的公民科学素质调查表明，我国公民科学素质的整体水平仍然较低，与发达国家相比存在较大差距。世界主要发达国家和地区公民具备科学素质的比例早在20世纪80年代末90年代初就超过了3%；[①] 而我国公民具备基本科学素质

① 例如，日本公民具备基本科学素质的比例在1991年达到3%，加拿大在1989年达到4%，欧盟国家在1992年达到5%。到2005年，英、法、德、美等国已经分别达到14.1%、17%、18%、27.9%。参见：杨文志，任福君，等.全民科学素质行动发展报告（2006—2010年）[M].北京：科学普及出版社，2011：113.

的比例在20世纪90年代始终徘徊在0.2%—0.3%，2001年才达到1.4%，2005年达到1.6%（表9-1）。

表9-1 中国历次公民科学素质调查基本情况

年份	1992（第一次）	1994（第二次）	1996（第三次）	2001（第四次）	2003（第五次）	2005（第六次）	2007（第七次）	2010（第八次）	2015（第九次）
样本量	4800	5000	6000	8520	8520	8570	10080	69630	69832
调查单位	国家科委 中国科协	国家科委 中国科协	国家科委 中国科协	中国科协	中国科协	中国科协	中国科协	中国科协	中国科协
调查结论	0.30% 供参考	— 没有计算	0.20% 供参考	1.44%	1.98%	1.60%	2.25%	3.27%	6.20%

说明："调查结论"一栏中的数据指的是"公民具备基本科学素质的比例"。

我国公民科学素质不仅整体上处于较低水平，而且公民科学素质的城乡差距十分明显、适龄劳动人口科学素质不高、大多数公民对基本科学知识了解程度较低，一些不科学的观念和行为普遍存在，不少公众仍然相信占卜、算卦、看相、测字、风水、巫婆神汉，导致愚昧迷信在某些地区仍然较为盛行，甚至一些打着科学旗号的伪科学在部分公众中受到追捧。

我国公民科学素质水平远不能适应经济社会的发展以及建设创新型国家的需要，普遍偏低的公民科学素质水平已成为制约我国经济发展和社会进步的瓶颈之一。截至2001年，我国的劳动生产率仅为发达国家的25%，科技成果转化率只有15%，技术进步对经济增长的贡献率仅为29%，远低于发达国家60%—80%的水平，也低于发展中国家35%的平均水平。① 我国公民科学素质现实状况是出台《科学素质纲要》的科学素质国情背景。

① 杨文志，任福君，等.全民科学素质行动发展报告（2006—2010年）[M].北京：科学普及出版社，2011：5.

2 《科学素质纲要》的基本内容及组织实施

作为我国历史上公民科学素质建设工作的第一个系统性纲领文件，《科学素质纲要》提出了全民科学素质建设工作的方针目标、主要行动、基础工程、保障条件、组织实施，规定了全民科学素质行动计划在“十一五”期间的阶段性目标、任务、措施以及到2020年的主要目标，强调通过发展科学技术教育、传播与普及，尽快使全民科学素质在整体上大幅度提高，到21世纪中叶实现成年公民具备基本科学素质的长远目标。

2.1《科学素质纲要》的制定与出台

正是基于国际经济社会发展、我国科教兴国战略实施以及国民科学素质现状等原因，中国科协于1999年11月向中共中央、国务院提出了《关于实施全民科学素质行动计划的建议》，建议国家制定和实施提高国民科学素质的超长期国家计划。2002年，国务院办公厅对该建议正式复函，要求中国科协“对不同发展阶段的国民科学素质标准以及工作目标、重点任务和推进措施进行深入、系统的研究，在此基础上与有关部门共同提出实施方案”。

按照国务院复函，中国科协积极开展有关筹备工作，于2003年8月成立由中国科协、教育部、科技部等14个部门组成的制定工作领导小组，正式启动了全民科学素质行动计划制定工作。2003年10月，领导小组召开第一次会议，通过了《全民科学素质行动计划制定工作方案》。为了保证前瞻性和科学性，领导小组在2003—2004年期间还先后组织200多位学者对公民科学素质进行了深入的专题研究，为制定工作提供了重要的理论支撑。

事实上，中共中央、国务院做出的《关于加强科学技术普及工作的若干意见》（1994年）、《关于加速科学技术进步的决定》（1995年），全国人大2002年颁布的《科普法》，国务院2005年发布的《国家中长期科学和技术发展规划纲要（2006—2020年）》（以下简称《国家中长期科技发展规划》）等重要文件，已经为制定和出台《科学素质纲要》提供了重要的政策依据、法律依据。这些文件都提出并强调了提高全民科学素质重要性的问题。

《关于加强科学技术普及工作的若干意见》提出要把提高全民科学素质作为科普工作的中心任务，《关于加速科学技术进步的决定》将提高全民族科学文化素质作为实施科教兴国战略的重要内容，《科普法》将加强科学技术普及工作、提高公民科学文化素质作为该法的重要目标之一，《国家中长期科技发展规划》明确提出要实施全民科学素质行动计划、提高全民科学文化素质。

在全民科学素质行动计划制定的过程中，党中央、国务院对制定工作也始终给予高度重视和具体指导，多次就全民科学素质行动计划工作做出重要指示和明确要求。经过全民科学素质行动计划制定工作领导小组各成员单位和专家学者的共同努力，就全民科学素质行动计划的方针、目标、任务、措施提出了建议。2006年2月9日，国务院正式印发《科学素质纲要》。

2.2《科学素质纲要》的基本内容

《科学素质纲要》认为，科学素质是公民素质的重要组成部分，公民具备基本科学素质体现在了解必要的科学技术知识，掌握基本的科学方法，树立科学思想，崇尚科学精神，并具有应用它们处理实际问题、参与公共事务的一定能力（即人们常说的“四科两能力”）。《科学素质纲要》在分析我国经济社会发展需要、建设创新型国家的要求以及我国公民科学素质水平现状的基础上，提出了实施全民科学素质行动计划的方针——“政府推动，全民参与，提升素质，促进和谐”。

“政府推动”要求各级政府将《科学素质纲要》纳入有关规划计划，制定政策法规，加大公共投入，推进《科学素质纲要》的实施。“全民参与”的要求是充分调动全体公民参与的积极性和主动性。

“促进和谐”的要求是实现科学技术教育、传播与普及等公共服务的公平普惠，促进社会主义物质文明、政治文明、精神文明建设与和谐社会建设全面发展。

《科学素质纲要》提出了公民科学素质建设的远期、中期、近期目标。“远期目标”是到21世纪中叶，实现成年公民具备基本科学素质；“中期目标”是到2020年，使科学技术教育、传播与普及有长足发展，公民科学素质在整体上有大幅度的提高，达到世界主要发达国家21世纪初的水平；“近期目标”是到2010年，科学技术教育、传播与普及有较大发展，公民科学素质明显提高，达到世界主要发达国家20世纪80年代末的水平。

《科学素质纲要》要求“十一五”期间围绕公民科学素质建设最关键、最具基础性的问题，重点宣传普及节约资源、保护生态、改善环境、安全生产、健康生活、合理消费、循环经济等观念和知识，倡导建立资源节约型、环境友好型社会，形成科学、文明、健康的生活方式和工作方式，促进科学发展观在全社会的树立和落实，实现以重点人群科学素质行动带动全民科学素质整体提高、公民科学素质建设的基础得到加强的基本目标。

实施全民科学素质行动计划采取的是以重点人群科学素质行动带动全民科学素质整体提高、以重点基础建设工程推进科学素质建设全面发展的基本策略，提出了“未成年人科学素质行动”“农民科学素质行动”“城镇劳动者科学素质行动”“领导干部和公务员科学素质行动”四大重点行动，确定了“科学教育与培训基础工程”“科普资源开发与共享工程”“大众传媒科技传播能力建设工程”“科普基础设施工程”四大重点工程。①

《科学素质纲要》分别就四大重点行动、四大重点工程提出了

① 2011年6月，《全民科学素质行动计划纲要实施方案（2011—2015年）》在原来重点科学素质行动和重点基础工程的基础上，又增加了“社区居民科学素质行动”“科普人才建设工程”。

明确而具体的任务要求和推进措施，同时也提出了实施全民科学素质行动计划的“保障条件”“组织实施”。《科学素质纲要》规定，《科学素质纲要》实施工作由国务院负责领导，国务院成立实施领导小组，进行统一动员部署和检查监督，各相关部门、事业单位和人民团体按照《科学素质纲要》的要求，将有关任务纳入相应工作规划和计划。

2.3《科学素质纲要》的组织实施

国务院颁布《科学素质纲要》之后，很快成立了由陈至立任组长、中组部等18个部门负责领导为成员的全民科学素质工作领导小组，[①] 通过了《全民科学素质工作领导小组工作规则》和《全民科学素质行动计划纲要实施工作方案》，确立了相关部门分工负责的工作机制。2008年3月又通过《全民科学素质纲要实施工作机制》，建立了实施工作例会制度，由中国科协牵头成立了全民科学素质纲要实施工作办公室，办公室成员单位在2007年增补的基础上达到23个。至2014年，成员单位已经增至30余个。

《全民科学素质行动计划纲要实施工作方案》按照《科学素质纲要》确定的任务，明确了各项任务的牵头部门和责任单位。牵头部门负责提出所承担任务的总体安排意见，会同责任单位共同研究制定工作方案。各责任单位把实施《科学素质纲要》作为重要任务纳入本部门、本单位的工作规划和计划。《科学素质纲要》也受到地方的高度重视，许多省、自治区、直辖市及地方政府也建立了相应的实施工作机构或制度。2011年6月颁布的《全民科学素质行动计划纲要实施方案（2011—2015年）》，在原来重点科学素质行动和重点基础工程的基础上，又增加了“社区居民科学素质行动”“科普人才建设工程”，

① 2006年国务院颁布《科学素质纲要》时，中组部、中宣部、国家发展改革委、教育部、科技部、财政部、人事部、农业部、劳动和社会保障部、国家新闻出版广电总局、中国科学院、中国社会科学院、中国工程院、国家自然科学基金委、全国总工会、共青团中央、全国妇联、中国科协18个部门是成员单位。2007年又增补了国家民委、卫生部、环保总局、安全监管总局、国家林业局5个部门，成员单位达到23个。

将“社区居民科学素质行动”从“城镇劳动者科学素质行动”中划分出来，成为一个独立的部分，将“社区居民”增列为科普重点人群，从而将科普四大重点人群增加至五个。

《科学素质纲要》实施过程中还采取了以重点“主题”带动整体工作的推进方式。2007年，全民科学素质工作领导小组确定了“节约能源资源、保护生态环境、保障安全健康”的工作主题。这一主题事实上成为“十一五”之后推动全民科学素质行动计划的基本抓手。各相关单位围绕这一主题组织了科技活动周、全国科普日等群众性科普活动，结合这一主题推进了重点人群科学素质行动，强化了科普资源和基础设施建设。当然不同时期根据时代需求和社会发展的需要，科普的主题发生了变化，在继承中进行着创新发展，比如《全民科学素质行动计划纲要实施方案（2011—2015年）》，将工作主题扩展为“节约能源资源、保护生态环境、保障安全健康、促进创新创造”；2016年印发的《全民科学素质行动计划纲要实施方案(2016—2020年)》（以下简称《科学素质纲要实施方案（2016—2020年）》）指出，围绕“节约能源资源、保护生态环境、保障安全健康、促进创新创造”的工作主题，继承创新、拓展提升，开放协同、普惠共享，精准发力、全面跨越，推动科技教育、传播与普及，扎实推进全民科学素质工作，激发大众创业万众创新的热情和潜力，为创新驱动发展、夺取全面建成小康社会决胜阶段的伟大胜利筑牢公民科学素质基础，为实现中华民族伟大复兴的中国梦做出应有贡献。

经过《科学素质纲要》的全面实施，我国全民科学素质建设各项工作取得了显著进展，重点人群科学素质行动扎实推进，重点基础工程建设稳步发展，公民科学素质水平明显提升。据中国科协进行的第八次和第九次公民科学素质调查结果显示，2010年我国具备基本科学素质的公民比例已经达到了3.27%，比2005年的1.60%提高了1.67百分点，基本达到了世界主要发达国家20世纪80年代末90年代初的水平；2015年，我国具备基本科学素质的公民比例达到了6.20%，公民科学素质总体水平大幅提升，圆满完成了“十二五”期间我国公民科学素质水平超过5%的目标任务，进一步缩小了与西方主要发达国家的差距，特别是上海、北京和天津的公民科学素质水平分别为18.71%、17.56%和12.00%，达到了美国和欧洲世纪之交的水平。[①]

本讲小结

作为我国历史上公民科学素质建设工作的第一个系统性纲领文件，《科学素质纲要》是基于国际科学技术、经济社会发展趋势及其要求以及我国国家发展战略需要、公民科学素质状况现实国情背景而提出来的。《科学素质纲要》确定了我国2006—2020年期间全民科学素质建设的工作目标，提出了“十一五”期间的全民科学素质建设重点任务。《科学素质纲要》的颁布实施，有力地推动了我国公民科学素质建设工作和科普事业发展，使我国公民科学素质水平在近些年来有了明显提升。

① 中国科协发布第九次中国公民科学素质调查结果[EB/OL].(2015-09-19).http://education.news.cn/2015-09/19/c-128247007.htm.

第十讲
《科学素质纲要》：重点行动

2006年，国务院颁布的《科学素质纲要》将未成年人、农民、城镇劳动者、领导干部和公务员确定为四个重点人群，提出了针对四大重点人群的科学素质行动。2011年，《科学素质纲要实施方案（2011—2015年）》在原有的四大重点人群科学素质行动基础上又增加了“社区居民科学素质”行动。2016年，《科学素质纲要实施方案（2016—2020年）》确定的“十三五”时期重点工作为实施青少年科学素质行动、农民科学素质行动、城镇劳动者科学素质行动、领导干部和公务员科学素质行动，同时决定在重点工程中实施“社区科普益民工程”“科普信息化工程”“科普产业助力工程”。经过这些年来的全面实施，重点人群科学素质行动取得明显进展，具备基本科学素质的公民比例比之前有了显著提高。其中，城镇劳动者的科学素质水平提升幅度较大，从2005年的2.37%提高到2010年的4.79%，2015年已达8.24%；农村居民具备基本科学素质的比例从2005年的0.72%提高到2010年的1.51%，2015年达到2.43%；中青年群体的科学素质水平较高，18—29岁和30—39岁年龄段公民的科学素质水平目前已经分别达到11.59%和7.16%。

1 “青少年科学素质行动”与青少年科学素质建设

从个体成长发展的基本规律来看，从学龄前儿童到青少年的整个未成年发展阶段是学习各种知识技能、形成兴趣爱好的关键阶段，也是完善知识结构、形成思维方式、建立价值观念的关键时期，而且青少年在这一阶段形成的兴趣爱好、思维方式、价值观念会对其一生产生重要影响。强化针对青少年群体的科学技术教育、加强青少年科学素质建设，不仅对提升青少年群体的科学素质有重要价值，而且对全民科学素质的持续提升也有重要意义。

1.1 “青少年科学素质行动”的任务和措施

国际科学教育和科学素质研究表明，基础阶段的科学教育是提高公民科学素质的主渠道，对全民科学素质的提升具有基础性作用。如何利用各种正规的和非正规的教育手段以及丰富多彩的科技活动，激发青少年的科学兴趣，促进他们掌握更多的科技知识，增加他们对科学的认识和理解，对提升全民科学素质有着决定性的影响。国际发达国家近些年来都非常重视通过推进科学教育改革，来培养青少年的科学兴趣，提升青少年的科学素质。

自新中国成立以来，国家就始终对青少年儿童的科学教育和科技活动高度重视，不仅注意加强校内正规教育中的科学课程建设，而且注意引导青少年积极参加各种形式的课外科技活动。早在1955年，教育部和全国科普协会就联合举办过“全国少年儿童科学技术和工艺品展览会”。20世纪50年代中期到60年代中期，全国各地的中小学校、少年宫、“少年之家”就非常重视并开展了多种形式的青少年科技实践活动。

“文化大革命”之后，中国科协、教育部、团中央等部门成立“全国青少年科技活动领导小组”，组织开展了许多有示范意义的全国性青少年科技活动，包括全国青少年科技作品展览、青少年发明创造比赛和科学讨论会、青少年生物和环境科学实践活动、青少年科技创新大赛、青少年奥林匹克科学竞赛、“大手拉小手”青少年科技传播行动等许多影响广泛的活动项目，科技夏（冬）令营、科学考察等各种经常性的科技活动也在全国各地蓬勃开展。

在我国，长期受应试教育的影响，面向科学素质的科学教育仍然十分欠缺，学生为应试而学、教师为考试而教，重课堂知识教学、轻实践教学，重课程考试成绩、轻实践能力培养，重书本学习、轻实验学习的现象相当普遍。教学内容陈旧，教学方法落后，导致学生科学素质不高，那么我国就迫切需要通过改革校内的科学教育课程及教学方式方法，充分利用各种社会科普教育资源，开展面向青少年的体验性、探索性科技活动，提高青少年的科学素质。

《科学素质纲要》将未成年人（在《科学素质纲要实施方案（2016—2020年）》中改为青少年）确定为首要重点人群，对应提出的任务主要包括：完善基础教育阶段的科学教育，提高学校科学教育质量，使中小学生掌握必要和基本的科学知识和技能，培养良好的科学态度、情感与价值观，发展初步的科学探究能力；普及农村义务教育，为农村青少年提供更多参与科普活动的机会；开展多种形式的科普活动和社会实践，增强青少年对科学技术的兴趣和爱好，初步认识科学的本质以及科学技术与社会的关系。

对应提出的重要措施包括：通过实施素质教育工程，推进新科学课程的全面实施；开展课外科技活动，引导青少年增强创新意识和实践能力；重视家庭教育、社区教育在提高青少年科学素质中的重要作用；新闻出版、广播电视等机构和团体加大面向青少年的科技传播力度；整合校外科学教育资源，建立校外科技活动场所与学校科学课程相衔接的有效机制等。“青少年科学素质行动”强调了对校内外各种资源的充分整合。

1.2 我国近些年来的青少年科学素质建设

《科学素质纲要》颁布以后，青少年科学素质建设成为我国公民科学素质建设的重要工作内容之一。2007年，教育部和团中央会同17个相关部门①共同制定了《未成年人科学素质行动实施方案》，提出了推动

① 17个相关部门包括中国科协、中宣部、中央文明办、科技部、劳动和社会保障部、农业部、民政部、文化部、新闻出版总署、国家新闻出版广电总局、国家禁毒办、安全监管总局、全国妇联、中国科学院、中国社会科学院、中国工程院、国家自然科学基金委。

学校科学教育发展、开展课内外科普教育活动、增强青少年创新精神和实践能力、提高青少年科学素质水平的目标。确定了提高基础教育阶段学校科学教育质量、促进课外科技活动与学校科学教育有效衔接等任务和措施。通过实施《科学素质纲要》，青少年科学素质行动近年来在许多方面都取得了重要进展。

首先，科学素质培养正在成为学校科学教育改革的重要目标，普及科学知识、科学方法、科学思想、科学精神已被列为学校科学教育的重要内容。在教育部组织的基础教育课程标准修订工作中，科学课程实验教学、发展学生初步探究能力、增强创新意识和实践能力受到重视，“做中学”（learning by doing）等教学方法改革项目也取得了重要进展。自2001年启动新一轮基础教育课程改革以来，经过十余年的实践探索，小学科学课程对培养学生科学素养发挥了重要作用，但在实践中也存在课程适宜性、可操作性、时代性和整体性有待增强等问题。2017年2月15日由教育部印发的《义务教育小学科学课程标准》，不仅对小学科学课堂教学提出了新要求，同时也对课外科学教育提出了新希望，将小学科学课程起始年级调整为一年级，要求进一步突出强化教学实践环节和校长、教师的培训。

其次，中国科协、教育部、团中央、国家自然科学基金委员会等部门也在前期工作积累的基础上，继续开展了全国青少年科技创新大赛、奥林匹克学科竞赛、青少年机器人竞赛等科技活动。这些科技活动对于增强青少年学习科学技术的兴趣、提升善于思考的思维品质、提高青少年的科学素质产生了多方面的促进作用，已经成为我国青少年科技活动的“品牌”，在青少年群体和社会各界都产生了广泛的影响和极强的示范效应。目前，全国每年约有千万人次以上的青少年参加不同层次的科技创新大赛。2016年举办青少年科技竞赛11906项，参加竞赛的青少年4484.4万人次，获奖人数158.3万人次，比上年增加32.3万人次。[①]

① 数据来源：中国科协2016年度事业发展统计公报。

再次，面向青少年的经常性校外科技活动也受到社会的关注和重视。各种形式的课外科技创新活动、青少年科学调查体验活动、安全健康科普活动，以及青少年科学营、中学生英才计划等活动丰富多彩、异彩纷呈。例如，全国青少年科技兴趣小组每年达到数十万个，参加人数超过千万人次；青少年科技夏（冬）令营活动每年的规模超过万余个，参加人数达到数百万人次；“节能在我身边”等主题调查体验活动也覆盖到全国30多个省、自治区和直辖市；2016年组织16410人次青少年参加374次国际及港澳台科技交流活动，举办青少年科学营2178次，参加人数30.1万人次，通过中学生英才计划共培养学生3.1万人。①

最后，“馆校结合”即校外活动场所和科普教育资源与学校科学教育的有效衔接机制建设也取得了很大进展。教育部、科技部、中国科协、中国科学院等部门采取了多项措施，比如：大力推进科研机构、大学、科技场馆以及各类校外活动场所向社会开放，实施“科技馆活动进校园”项目，建立中小学科普教育社会实践基地开展科普教育活动，面向基层（重点是未成年人）实施中国流动科技馆、科普大篷车及主题展览巡展等项目，举办“馆校结合·科学教育”论坛活动，在全国开展“圆梦蒲公英”主题活动。目前，有关政策文件已经出台，面向青少年的课外科技活动资源与学校科学教育有效衔接的体系机制开始初步确立，建立了学校与科技场馆紧密联合的科学教育模式，为社会各方参与开发青少年科普教育和科技活动搭建了平台，建立起资源共享机制，已经由起初的单一主体行动走向了互动互联的工作网络，跨部门合作成为重点和亮点，通过“请进来”和“走出去”双向方式使全国许多科技场馆和校外科技活动场所面向青少年积极开展科学展览、科学兴趣活动小组、科技小发明、科技夏令营等各种科技实践活动。

---

① 数据来源：中国科协2016年度事业发展统计公报。

2 “农民科学素质行动”与农民科学素质建设

我国是一个农业大国，农村人口规模巨大，而且农村地区教育发展相对落后，农民受教育程度相对较低，发展农村地区的科普工作，提升农民群体的科学文化素质是公民科学素质建设中一项重中之重的任务。《科学素质纲要》将农民列为素质提升的重点人群之一，且将其置于四大重点人群的第二位，经过近些年来积极实施“农民科学素质行动”，农民科学素质建设工作取得了长足发展，对提升农民科学素质产生了明显作用。

2.1 “农民科学素质行动”的任务和措施

国家历来重视农业、农村、农民问题，面向农村的科普工作也在国家整体科普工作中占有重要地位。早在20世纪50年代初，中央人民政府文化部科学普及局就对农村科普工作提出过明确要求，即“密切配合农业生产开展农村中的科学普及工作”。自50年代开始，各地农业部门、各地科协、农业院校持续开展了优良作物品种、防治作物病虫害、土壤肥料等方面的科普宣传和“技术上门”活动，受到广大农民的欢迎，促进了农业的发展。

20世纪80年代以来，科技扶贫、科技下乡工作受到各级政府和科协的重视，农业技术水平的不断提高也激发了农民学习科学技术的热情，各种技术培训活动、农业技术学校迅速发展，农村专业技术协会在各地大量涌现。针对中西部地区、少数民族地区、经济文化不发达地区的农村科普工作也受到特别关注，中国科协为西北、西南等少数民族地区建立了少数民族地区科普工作队，配备了科普大篷车，组织实施了“西部科普工程”。[①]

新中国成立之后的农村科普工作尽管在各个方面都取得了重要成绩，但由于受到各种历史和现实因素的复杂影响，农民的科学文化水

---

① 科学技术普及概论编写组.科学技术普及概论[M].北京：科学普及出版社，2002：303—317.

平仍然相对比较落后，农民群体的科学素质和技能水平仍然很低。据中国科协连续多年的公众科学素质调查结果显示，农民群体始终是科学素质最低的群体之一，而且针对农村农民的科普教育培训供需矛盾十分突出，科普教育形式相对单一，农村科普工作和农民科学素质建设仍然任重而道远。

在《科学素质纲要实施方案（2011—2015年）》中对于“农民科学素质行动”确定的任务主要包括：重点开展保护生态环境、节约水资源、保护耕地、防灾减灾，倡导健康卫生、移风易俗和反对愚昧迷信、陈规陋习等内容的宣传教育，促进在广大农村形成讲科学、爱科学、学科学、用科学的良好风尚；围绕科学生产和增效增收，提高农民依靠科技脱贫致富、发展生产和改善生活质量的能力，提高农村富余劳动力向非农产业和城镇转移就业的能力，着力培养有文化、懂技术、会经营的新型农民。

提出的措施主要包括：逐步建立内容丰富、形式多样、适应需求的农村科学教育、宣传和培训体系；大力开展农民科技培训、科技下乡和群众性、社会性、经常性科普活动以及农村科技、科普示范活动；开展农村富余劳动力转移就业技术培训；建立健全农村科技教育、传播与普及服务组织网络和人才队伍；加强农村基层科普能力建设；加强民族地区科普工作队建设，提高西部地区特别是边疆民族地区基层的科普能力。

2.2 我国近些年来的农民科学素质建设

根据国家统计局2005年全国1%人口抽样调查数据，我国居住在乡村的人口为74471万人，占总人口的57.01%。[①] 近些年来，随着我国城镇化步伐的加快，我国居住在乡村的人口有所下降，但国家统计局发

① 中华人民共和国国家统计局.2005年全国1%人口抽样调查主要数据公报[EB/OL].(2006-03-16)[2011-02-20].http://www.stats.gov.cn/tjgb/rkpcgb/qgrkpcgb/t20060316_402310923.htm.

布的《2016年国民经济和社会发展统计公报》显示，到2016年年末，我国居住在乡村的人口仍然达到58973万人，占总人口的42.65%。农村人口的科学素质显然对我国公民科学素质整体状况影响巨大。而且，由于我国农村地区人口多、分布广、地域辽阔，自然资源、地理条件、经济发展水平差异巨大，农村地区教育发展相对落后，农民受教育程度相对较低，与城镇相比存在着明显的科技鸿沟，提升农村人口的科学素质因而面临着异常艰巨和复杂的任务。

从我国农村地区和农业经济发展的现实来看，由于人均占有自然资源（例如耕地等）水平相对较低，对自然资源的过度开发现象比较严重，产生了许多环境生态问题。提升农村人口的科学文化素质，普及推广先进适用科学技术，提高农业生产技术水平，合理开发利用和保护资源，不仅对推进改善农民生活水平、促进农村生活方式变革、破除愚昧迷信思想有重要作用，而且对提高农业科技水平，推进农业产业化、现代化，实现农村城镇化，发展农村农业经济也有重要作用。

《科学素质纲要》紧密结合农业、农村、农民现实需要，强调通过建立农村科学教育、宣传和培训体系，促进新农村建设、形成良好风尚、发展农业生产、改善生活质量以及推动农村富余劳动力转移。《科学素质纲要》颁布以后，农业部和中国科协作为牵头部门，成立了“农民科学素质行动协调小组”，先后研究和制定了《农民科学素质行动实施工作方案》和《农民科学素质教育大纲》等重要文件。

在《科学素质纲要实施方案（2016—2020年）》中对于“农民科学素质行动”确定的任务主要包括：宣传创新、协调、绿色、开放、共享的发展理念，围绕农业现代化、加快转变农业发展方式、粮食安全等，贯彻党和国家强农惠农富农政策，普及高效安全、资源节约、环境友好、乡村文明等知识和观念；加强农村科普信息化建设，推动“互联网+农业”的发展，促进农业服务现代化；着力培养1000万名具有科学文化素质、掌握现代农业科技、具备一定经营管理能力的新型职业农民，全面提升农民的生活水平；进一步加大对革命老区、民族地区、边疆地区、集中连片贫困地区科普工作的支持力度，大力提高农村妇女和农村留守人群的科学素质。提出的措施主要包括：大力开展农业科技教育培训；广泛开展形式多样的农村科普活动；加强农村科普公共服务建设；加强农村科普信息化建设；加强对薄弱地区的科普精准帮扶。

显然，《科学素质纲要实施方案（2016—2020年）》体现了一些新的理念，规定了对互联网的应用和对农业服务现代化的促进，提出了科普的精准帮扶和农村科普公共服务建设问题，强调了“五大发展理念”，指出要大力提高农村妇女和农村留守人群的科学素质。同时，对新型农民也有了更高定位。

农业部、中国科协等部门以及各地区围绕农村科技教育培训、农村科技服务渠道、农村科技示范工程等方面开展了大量工作，特别是针对农村地区、农民群体的不同需要，组织开展了丰富多彩的科普和培训活动，促进了农民科学素质建设工作，对农民群体的科学素质提升也产生了明显作用。农村居民具备基本科学素质的比例从2005年的0.72%提高到2015年的2.43%。

一是政府部门、科协系统和各地政府部门围绕各地的农业优势产业和特色农业，先后启动并实施了包括新型农民科技培训、农村实用技术培训、农村劳动力转移培训在内的多项科技培训项目。例如，各地针对农村劳动力转移的“阳光工程”在2006—2010年期间就培训农民1.65亿人次。[①] 教育系统也利用高等农业院校以及职业教育、成人教育、远程教育等资源，完成了超过数亿人次的农村实用技术培训。

二是农村科技服务渠道近年来也渐趋顺畅。各种形式的科技下乡

① “阳光工程”是2004年由农业部、财政部、劳动和社会保障部、教育部、科技部和建设部开始共同启动实施的，由公共财政支持的农村劳动力转移培训项目。该项目主要针对粮食主产区、劳动力主要输出地区、贫困地区和革命老区有转移到二、三产业和城镇就业意愿的农民，由政府财政补贴，在输出地开展转移就业前的职业技能短期培训（15—90天）。

和科技入户活动已成常态，科技特派员以及包括院士在内的大批科技专家为当地干部、技术员、农民群众提供咨询服务、解决技术难题；科技列车、科技大篷车和流动科技馆深入边远地区，为农村地区传播普及科学知识、实用技术等；通过面向农村的远程教育系统、全国科普活动站（栏、员）建设等项目，极大地改善了农村科技服务的硬件和软件条件，科技服务渠道进一步拓宽和顺畅。

三是随着全国科普示范县创建活动、科普惠农兴村计划①、农业科技入户示范工程等项目的实施，农村科技（科普）示范工程的规模不断扩大，对农业科技推广、普及方面产生了较好的示范带动作用。科技（科普）示范目前已成为农村地区科普的重要方式。“科普惠农兴村计划”也已评选并表彰了数千个农村专业技术协会、科普示范基地和农村科普带头人。

进入新时代，农村科普事业取得了很大进步，其组织、设施、活动等都发展迅速。农村专业技术协会（简称“农技协”）已经实现了向2.0版的转化，规模也急剧扩大，至2016年年底农技协已达10.4万个，其中在民政部门注册的农技协43339个，占农技协总数的41.7%；2016年各类科普活动覆盖村40.6万个，其中科普日活动覆盖村6.8万个，科技周活动覆盖村6.8万个，日常科普活动覆盖村25.7万个；截至2016年年底，中国科协配发给各省、市、区科协用于科普活动的大篷车1345辆，全年下乡3.8万次，全年下乡行驶里程980.1万千米，受益人数2867.8万人次；2016年年底，科普中国e站达11770个，其中乡村e站5967个；各级科协会同财政部门依托基层科普行动计划表彰奖励有突出贡献的农村专业技术协会2829个，农村科普示范基地2231个，农村科普带头人2460人，少数民族科普工作队48个。②

① “科普惠农兴村计划”是由中国科协、财政部于2006年开始联合启动实施的一项计划。该计划通过在全国评比、筛选、表彰并奖励一批有突出贡献、有较强区域示范作用、辐射性强的农村专业技术协会、科普示范基地、农村科普带头人、少数民族科普工作队等先进集体和个人，发挥以点带面、榜样示范的作用，激发广大农村基层科普组织和科普工作者的积极性和创造性。

② 数据来源：中国科协2016年度事业发展统计公报。

面向未来，在习近平新时代中国特色社会主义思想的指导下，我国的农村科普事业有了新的发展空间和目标，必须以新时代“农民科学素质行动”为抓手，以新时代发展理念为引领，抢抓“乡村振兴战略”发展机遇，全面推进。

3 “城镇劳动人口科学素质行动”与城镇劳动人口科学素质建设

提升城镇劳动人口的科学素质同样是一项重要而艰巨的社会工程，这不仅是因为城镇劳动人口的数量规模巨大，而且是因为城镇劳动人口包括第二三产业从业人员、失业待岗人员以及进城务工人员等不同的群体类型。《科学素质纲要》将城镇劳动人口作为科学素质提升的重点群体之一，提出了“城镇劳动人口科学素质行动”。“城镇劳动人口科学素质行动”推进了城镇劳动人口科学素质建设工作，促进了城镇劳动人口科学素质的提升。

3.1 “城镇劳动人口科学素质行动”的任务和措施

目前我国城镇就业人员超过4亿人，所从事的第二三产业创造的生产总值接近整个GDP的90%。因此，城镇劳动人口的科学素质状况不仅对我国公民科学素质的整体水平有重要影响，而且还直接影响到我国劳动生产率、产业技术水平、经济发展绩效的提升。科教兴国、人才强国、创新驱动发展等重大战略的实施以及优化产业结构、转变经济发展方式，也要求培养大批拔尖创新人才、专门技能人才和高素质的劳动者。

经过长期的发展和建设，我国已经建成了针对城镇劳动者的职业教育和培训网络，建立了针对各类职业的从业标准和资格证书制度，制定并出台了《劳动法》《职业教育法》等法规政策，对城镇劳动者的科技技能和科学素质的提升产生了促进作用。但相对于规模庞大而又具有多样化特征的城镇劳动者群体而言，科技教育和培训工作仍然存在资源不足、多样化渠道不够、重技能技术轻素质提升等问题。

《科学素质纲要》确定的城镇劳动人口科学素质行动主要任务包括：倡导和普及节约资源、保护环境、节能降耗、安全生产、健康生活等观念和知识，促进经济增长方式的转变和科学文明健康生活方式的形成；围绕走新型工业化道路、发展现代服务业的需求和城镇化进程的要求，提高第二三产业从业人员的科学素质，提高进城务工人员的职业技能水平和适应城市生活的能力，提高失业人员的就业能力、创业能力和适应职业变化的能力，等等。

确定的重点措施包括：加强对城镇劳动者科技教育培训的宏观管理，将科学素质要求纳入国家职业标准，将科学素质内容纳入各级各类职业教育和成人教育的课程内容；优化整合各种教育培训资源，实现资源共享，形成广覆盖、多层次的教育培训网络；通过社区科普活动室、科普学校等机构和设施，开展多种形式的科普宣传，发挥社区在提高劳动者科学素质方面的作用；发挥企事业单位的作用，开展各种形式的在岗培训和继续教育；等等。

3.2 我国近些年来的城镇劳动人口科学素质建设

高度重视并采取措施推进城镇劳动人口科学素质建设工作，提高城镇劳动人口科学素质水平，具有多方面的重要意义。这一工作既与国家重大战略实施、转变经济发展方式、调整优化产业结构有关，也与推进城镇化建设、提高城镇居民科学观念、促进城镇社区形成健康文明的生活方式有关，更影响到不同类型的城镇劳动者提升学习能力、就业能力、创业能力、适应职业变化的能力、适应城市生活的能力和职业技能水平等。

《科学素质纲要》颁布以来，劳动和社会保障部[①]、全国总工会以及教育部、科技部、共青团中央、全国妇联、中国科协等部门共同制

① 根据2008年十一届全国人大一次会议审议通过国务院机构改革方案，人事部、劳动和社会保障部的职责后来被整合到新设立的“人力资源和社会保障部”。

定了《2006—2007年城镇劳动人口提高科学素质行动方案》，确定了具体目标、任务和措施。各部门单位和各地方围绕城镇职工的职业技能、创新能力，失业待岗及进城务工人员的就业能力，以及城镇居民的科学文明健康生活方式，开展了大量工作，特别是重点开展了针对城镇劳动者群体的各类技能培训工作。

例如，原劳动和社会保障部重点围绕高技能人才、城镇失业待岗人员、进城务工人员组织了大规模的“新技师培养带动计划”“城镇技能再就业计划”“能力促创业计划”“农村劳动力技能就业计划”等项目。

其他部门也组织实施了类型不同的科技教育和培训项目，例如，“专业技术人才知识更新工程”（原人事部）、“千校百万”进城务工青年培训计划（共青团中央）、“千万农民工援助行动”、鼓励企业职工开展各种技术创新和发明活动的“职工技术创新工程”（全国总工会）、“全国职工职业技能大赛”（全国总工会和科技部等），等等。各类科技教育和培训活动、技能竞赛和创新活动的广泛开展，促进了城镇劳动者知识技能水平的提升。

《科学素质纲要实施方案（2011—2015年）》和《科学素质纲要实施方案（2016—2020年）》对“城镇劳动者科学素质行动”实施的具体举措和任务分工都做出了明确规定，并且在2016年印发的实施方案中体现了一些新的理念，比如在“任务”中：要求宣传创新、协调、绿色、开放、共享的五大发展理念，弘扬创新创业精神而引导更多劳动者积极投身创新创业活动；提出了为建设制造强国、实施“中国制造2025”的服务目标；提及了对高技能人才的重视培养，以及对城镇劳动者信息技术知识和观念的广泛普及。这些内容对新时期城镇劳动人口科学素质的提升提出了新的更高的要求，是新时期城镇劳动人口科学素质建设的新指南。

近些年来，各地区依托城镇社区科普活动室、科普学校、科普画廊、青少年科技活动室等机构和设施，围绕卫生健康、食品安全、生态环保、低碳生活等主题，利用专家咨询、科普讲座、科普培训、科普展览、科普旅游、适宜技术进社区、科普教育进社区、知名专家进社区等形式，开展了丰富多样的城镇社区科普活动。

特别是相关部门和机构近年来围绕创新创业开展了各种培训。科技部发布的科普统计显示，我国2015年全国共开展创新创业培训4.51万次，共有278.61万人参加；举办科技类项目投资路演和宣传推介活动1.16万次，共有156.96万人参加；举办科技类创新创业赛事3383次，共有183万人次参加。

4 “领导干部和公务员科学素质行动”与领导干部和公务员科学素质建设

领导干部掌握着国家或地方政策的决策与执行权力，直接参与管理国家或地方各种重大经济社会事务，领导干部的科学素质水平直接影响他们的科学决策能力；公务员队伍承担着管理国家事务和社会公共事务的职能，公务员的科学素质水平直接影响着他们的科学管理能力。因而，领导干部和公务员科学素质建设在全民科学素质建设工作中居于极为特殊的位置。《科学素质纲要》为此特别提出了“领导干部和公务员科学素质在各类职业人群中位居前列”的目标。

4.1 “领导干部和公务员科学素质行动”的任务和措施

《科学素质纲要》提出的“领导干部和公务员科学素质行动”包括两个方面的基本任务：一是在面向领导干部普及科学技术知识的同时，突出弘扬科学精神，提倡科学态度，讲究科学方法，增强领导干部贯彻落实科学发展观的自觉性和科学决策的能力；二是围绕贯彻落实科学发展观和建设学习型机关，调动公务员提高自身科学素质的积极性和主动性，增强终身学习和科学管理的能力。

确定的主要措施包括：把提高科学素质列为公务员和企事业单位负责人培训教育规划、计划的重要内容，学习培训制度应体现提高领导干部和公务员科学素质的要求，行政院校和干部学院将提高学员科学素质列入教学计划；通过举办讲座和报告会、编辑出版科普读物等，向领导干部和公务员介绍现代科技知识及发展趋势，传播科学思想、科学方法、科学精神；在公务员录用中，列入与科学素质要求有关的内容；组织公务员参与科普活动；等等。

与时俱进，《科学素质纲要实施方案（2011—2015年）》对“领导干部和公务员科学素质行动”实施的任务目标、具体举措和国家不同部门的责任分工都做出了明确规定。《科学素质纲要实施方案（2016—2020年）》在对“领导干部和公务员科学素质行动”实施的各项要求中体现了新时代的新理念，比如在“任务”中要求：着眼于科学执政水平、科学治理能力、科学生活素质的提升，大力加强马克思列宁主义、毛泽东思想和中国特色社会主义理论体系，特别是习近平系列重要讲话精神等科学理论的教育，宣传创新、协调、绿色、开放、共享的五大发展理念，推动领导干部和公务员更好地贯彻实施创新驱动发展战略，推进国家治理体系和治理能力现代化。并且强调了充分利用现代信息技术。这些内容反映了新时代“领导干部和公务员科学素质行动”面临的新机遇与新挑战，成为新时代领导干部和公务员科学素质建设的新航标。

4.2 我国近些年来的领导干部和公务员科学素质建设

《科学素质纲要》颁布后，中组部、人力资源和社会保障部作为牵头部门，和中宣部、科技部、中国科协等成员单位制定了实施工作方案，确定了具体任务和分工。在实施《科学素质纲要》过程中，相关部门出台了强化领导干部和公务员科学素质的相关文件，将科学素质内容纳入干部培训与教育工作，组织了各种面向领导干部和公务员科学素质提升的科普宣传和教育活动，并在公务员录用选拔和考核评价环节中体现了科学素质的要求。

例如，中共中央和中组部出台的《干部教育培训工作条例（试行）》《关于2008—2012年大规模培训干部工作的实施意见》《2010—2020年领导干部培训教育改革纲要》等重要文件，都强调了提高党政领导干部科学素质的重要性。人力资源和社会保障部出台的《“十一五”行政机关公务员培训纲要》《公务员培训规定（试行）》等文件，也都提出了加强公务员科学素质培训的要求。

科学素质内容目前也已经被列入各类各级干部和公务员培训教育计划。中央党校、国家行政学院、井冈山干部学院、延安干部学院等干部培训机构，把科学素质教育培训列入教学计划，各级党校、行政学院、干部学院也都分别举办过省部级、地厅级、县处级领导干部《科学素质纲要》专题培训班。中组部还会同科技部等部门，专门举办过与生态建设、循环农业、增强自主创新能力相关的干部专题培训。

中组部、人力资源和社会保障部在最近几年的公务员选拔录用、考核评价中也强调了对科学素质的要求。例如，中组部起草的《关于建立干部学习培训考核和激励机制的意见》就将掌握科学文化知识的情况作为干部考核的重要内容；人力资源和社会保障部在公务员录用考试中强化了对科学素质内容的测查。同时，其他各部门、各地区也开展了许多针对领导干部和公务员群体的现代科学技术知识普及活动。

领导干部和公务员群体科学素质的整体提升不仅对提升领导干部的科学决策能力和公务员的科学管理能力有重要意义，而且还会对贯彻落实科学发展观、提高执政能力、实施《科学素质纲要》产生重要影响，对社会其他群体的科学素质提升也会产生重要的示范带动作用。“领导干部和公务员科学素质行动”目前已取得了初步成效，呈现出良好的发展态势，领导干部和公务员科学素质建设工作未来仍需在新时代新理念的引领下持续加强。

5 “社区居民科学素质行动”与社区居民科学素质建设

《科学素质纲要》颁布实施以后，政府部门和各地区根据各项任务要求，积极推进面向各类公众群体的科学技术教育培训以及传播普及工作，促进了青少年、农民、城镇劳动者、领导干部和公务员等重点人群科学素质的提升。为了继续推进全民科学素质建设工作，2011年6月，国务院办公厅印发《科学素质纲要实施方案（2011—2015年）》，在确定继续实施四大重点人群科学素质行动和四大基础建设工程外，还提出了“社区居民科学素质行动”“科普人才建设工程”“完善公民科学素质建设长效机制建设”等新的重点任务。

5.1 社区居民科学素质行动的目标任务

“社区居民”是《科学素质纲要实施方案（2011—2015年）》新增加的一个重点对象群体。社区居民实际上是因相同居住地而聚合成的一个公众群体，与青少年、城镇劳动者等群体在构成上存在一定交叉关系，但从公民科学素质建设工作的角度来看，将这一群体单列为科学素质行动计划重点对象群体之一，有助于发挥社区组织和居民（社区居委会、民间组织、驻社区单位、企业及居民等）、社区科普设施和队伍的作用，整合科普资源，健全科普网络，提升社区科普服务能力，为社区居民提供更加丰富、更加便捷的科普服务，促进社区居民形成科学、文明、健康的生活方式，将社区打造成一个公民科学素质提升的重要平台，并营造良好的社会氛围，带动其他群体的科学素质提升。

《科学素质纲要实施方案（2011—2015年）》对“社区居民科学素质行动”确定的目标任务主要包括：在社区广泛树立科学发展观，提高社区居民节约能源资源、保护生态环境、保障安全健康，促进创新创造的意识，发挥科学发展观在居民生活各方面的指导作用，促进建设资源节约型社会、环境友好型社会重大决策在社区的广泛宣传，推动社区居民形成科学文明健康的生活方式；通过形式多样、内容丰富、群众喜闻乐见的科普活动，提升社区居民应用科学知识解决实际问题、改善生活质量、应对突发事件的能力，激发社区居民提高科学素质的主动性和积极性，显著提升社区居民科学素质；筑牢和谐社区建设的科学文化基础，围绕建设文明和谐的学习型社区，在社区居民中普及科学知识、倡导科学方法、树立科学思想、弘扬科学精神，引导社区居民自觉抵制反科学、伪科学、破除愚昧迷信，为社会主义和谐社会建设服务。

《科学素质纲要实施方案（2011—2015年）》针对“社区居民科学素质行动”提出了增强社区居民科学发展的意识、提升社区居民科学生活的能力、提高社区居民应对突发事件的能力、完善社区科普服务功能等四项重点工作。工作内容涉及社区科普的方方面面，例如，组织文化、科技、卫生、法律等进社区的宣传活动，利用影视媒体和广播开展节约能源、安全生产、健康生活宣传活动；加强环境污染治理、应对气候变化、生态环境保护和日常环保行为养成的科普宣传；在全国科技周、科技竞赛等群众性科普活动中增加适合社区居民参与的活动和项目；组织科研承担单位面向公众展示最新的科技创新成果；组织专家深入社区开展心理健康、心理咨询和社会热点焦点解读活动；加大对食品安全、生产安全、灾害天气、突发灾难、避险自救的科普宣传力度；组织开展社区科普大讲堂；等等。

《科学素质纲要实施方案（2016—2020年）》增加了很多新思想和新理念，比如强调了普惠共享、基本公共服务均等化、设施融合发展、居民参与等。该方案在重点任务中虽去除了“社区居民科学素质行动”，但增加了“社区科普益民工程”，任务是：宣传创新、协调、绿色、开放、共享的发展理念，普及尊重自然、绿色低碳、科学生活、安全健康、应急避险等知识和观念，提升社区居民应用科学知识解决实际问题、参与公共事务的能力，提高居民健康素养，促进社区居民全面形成科学文明健康的生活方式，促进和谐宜居、富有活力、各具特色的现代化城市建设；大力提升社区科普公共服务能力，促进基层社区科普服务设施融合发展，推动城镇常住人口科普基本公共服务均等化，全面提升居民科学素质，助力以人为核心的新型城镇化发展。对应的措施包括：一是广泛开展社区科技教育、传播与普及活动；二是大力改善社区科普基础条件；三是促进形成政府推动、社会支持、居民参与的社区科普新格局。

5.2 我国近些年来的社区居民科学素质建设

近些年来，中国科协以及各级地方政府一直将社区科普作为一项重要的工作内容，依托城镇社区科普活动室、科普学校、科普画廊、青少年科技活动室等机构或设施，围绕卫生健康、食品安全、生态环保、低碳生活、民生科技等内容，面向城镇社区开展多种形式、丰富多样的社区科普活动，其形式有专家咨询、科普讲座、科普培训、科普展览、科普旅游、适宜技术进社区、科普教育进社区、知名专家进社区，等等。活跃的社区科普活动促进了城镇科普工作的中心逐渐向社区下移，探索了城镇社区科普工作的新模式，并通过社区科普促进社区居民学习、了解、使用科学知识，对社区居民形成科学、文明、健康的生活方式产生了积极作用，同时使社区成为城镇劳动人口科学素质行动的重要依托平台。

中国科协、财政部很早就开展了“全国科普示范社区”的命名工作，全国各地也将科普示范社区创建工作作为推进基层科普工作的一个重要抓手，积极开展科普示范社区创建工作，出台科普示范社区创建标准，健全社区科普网络，完善社区科普基础设施，活跃社区科普活动，提升社区科普效果。全国许多城市的街道社区通过科普示范社区创建工作，建立社区科普服务站、科普活动室、社区科普中心、社区e站等，成立社区科学技术协会、社区科普志愿者队伍，组织科普兴趣小组、科普读书会、科普讲坛，开展科普进社区、科技专家进社区等活动，以“共驻、共建、共享、共创科普社区”为目标，调动社区各单位及居民共同参与各类科普活动，积极营造社区科普氛围。科普示范社区创建工作促进了社区科普形式的创新，调动了基层组织和居民的科普热情，推动了社区科普工作的发展。

至2016年年底，我国有街道科协（社区科协）共15076个，比上年增加1342个，增长8.9%，个人会员71.8万人，比上年增加1.8万人；各类科普活动覆盖社区12.5万个，其中，科普日活动覆盖社区3.1万个，科技周活动覆盖社区3.3万个，日常科普活动覆盖社区5.7万个；科普中国e站11770个，其中社区e站达4557个。[①]

《科学素质纲要实施方案（2011—2015年）》提出“社区居民科学素质行动”后，为了充分调动全社会深入基层、贴近实际、贴近生活、贴近群众开展科普工作的积极性和创造性，引领激发广大群众学科学、用科学的积极性和创造性，中国科协、财政部于2012年联合实施了“基层科普行动计划”，该计划由“科普惠农兴村计划”和“社区科普益民计划”两个子计划构成。“科普惠农兴村计划”面向广大农村地区，而“社区科普益民计划”则面向广大的城镇社区，通过评选，补助一批科普工作成绩突出、效果显著、居民认可、具有示范引领作用的国家级科普示范社区，着力提升居民科学文化素质。

社区科普益民计划以科普示范社区创建为抓手，有利于发挥全国科普示范社区的示范引领和辐射带动作用，推动社区科普工作开展，带动社区科普基础设施建设，引导社区科普活动广泛开展，加快社区科普队伍建设，提高社区科普工作能力，激发基层社区科普工作的积极性和居民科学素质提升的自主性，探索建立引导社会科普资源向社区聚集的长效机制。为了保证计划的顺利实施，还进一步制定了《“基层科普行动计划”实施方案（试行）》。依托“基层科普行动

① 数据来源：中国科协2016年度事业发展统计公报。

计划”，从2012年起，计划在全国评比表彰500个科普示范社区，每年拨1亿元资金，每个科普示范社区给予奖补资金20万元，逐渐实现社区服务站的全覆盖。

在这些政策文件的推动下，“全国科普示范社区”项目实施效果显著。2012年、2013年中央财政资金分别安排1亿元用于社区科普益民计划，受到表彰的社区被授予“全国科普示范社区”称号，并由中央财政资金给予奖励和补助。实施两年来已经成为颇有影响的一个项目，全国已有20多个省(自治区、直辖市)、80余个地级市和100余个县(市、区)设立了“社区科普益民计划”，支持带动各级各类科普示范社区超过1万个，初步形成社区科普示范体系。至2016年年底，全国科普示范社区达77552个[①]，2012—2016年的五年间全国各省区进入该奖励的社区共2500个，拨付资金5亿元，科普示范社区累积超过125个的省份有江苏省、山东省、广东省、四川省和湖南省。[②]

本讲小结

《科学素质纲要》确立了以重点人群科学素质行动带动全民科学素质整体提高的基本方略，根据我国全民科学素质建设工作实际需求和现实国情，未成年人、农民、城镇劳动者、领导干部和公务员被确定为素质提升的四类重点人群。在后续实施过程中，社区居民一般也被作为科学素质提升的重点人群之一。经过近几年的全面实施，重点人群科学素质行动取得明显进展，各部门、各地区针对各类人群广泛开展了各种形式的科普活动，有力推进了我国全民科学素质建设工作，也使我国具备基本科学素质的公民比例较之前有了明显提高。

① 数据来源：中国科协2016年度事业发展统计公报。

② 数据来源：根据中国科协相关部门内部工作资料数据计算得到。

第十一讲
《科学素质纲要》：重点工程

国务院2006年颁布的《科学素质纲要》在提出四大重点人群科学素质行动的同时，也确定了四大基础建设工程（科学教育与培训基础工程、科普资源开发与共享工程、大众传媒科技传播能力建设工程、科普基础设施工程）。为了继续推进全民科学素质建设工作，2011年，国务院办公厅印发《科学素质纲要实施方案（2011—2015年）》，在确定继续实施四大重点人群科学素质行动和四大基础建设工程外，还提出了“社区居民科学素质行动”“科普人才建设工程”“完善公民科学素质建设长效机制建设”等新的重点任务。2016年，国务院办公厅印发《科学素质纲要实施方案（2016—2020年）》，确定“十三五”期间除继续实施青少年、农民、城镇劳动者、领导干部和公务员等四大重点人群科学素质行动外，还将实施科学教育与培训基础工程、社区科普益民工程、科普信息化工程、科普基础设施工程、科普产业助力工程、科普人才建设工程等六大工程作为“十三五”时期重点工作。《科学素质纲要》及其实施方案先后确定的这些重点“工程”分别涉及科普的资源、渠道、能力、产业、人才等支撑条件建设内容。随着《科学素质纲要》的实施，科普的资源、渠道、能力建设受到政府和社会的高度重视，公民科学素质建设的支撑条件也得到了改善，未来在科普产业发展、科普信息化建设等工作方面会取得新的进展。

1 “科普资源开发与共享工程”和科普内容资源建设

科普是利用特定媒介和载体向公众传递科学技术内容的过程，科普内容资源及其媒介载体建设工作在科普和公民科学素质建设工作中占据相当基础的地位。没有科普内容的确定和媒介载体的制作，任何科普活动、过程都将无法进行。“科普资源开发与共享工程”就是针对科普内容资源建设及科普作品和产品问题提出的基础建设工程，目标是通过推进科普资源开发与共享，为社会和公众提供更好的公共科普服务。

1.1 “科普资源开发与共享工程”的任务和措施

“科普资源开发与共享工程”主要涉及科普内容资源及媒介载体工作，综合业界经验总结和学界研究成果，包括三个方面的基本任务：一是从科学技术发展所提供的丰富内容中确定和选择符合时代发展要求和公众需求的内容和信息；二是制作具有新颖性和吸引力、利于提升传播效果的内容表达载体和传播媒介；三是在社会中建立有利于引导、激励、促进和支持科普作品产品及信息资源开发和共享的机制。任务的基础是利用适宜的手段、形式、技术，创作、开发更多高水平的科普作品和产品。

科普作品和产品，是用来承载、表达、传送科普内容的载体和媒介，可能是实物、标本、模型、装置、挂图，也可能是音像制品、印刷作品、影视作品、动漫作品、数字化产品等。当代科学技术已经为科普提供了丰富的内容，科普实践工作者的重要职责是需要利用适宜的技术手段，将符合时代发展要求和公众需求的科技内容和信息转化为科普作品和产品，服务于公众获取知识、理解科学、提高素质、增长能力。

经过科普工作的长期积累，至2000年前后我国科普作品和产品的拥有量已达到了一定规模，也涌现了不少深受公众喜爱和欢迎的优秀作品和产品。但从总体上来看，由于缺乏基于需求分析基础上的系统和长远的规划和计划，再加上缺乏足够的经费保障和先进的科普理念，科普内容资源建设仍然是科普事业中的一个薄弱环节，并已经成为制约我国科普事业发展的瓶颈问题之一。其主要的问题包括：一是科普作品和产品数量规模仍然不足，质量水平有待提高，选题低层次重复，表现手法比较陈旧，缺乏对促进公众理解和科学体验问题的关注，远不能适应公众正在变化着的信息获取方式和欣赏习惯，科普资源开发的激励机制和科普资源共享机制还没有完善地建立起来。二是还没有完善地建立有效的科普作品创作和科普产品研发激励机制，激励措施不到位。包括中国科协系统在内的相关机构部门设立的有关科普作品、产品的评奖、评比、评选活动，对繁荣科普创作起到了一定促进作用，但这类措施激励和支持力度仍然相当有限。社会各界不能给予科普作品创作、产品研发以高度的重视和肯定，科普创作队伍难以稳定壮大，整体水平难以提高，特别是难以吸引更多优秀创作和研发人才。三是科普资源条块分割问题也比较明显，高水平资源创新和资源共建共享缺乏动力，许多科普机构之间的内容资源建设低水平简单重复，科技和产业机构内丰富的科技资源还难以转化为科普产品资源。科普资源建设需要建立和完善激励机制和共享机制，加强科普创作与研发人才队伍建设，鼓励和吸引社会力量参与科普资源开发，丰富科普作品和产品的数量和种类，提升科普资源的质量和水平，并提高现有科普资源要素的利用率。

正是针对我国科普资源有效供给不足、水平不高以及共建共享方面存在的问题，2006年国务院颁布《科学素质纲要》时，提出了“科普资源开发与共享工程”。确定的任务主要包括：引导、鼓励和支持科普产品和信息资源的开发，繁荣科普创作，围绕宣传落实科学发展观，创作出一批紧扣时代发展脉搏、适应市场需求、公众喜闻乐见的优秀作品；集成国内外科普信息资源，建立全国科普信息资源共享和交流平台，为社会和公众提供资源支持和公共科普服务。

提出的措施主要有：加大对优秀原创科普作品的扶持和奖励力度，把科普作品纳入业绩考核范围，调动和鼓励科技工作者、社会各界积极参与科普作品创作和资源开发，建立科技成果转化为科普资源的机制；推动科普、科技、教育、传媒界的有效合作，借鉴国际先进创作理念和方法，促进科普创作整体水平的提高；建设数字化科普信息资源库和共享交流平台，开展优秀作品的推介活动，扩大科普信息资源的共享范围；等等。

《科学素质纲要实施方案（2011—2015年）》中对“科普资源开发与共享工程”实施的任务目标、具体举措和国家不同部门的责任分工都做出了明确规定，并强调了注重科学与艺术、自然科学与人文社会科学相结合的理念。《科学素质纲要实施方案（2016—2020年）》，虽然没有设立专门的“科普资源开发与共享工程”，但将“推进优质科普资源开发开放”纳入“科普基础设施工程”之中，强调通过“推进优质科普资源开发开放，优化资源配置，拓展公众参与科普的途径和机会”。对应提出的要求是，推动高校、科研机构、工程中心（实验室）、科技社团向公众开放实验室、陈列室和其他科技类设施，推动高端科研资源科普化，充分发挥天文台、野外台站、重点实验室和重大科技基础设施等高端科研设施的科普功能；鼓励高新技术企业对公众开放研发机构、生产设施（流程、车间）或展览馆等，推动建设专门科普场所；充分发挥高校、科研院所、企业等科技人才和资源优势，积极组织开展科普活动。这些内容为新时期科普资源的开发与共享奠定了重要基础。

1.2 我国近些年来的科普内容资源建设

为了加强科普资源开发建设，推进“科普资源开发与共享工程”，2006年底“科普资源开发与共享工程”牵头部门中国科协、科技部会同教育部、中国科学院等责任单位共同制定并下发了专门的《科普资源开发与共享工程实施方案》，规定了科普资源开发与共享工程的主要任务和目标。近些年来，通过“科普资源开发与共享工程”的实施，特别是在《科学素质纲要实施方案（2011—2015年）》《科学素质纲要实施方案（2016—2020年）》科普发展规划和科普信息化建设的推动下，我国科普资源开发和共建共享机制建设工作取得了一些重要进展。

一是确立了科普资源建设的一些基本规范要求。2007年，中国科协颁布《科普资源质量与规格要求》，对较为常用的图片、挂图、平面展览、图书、音像制品、动漫作品、展品、活动资源包等提出了质量及规格要求。中国科协在2007—2010年连续四年发布《科普资源开发指南》，明确当年科普资源开发的基本原则和内容形式，统筹指导各部门、各地区的科普资源建设，并提出了有利数字化、鼓励创新、注重共享、服务民生等基本要求。

二是探索了科普创作的激励机制。为调动和激发社会力量参与科普资源建设的积极性，培育一批优秀科普创作者、创作团队、创作基地，中国科协近年来实施了繁荣科普创作的资助计划，资助对象包括科普图书、影视、动漫、展教品、主题展览等。经国家科学技术奖励工作办公室批准，中国科协还于2008年设立了“中国科普作家协会优秀科普作品奖”，在全国范围内评选奖励优秀科普作品。许多省市科协也开展了类似的工作。

三是推进了科普资源的集成整合。近些年来，中国科协积极引导科普产品和信息资源的开发集成，集成开发了一大批科普挂图、图书、音像等科普资源。近些年来又基于推进科普信息化工作需要，联合相关的部门和企业开发了许多基于新媒体的科普作品，利用互联网技术、加强数字资源建设也成为近几年科普资源开发、集成、共享的亮点之一。

四是强化了科普资源共享机制和平台建设。2008年，中国科协设立“中国科协科普资源共建共享工作办公室”，制定了《中国科协科普资源共建共享工作方案（2008—2010年）》，建设了科普出版物配送服务平台、广播电视节目服务平台、科普活动服务平台、展览资源共享服务平台、互联网科普服务平台等科普资源共建共享服务平台，促进了科普资源的共享服务。

五是新时期更加重视科普创作问题，专门提出“科普创作繁荣工程”作为“十三五”科普发展的重点任务之一。“科普创作繁荣工程”要求加大科普创作的支持力度、繁荣科幻创作、推动科普游戏开发、推动科普产品研发与创新、加强科普创作的国际交流与合作，同时确立了各项工作至2020年的具体定性及定量目标。比如，针对发展科幻创作的规定是：“推动制定科幻创作的扶持政策，将科幻创作和产品纳入相关专项资金支持和税收优惠范围；设立国家科幻奖项，成立全国科幻社团组织，兴办国际科幻节，支持建设科幻产业园，推动我国科幻作品创作与生产进入国际一流水平；到2020年，国产科幻电影产业票房收入占电影产业年票房总收入的比例达到15%。”

通过实施“科普资源开发与共享工程”，科普资源开发和共建共享机制建设受到社会的重视。许多省市科协成立了科普资源研发基地和配送中心，科研机构、大学实验室社会开放范围也进一步扩大，近些年来中国科学院所属科研机构和教育部直属大学就向社会开放了许多实验室和科普场所，年接待公众几十万人次。跨部门、跨领域的公共科普服务平台建设近年来也有所进展，如新疆维吾尔自治区38家单位就曾联合签署过科普资源共建共享合作协议。各类科普类的图书、动漫等的质量和数量都有明显变化，《中国科学技术协会统计年鉴2017》数据显示，各级科协和两级学会2016年编著科技图书4831种，比上年增加506种，增长11.7%，总印数2636.8万册，增加57.8万册；制作科普动漫作品1800套，比上年增加1180套，增长1.9倍，总时长4610小时；出品科普游戏280种。①

2 “科学教育与培训基础工程”和科学教育与培训工作

在《科学素质纲要》确定的重点“工程”中，“科学教育与培

① 中国科学技术协会.中国科学技术协会统计年鉴2017［M］.北京：中国科学技术出版社，2017.

训基础工程”“大众传媒科技传播能力建设工程”“科普基础设施工程”涉及科普渠道、设施、条件建设内容。强化科学教育与培训工作、大众传媒科技传播能力建设、科普基础设施建设，有助于为科普和公民科学素质提升提供渠道和条件支撑，最大限度地实现科普的公平普惠，为公众提升科学素质提供更多的机会和途径。

2.1 “科学教育与培训基础工程”的任务和措施

国内外的科学素质研究与实践证明，科学教育对公众科学素质水平有直接和重要的影响，受教育程度越高的公众群体具备科学素质的比例越高。世界发达国家的公民科学素质建设都高度重视科学教育工作，美国的“2061”计划就是其中典型的代表。在科学教育之外，科技培训工作在提高公民群体获取和运用科技的能力和技能、促进科学素质提升方面也发挥着重要作用，在我国目前相当比例的农村和城镇劳动人口对科技的掌握程度还不高的情况下，科技培训工作显得尤为重要。

自新中国成立以来，我国科学技术教育事业和社会化的教育培训工作取得了巨大的成就和长足的进步，但由于复杂的历史和现实原因的影响，总体上仍然不能很好地适应经济社会发展、提升公民科学素质、促进公民全面发展的需要，存在着科学课程和教材激发科学探究不够、应试教育影响学生整体素质、科学技术教育与培训机构和设施规模不足、科学教师和培训教师素质教育能力不高等问题。

为此，《科学素质纲要》针对“科学教育与培训基础工程”提出了三项主要任务，涵盖了科学教育与培训的教师、教材、教法、教学设施、基础条件等多个方面。一是加强教师队伍建设，培养一支专兼结合、结构合理、素质优良、胜任各类科学教育与培训任务的教师队伍；二是加强教材建设，改革教学方法，形成适应不同对象需求、满足科学教育与培训要求的教材和教法；三是加强教学基础设施建设，充分利用现有的教育培训场所、基地，配备必要的教学仪器和设备，为开展科学教育与培训提供基础条件支持。

对应措施主要有：加强中小学科学教育教师队伍建设、更新科学课程内容、提高教材质量、改进教学方法、重点培养创新意识和实践能力、加强中小学特别是农村中小学科学教育基础设施建设、建立科技界和教育界合作推动科学教育发展的有效机制、利用科普场馆和社区学校等社会资源开展科学教育与培训等。

《科学素质纲要实施方案（2011—2015年）》，进一步阐释了“科学教育与培训基础工程”实施的任务和举措，并进行了国家不同部门的责任分工。《科学素质纲要实施方案（2016—2020年）》中提出的新要求是：构建科学教师培训体系，提高教师的科技教育水平；加强民族语言教材建设，满足不同对象的科技教育和培训需求；充分利用现代信息技术，优化教学方法，不断推动科技教育与教学实践深度融合。

2.2 我国近些年来的科学教育与培训工作进展

“科学教育与培训基础工程”由教育部和人事部作为牵头部门，中组部、科技部、农业部、劳动保障部、全国总工会、共青团中央、全国妇联、中国科协等部门作为责任单位，牵头部门和责任单位制定了《科学教育与培训基础工程实施方案》。经过几年来的实施，“科学教育与培训基础工程”推动了基础阶段的科学教育改革工作、面向重点人群的科技培训工作，在教师培训、教材建设、教学改革、基础设施建设等方面也取得了一定成效。

我国基础教育系统一直在关注并推进科学教育改革，到2006年已编制了4套中学、8套小学科学课程教材，在科学教育中设置了必修的综合实践活动环节，强调了利用实践环节增强学生的探究和创新意识、发展综合运用知识的能力。从2008年起，教育部还组织高等院校、科研院所的科技专家参与科学课程标准修订、教材建设、教学方法等工作，旨在进一步推进中小学生科学教育内容及教学方法的改革。近些年来，我国基础教育系统又开始积极探索和引进STEM教育的新模式[①]，强化创新教育的新理念。

在面向各类重点人群的科技培训方面，教育部、人力资源和社会保障部、中国科协、全国总工会等许多部门近年来围绕青少年群体、农村劳动人口、城镇劳动人口等重点人群开展了多种形式和多种类型的科技教育与培训工作。[②] 教育部和中国科协等部门近些年来还采取项目推进的方式，针对青少年学生群体组织开展了“科学教育特色学校建设”“社区校外青少年非正规教育项目”等许多非正规教育项目。

相关部门和各地政府近几年来特别加大了教师培训、教材建设、教学改革、基础设施建设等方面的工作。例如，教育部在全国80余所高等院校设置了培养科学教师的“科学教育”专业，实施了“高中课改实验省骨干教师培训”“农村义务教育学校教师远程培训”“中小学教师科学素质与课程实施能力发展”等教师培训项目，启动了“促进中小学科学教育网络资源建设”“中小学科学教育实验条件建设示范工程”等基础设施建设项目。

中国科协和各省市自治区科协近些年来也加大了中小学校、科技场馆、校外教育机构（青少年科技活动中心等）科技辅导员的培训工作力度，每年都利用集中培训、讲师团巡回培训、科技教育专家辅导团等形式，培训校内外科技辅导员，培训规模达到数十万人。

3 “大众传媒科技传播能力建设工程”和大众传媒科技传播能力建设

在大众媒体高度发达的当代，媒体不仅是公众获得科技知识和信

① 所谓STEM，指的是科学（science）、技术（technology）、工程（engineering）和数学(mathematics)。STEM教育鼓励学生学习科学、技术、工程和数学课程，强调通过这种教育提升学生的科学技术素质，重视科学、技术、工程、数学内容的融合。美国于2011年推出的新版《美国创新战略》就特别强调推进创新教育运动，加强美国STEM教育。中国教育部2016年出台的《教育信息化“十三五”规划》中也提出充分利用现代信息技术，探索STEM教育，提升学生的创新意识。

② 关于近几年国内各部门和各地区围绕重点人群开展科技教育与培训工作的有关情况，可参见本教程第十讲。

息的重要渠道，而且在科普领域扮演着特殊而重要的角色，甚至有学者认为20世纪的科学传播出现了“媒体转向”。[①] 我国连续多年的公民科学素质调查结果也表明，电视、报纸等大众媒体是公众获取科学技术信息的重要渠道。基于大众媒体的科技传播渠道建设和大众媒体科技传播能力建设对推进公众科学素质建设有重要的作用。

3.1 “大众传媒科技传播能力建设工程”的任务和措施

改革开放以来，我国大众传媒事业取得巨大发展，大众媒体在面向公众的科普方面也做了许多卓有成效的工作，电视媒体领域涌现出了公众喜爱的一些科技栏目、节目，报纸媒体领域出现了一批有影响的科技栏目、作品，图书、期刊出版行业出版了一些受到好评的科普图书、期刊，互联网上也有了一些颇受关注的科普网站、论坛。但就总体情况看，大众媒体科技传播还存在质量不高、力度不够、能力不强的问题。

特别是相对于社会和公众不断增长的科普需求而言，电视、报刊、图书、广播、影视、网络等媒体中的科学技术节目和内容仍然偏少，在电视播出时间和报纸版面中所占的比例仍然偏低，传媒界对创办科技栏目的信心不足、积极性不高，科普类报纸、图书、期刊发行量仍然较小，大众媒体的科技传播功能远未得到充分发挥。尽管近些年来不断有优秀作品出现，但总体上质量不高，原创精品不足，公众吸引力不强。[②]

正是基于这样的背景，《科学素质纲要》针对“大众传媒科技传播能力建设工程”提出了三项基本任务：一是加大各类媒体的科技传播力度，大幅增加电视广播科技节目的播出时间、科普出版物的品种和发行量、报纸科技专栏的数目和版面、科普网站和门户网站的科技专栏等；二是打造科技传播媒体品牌，提高电视制作传播质量，培育知名度高的报纸专栏，形成有影响力的科普出版机构；三是发挥新型

① 侯强，刘兵.科学传播的媒体转向[J].科学对社会的影响，2003(4)：45—49.

② 杨文志，任福君，等.全民科学素质行动发展报告（2006—2010年）[M].北京：科学普及出版社，2011：156—157.

媒体的作用和功能，培育扶持若干品牌科普网站、虚拟科技馆等。

提出的措施主要包括：鼓励和支持一批电视科技栏目提高质量，择优扶持若干知名科普网站；制定优惠政策和相关规范推动科普文化产业发展；建立与市场和公众需求相适应的管理体制与运行机制，引进现代营销模式和先进编创技术，提高播出和编辑出版质量；建立与市场经济相适应的科普出版物发行渠道，扶持科普出版物在农村和边远地区的发行工作；研究开发网络科普的新技术和新形式，开辟网络科普新途径；等等。

《科学素质纲要实施方案（2011—2015年）》专门强调了移动通信、移动电视等新兴媒体在科技传播中的积极作用，以及发挥中国互联网协会网络科普联盟的作用而促进网站之间开展科技传播的交流与合作。《科学素质纲要实施方案（2016—2020年）》虽没有设立专门的“大众传媒科技传播能力建设工程”，但在“科普基础设施工程”和“科普信息化”工程中均有相关内容，主要针对新时期社会条件、公众需求等强调了基于互联网的新媒体科普能力建设问题，这也应该被作为当前和今后一段时期“大众传媒科技传播能力建设工程”的一项重点任务。

3.2 我国近些年来的大众传媒科技传播能力建设

“大众传媒科技传播能力建设工程”的实施由中宣部牵头，教育部、科技部、农业部、国家新闻出版广电总局、中国科协等部门为责任单位。2006年底，牵头部门会同责任单位制定了《大众传媒科技传播能力建设工程实施方案》，明确了大众传媒科技传播能力建设的具体任务和措施。近几年来，相关部门推出多项举措，大众媒体也积极加强科技传播力度、质量和品牌建设，使大众传媒科技传播能力在近些年中有了一定提高。

在大众传媒科技传播能力建设任务分工确定之后，各相关部门在各自主管的业务范围内推出了一些推进大众传媒科技传播能力建设的措施。例如，中宣部、国家新闻出版广电总局指导电视、广播、报纸、网络等各级各类媒体，围绕我国科技发展大政方针、重大科技事件、重要科技活动，在新闻类节目与版面中加大了科技报道力度，在社会类节目和内容中也关注了对节约资源、保护生态、改善环境、安全生产、应急避险、健康生活科学知识的宣传。

相关部门也支持了不少科技类广播电视栏目、节目的品牌建设，例如，国家新闻出版广电总局等部门支持了中央人民广播电台《农业广播学校》、中央电视台《科技博览》等栏目，中国科协支持了北京电视台《对话科学》栏目和《科学中国纪事》《科技与奥运》等影视片的拍摄。近些年来，以中央电视台《走近科学》《科技博览》以及中央人民广播电台《农业广播学校》《致富早班车》为代表的一批科普节目的制作质量、节目水平也在稳步提升。

国家和有关部门还设立了用以激励优秀科普作品创作的相关政策。例如，“国家科技进步奖”从2004年起就将科普作品纳入社会公益类项目奖励范围；国家科学技术奖励工作办公室在2008年批准设立了目前我国唯一的全国性科普作品奖项“中国科普作家协会优秀科普作品奖”；国家新闻出版广电总局的“中国电影华表奖”、中国电影家协会的“中国电影金鸡奖”也都将科学教育影片纳入评奖范围。

大众媒体自身也加强了科技传播能力建设，通过优化栏目设置、提高编排质量、推出新栏目、打造精品栏目等方式，提高科技传播能力和对观众的影响力。例如，中央电视台培育出了《走近科学》《科技博览》等栏目，制作了《寻找北京人头盖骨》《揭秘黄土》等一批优秀节目，科教频道也受到观众的欢迎。电视台对科技传播类节目的重视程度近年来有了明显提高，节目数量和播出时间明显增加，制作技术和制作水平也在不断提高。

目前，我国已有不少省级电视台开办了科教频道，许多地市级电视台也开办了科教频道。根据科技部《中国科普统计》数据显示，全国电视台播出科技、科普类节目的时间近几年来每年在20万小时左右，特别是从国外引进了许多优秀节目，丰富了电视媒体科普节目的内容，提高了科教电视节目的整体水平。在印刷媒体的科技传播领域，目前也已经建立了一个包括中央、地方、行业在内的科技类报纸体系，许多综合性报纸也增开科技专栏，根据《中国科普统计》，我国科技类报纸2016年总印数为2.67亿份。此外，2016年，我国出版科普图书11937种，册数达到1.35亿册；出版科普期刊1.6亿册；政府财政投资建成的科普网站2975个。①

基于互联网和新媒体的科技传播近些年来也快速发展，科普网站大量增加，涌现出了以“科普中国”“中国科普博览”为代表的一批知名科普网站，新媒体也开始加入科技传播行列。互联网和新媒体正在从许多方面深刻影响科技传播的发展和变革，许多传统媒体也正在积极利用互联网和新媒体提高信息传播速度，扩大信息传播的范围。中国科协2015年组织的第九次公民科学素质调查表明，我国公民获取科技信息的最主要渠道仍然是电视，利用电视获取科技信息的公民比例为93.4%，但利用互联网及移动互联网获取科技信息的比例目前已达到53.4%，比2010年的26.6%提高了一倍多，已经超过了报纸（38.5%），仅次于电视。

《中国科学技术协会统计年鉴2017》统计数据也进一步证实了我国大众传媒科技传播能力的快速发展。至2016年年底，各级科协和两级学会编著科技图书4831种，比上年增加506种，增长11.7%，总印数2636.8万册，增加57.8万册；主办科技报纸239种，增加19种，增长8.6%，总印数1.0亿份，减少0.15亿份；制作科普挂图9238种，减少1388种，降低13.1%，总印数1757.7万张，减少310.3万张；制作科技广播影视节目10934套，比上年增加4787套，总时长13058小时；制作科普动漫作品1800套，比上年增加1180套，增长1.9倍，总时长4610小时；播放科技广播及影视节目28.9万小时，增加6.5万小时；出品科普游戏280种。②

① 中华人民共和国科学技术部.中国科普统计（2017年版）[M].北京：科学技术文献出版社，2017:76—89.

② 中国科学技术协会.中国科学技术协会统计年鉴2017[M].北京：中国科学技术出版社，2017：10.

4 “科普基础设施工程”和科普基础设施建设

尽管到目前为止关于科普基础设施的定义在我国还存在一些争议，但一般包括科技类博物馆（如自然历史博物馆、科学技术馆、专业博物馆等）、科普教育基地（如青少年科技活动中心、科研机构和大学开放实验室、动植物园、自然保护区等各类科普场所）、基层科普设施（如科普活动站、科普学校、科普惠农服务站、科普宣传栏、科普画廊以及科普大篷车、科普宣传车、科普列车等）几大类。广义的科普基础设施还包括基于互联网的科普网站、数字科技馆等网络设施。

从国内外科技传播和科普教育的实践来看，科技类博物馆、各类科普场馆等科普设施是为社会和公众提供科普服务的专门设施，是面向公众进行科技传播、科技教育、科学普及的重要基地，也是公众接触和学习科学技术的重要场所，构成了科普“物力”资源的重要组成部分。加强科普基础设施建设，有助于提高科普服务能力，拓展科普公共服务渠道，促进科普的公平普惠。

4.1 “科普基础设施工程”的任务和措施

基于科普基础设施的科技传播往往具有形式多样、内容丰富、生动直观、公众参与性强的鲜明特点，拥有较为综合的科普教育效果和较强的传播“平台”功能。[①]《简明不列颠百科全书》在解释科学类博物馆时就指出，科学博物馆的任务是以立体形式传达科学精神和思想，引起观众对科学的爱好，提供先进的信息，使人看到技术发展的成就，帮助人们了解并保护自然和人类环境。[②]

在相当长的时期内，我国科普工作由于更多强调群众性科普活动的开展，再加上长期受经济发展水平的制约，科普基础设施建设并未

① 翟杰全，杨恋洁，周小磊.科技类博物馆的科技传播：理念更新与能力提升[J].北京理工大学学报（社会科学版），2012，14（1）：121—124.

② 简明不列颠百科全书[M].北京：中国大百科全书出版社，1986（2）：65.

受到足够的重视，直到改革开放之后，科普基础设施建设才进入快速发展通道。但相比于发达国家和我国公众科普需求而言，科普基础设施建设仍然存在较大差距，存在总量规模不足、区域分布不均衡、展教方式相对落后、专业人才欠缺等突出问题，尚不能辐射和惠及所有公民。

2005年中国公民科学素质调查的数据显示，当年参观过科学技术馆、自然博物馆等科普场馆（场所）的公众比例只占到10%左右，而“未能参观”的最主要原因是“本地没有”或“不知道在哪里”，两者合计比例达到56.0%。正是基于对科普基础设施建设重要性及我国科普基础设施建设现状的认识，《科学素质纲要》将“科普基础设施工程”列为重点基础工程之一。

“科普基础设施工程”确定的任务包括：更新改造现有科普设施，充实内容、改进服务、激发活力，整合利用社会相关资源，发展青少年科技教育基地和科普教育基地，拓展和完善现有基础设施的科普教育功能；多渠道筹集资金，新建一批科技馆、自然博物馆等科技类博物馆；通过在城乡社区建设科普活动室、增强校外活动场所功能、配备科普大篷车等手段，发展面向基层的科普设施；等等。

提出的措施主要包括：制定科普设施发展规划、建设标准、认定办法和管理条例，规范科普设施的建设与管理；将科普基础设施建设纳入国民经济和社会事业发展总体规划和建设计划，加大对公益性科普设施建设和运行经费的公共投入，对科普教育功能薄弱的设施进行更新改造，完善基层科普设施的功能；鼓励社会力量参与科普基础设施建设，鼓励有条件的科研院所、高等院校、科学团体、高新技术企业对公众开放；等等。

《科学素质纲要实施方案（2011—2015年）》突出强调了科普基础设施整体服务能力的大幅度增强、科普资源配置的优化、较为合理的全国整体布局的形成和科普基础设施建设与发展保障体系的完善。

《科学素质纲要实施方案（2016—2020年）》则提出了科普基础设施服务能力的提升和实现科普公共服务均衡发展的要求，并且将推进优质科普资源开发开放作为两项核心任务之一。

4.2 我国近些年来的科普基础设施建设

在《科学素质纲要》颁布后，“科普基础设施工程”牵头部门中国科协和发展改革委、科技部、教育部等责任单位共同制定了专门的《科普基础设施工程实施方案》，确定了科普基础设施建设的具体目标和任务。近几年来，围绕《科学素质纲要》提出的任务和要求，在实施“科普基础设施工程”的推进下，科普基础设施建设在原有基础上取得明显进展，科普基础设施在数量上有所增加，功能上得到了强化，服务能力有所提升，传播与普及科技信息的渠道功能也得到进一步增强。

第一，针对科普基础设施建设中存在的问题，政府相关部门出台了一系列加强各类科普基础设施建设的政策文件。例如，《关于加强国家科普能力建设的意见》《科学技术馆建设标准》《科普基础设施发展规划（2008—2010—2015年）》《关于科研机构和大学向社会开放开展科普活动的若干意见》《全国科普教育基地认定办法（试行）》《全国科普活动站、科普宣传栏、科普员标准和管理办法（试行）》等。

第二，科普基础设施建设工作在各地区都受到了更多重视，建设科普设施的积极性明显提高，已经进入各类科技类场馆的快速发展阶段。近些年来我国先后有百余座规模性科技类博物馆建成开放，科技部公布的科普统计数据显示，截至2016年，全国共有科普场馆1393个，其中科技馆473个，科学技术博物馆920个；科技馆和科学技术类博物馆分别有5641.41万人次、11015.87万人次参观。[①] 中国科学技术协会统计年鉴数据显示，至2016年年底，各级科协拥有所有权或使用权的科技馆587个，建筑面积达313.8万平方米，展厅面积达154.7万平方

① 中华人民共和国科学技术部.中国科普统计（2017年版）[M].北京：科学技术文献出版社，2017：33—40.

米，其中建筑面积8000平方米以上的98个；已实行免费开放的科技馆325个，占55.4%；科技馆全年接待参观人数5786.7万人次。[①]

第三，基层科普设施覆盖面也逐步扩大。比如，科普画廊、科普活动站、科普大篷车的规模数量也有了较大增长。至2016年底，科普活动站（中心、室）17万个，全年参加活动（培训）人数5305.5万人次；科普画廊建筑面积（宣传栏、宣传橱窗）290.4万平方米，全年展示面积522.4万平方米。[①]

第四，科普教育基地发展迅速，为科普的社会化奠定了重要基础。科普教育基地已形成全国、省级、地县三级认定体系。截至2016年底，中国科协命名的全国科普教育基地1080个，全年参观人数达1.6亿人次，比上年增加1036.2万人次。省级科协命名的省级科普教育基地4889个，比上年增加697个，全年参观人数达1.7亿人次。各级科协命名的农村科普示范基地39360个，比上年增加2006个，其中省级科协命名1442个，副省级城市、省会城市命名538个，地级科协命名8870个，县级科协命名28510个。[②]

第五，科普基础设施内容建设和服务能力有所提升，公众受益面不断扩大。科普基础设施的展教资源不再是清一色的标本、图片和实物，规模总量不断增加，互动型、体验型的展品越来越多，主题展览、临时展览、科普讲座等科普形式也日渐增多。中国科协2015年组织的第九次公民科学素质调查表明，在过去的一年中，分别有22.7%的公众参观过科技馆等科技类场馆，有22.1%的公众参观过自然博物馆，我国公民对科普设施的利用情况与美国大致相当（2012年，美国公民参观科技馆等科技类场馆的比例为25%，参观自然博物馆的比例为28%）。

第六，结合科普基础设施自身特点开展了许多有特色的科普教育活动，增强了科技传播功能，增加了公众接触和体验科学的机会。例如，2009年建成开放的中国科学技术馆新馆除设置科学乐园、华夏之

①② 中国科学技术协会.中国科学技术协会统计年鉴2017[M].北京：中国科学技术出版社，2017：9.

光、探索与发现、科技与生活、挑战与未来五大主题展厅外，还开展了科普实践、科学影视、科普报告、科普巡展等各类活动；活跃于城乡的基层科普设施也积极利用科普展览、资料发放、技术咨询等手段开展科普活动，受到群众的欢迎。

第七，面向农村、偏远地区的流动科普设施资源得到发展，推进了科普的普惠均等。科普大篷车、科技列车和流动科技馆发展迅速，规模不断扩大，同时乡村少年宫和农村中学科技馆也发展起来。截至2016年年底，流动科技馆581个，农村中学科技馆293个；中国科协配发给地方科协用于科普活动的大篷车1345辆，科普大篷车全年下乡次数3.8万次，全年下乡行驶里程980.1万千米，受益人数2867.8万人次。2016年发布《中国科协科普发展规划（2016—2020年）》，明确提出了新的发展目标："加大流动科普设施配发力度和服务范围，提升流动科普设施展教资源的开发能力与水平，实现巡回展览展品和教育活动的专题化和特色化……到2020年，实现中国流动科技馆的保有量达到300套，力争全国尚未建设科技馆的县（市）每两年巡展1次；科普大篷车的保有量突破2000辆，活动和服务范围基本覆盖全国建有科技馆城市近郊以外的所有乡镇；流动科普设施年服务观众总量突破1亿人次。"这些成绩和举措自然为广大农村地区、革命老区、少数民族地区等的科普工作提供了强有力保障。

第八，基于互联网的科普设施兴起，对于公民科学素质提升发挥了重要作用。2016年，建设科普中国e站11770个，其中乡村e站5967个，社区e站4557个，校园e站1246个；主办科技网站2619个，全年浏览量28.0亿人次，平均106.9万人次/个；主办科普网站743个，全年浏览量42.7亿人次，平均574.5万人次/个，其中科普中国全年浏览量39.4亿人次；主办科普APP共计128个，科普手机报314个，科普微信公众号1301个，科普微博418个。[①]

① 中国科学技术协会.中国科学技术协会统计年鉴2017[M].北京：中国科学技术出版社，2017：9.

5 科普人才建设工程

“科普人才建设工程”是《科学素质纲要实施方案（2011—2015年）》新提出的重点任务。一般来讲，我国科普人才由专职科普人员和兼职科普人员构成。近些年，科普志愿者队伍迅猛发展，同时随着互联网的发展，自由科普爱好者也在不断增加。

5.1 “科普人才建设工程”的任务和措施

依据《科学素质纲要实施方案（2011—2015年）》，“科普人才建设工程”确定的主要任务包括：加强科普人才队伍建设，培养和选拔一批高水平科普人才，壮大专兼职科普人才队伍，推动科普志愿者队伍建设，优化科普人才结构；建立完善科普人才激励机制，推动科普人才知识更新和能力培养，增强适应现代科普发展的能力。

提出的主要措施包括六项：加强农村实用科普人才培养；建立社区科普人才队伍；发展企业科普人才队伍；积极发展青少年科技辅导员队伍；大力发展科普志愿者队伍；加快高端和专门科普人才培养。

《科学素质纲要实施方案（2016—2020年）》除对“科普人才建设工程”实施的任务目标、具体举措和国家不同部门的责任分工做出规定外，还将科普人才的培养、使用和评价问题作为一项专门的任务。因而对应措施也就包含了以下内容：一是要完善科普人才培养、使用和评价制度。落实国家中长期科技、教育、人才发展规划纲要，加强科普人才培养、使用和评价的政策研究，推动制定科普学科发展、科普专业设置、科普人才评价标准、技术职务等相关制度，建立激励机制，充分调动科普人才的积极性；加强科普人才培养和继续教育。二是要深入推进高层次科普专门人才培养试点工作，总结推广经验，加强教学大纲、教材、课程和师资队伍建设，加大高层次科普专门人才培养力度。三是要依托高等院校、科研院所、科普组织、企业与相关机构建立完善科普人才继续教育基地，以科普组织管理、科技教育、科技传播、科普活动组织、科普经营管理等从业者为重点，围绕科普的新理论、新方法、新手段等，及时更新补充新知识、扩展新视野、提升创新能力，以适应科技发展、社会进步和现代科普发展的新形势、新要求。

5.2 我国近些年来科普人才队伍建设进展

2006年，国务院颁布的《科学素质纲要》没有提出专门的“科普人才建设工程”，但已经将科普人才队伍建设列为“保障条件”之一，同时也提出了培养专业化人才、发掘兼职人才、建立志愿者队伍、加强理论研究，为公民科学素质建设提供人才保障和智力支撑的要求。《全民科学素质纲要实施方案（2011—2015年）》提出了专门的“科普人才建设工程”，并规定牵头部门是科技部、中国科协、人力资源和社会保障部，参与单位或部门有二十几个。《全民科学素质纲要实施方案（2016—2020年）》进一步细化和创新，使此项工程的目标、任务等更加明确，也更加符合新时期的新要求。

依据《科学素质纲要》及其实施方案的相关规定，结合落实国家中长期科技、教育、人才发展规划纲要，近年来在实施“科普人才建设工程”的推进下，我国的科普人才建设工作在原有基础上取得了明显进展。

一是科普人才数量稳定增长（图11-1）。[①] 2006年以来，我国科普人才总量除2016年有较大下降以外，总体呈逐年上涨的趋势；专职科普人才数量总体比较稳定，波动很小；兼职科普人才数量稳定增长，其变化趋势与科普人才总量的变化趋势相同；注册科普志愿者队伍增长较快。兼职科普人才和注册科普志愿者的大幅增长，反映了我国科普社会化程度不断提升，体现了我国公众科普参与度的不断提升。

二是渐趋多元化的人才结构满足了科普的跨学科特点。在当代科学技术高度综合、学科交叉发展的形势下，科普以高度综合的跨学科

① 中华人民共和国科学技术部.中国科普统计[M].（2008—2017年版）.北京：科学技术文献出版社，2008—2017.

性为主要特征，因而要求科普人才必须来自不同的行业领域和专业，只有日益社会化、多元化的人才来源才能保障这一需求。科普兼职人才和注册科普志愿者的持续增长促进了我国科普人才渠道来源的多元化和作用发挥的社会化，这对满足科普的跨学科特点要求具有重要的作用。

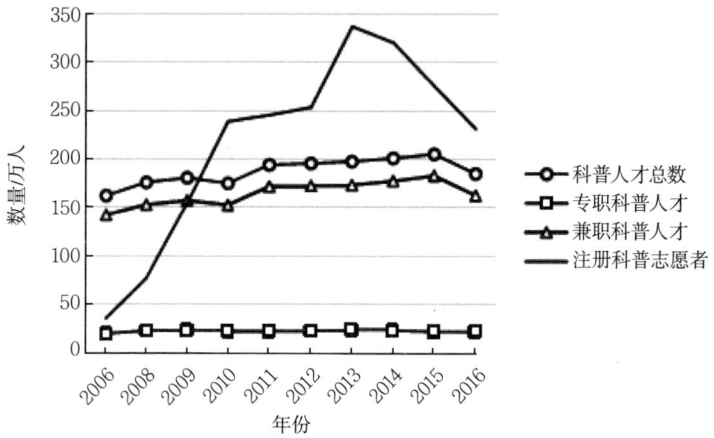

图11-1 近年来我国科普人才队伍数量及变化情况

三是科普人才的素质明显提升，科普人才的职称及学历层次逐渐提高（表11-1）[①]。与全国科普人才总量的变化趋势基本相同，全国中级以上职称或本科学历以上的科普人才数量除2016年略有下降以外，其他年份基本保持了稳定增长；全国中级职称以上或大学本科以上学历科普人才占科普人才总数的比例一直处于稳定增长的趋势，2016年该比例达到最高，约占科普人才总数的54%。专职人才和兼职人才中，中级职称以上或大学本科学历以上的科普人才也基本都呈上涨趋势，说明有更多较高素质的科普人才参与或从事科普工作。科普人才队伍整体素质的提升，为我国科普工作的发展和全民科学素质的提高，做出了巨大贡献。

① 中华人民共和国科学技术部.中国科普统计[M].（2008—2017年版）.北京：科学技术文献出版社，2008—2017.

表11-1 我国科普人才队伍职称和学历情况

年 份	科普人才总数/万人	中级职称以上或本科学历以上科普人才		专职人才中级职称以上或本科学历以上科普人才/万人	兼职人才中级职称以上或本科学历以上科普人才/万人
		人数/万人	占比/%		
2006	162.35	66.84	41.17	9.07	57.77
2008	176.10	74.36	42.23	11.21	63.15
2009	180.84	80.83	44.70	12.26	68.57
2010	175.14	84.03	47.98	12.29	71.74
2011	194.28	94.19	48.48	12.72	81.47
2012	195.78	98.48	50.30	13.34	85.14
2013	197.82	98.36	49.72	13.94	84.42
2014	201.23	102.32	50.85	13.72	88.60
2015	205.38	101.57	49.45	13.09	88.48
2016	185.24	99.96	53.96	13.34	86.62

四是科普人才城乡分布不均衡的现象有所改善（表11-2）[①]。我国科普人才长期存在地区分布不均衡、城乡差别较大的问题，近年来在“均衡、普惠”等理念的推动下，农村科普人才队伍有所壮大，城乡分布不均衡现象有所缓和。农村科普人才占科普人才总数的比例由2008年的32%左右增长到2015年的36%左右；农村每万人拥有科普人才除2016年以外基本保持逐年增长。但2016年在全国科普人才总数有较大下降的情况下，农村科普人才下降得更多，科普人才城乡分布不均衡现象依然较为严峻。

① 中华人民共和国科学技术部.中国科普统计[M].（2008—2017年版）.北京：科学技术文献出版社，2008—2017.

表11-2 我国城市和农村科普人才分布情况

年份	城市科普人才		农村科普人才		城市每万人拥有科普人才/人	农村每万人拥有科普人才/人
	数量/万人	占比/%	数量/万人	占比/%		
2006	110.38	67.99	51.97	32.01	19.00	7.00
2008	119.11	67.64	56.99	32.36	19.60	7.90
2009	114.42	63.27	66.42	36.73	18.39	9.32
2010	110.05	62.84	65.09	37.16	16.43	9.67
2011	123.17	63.40	71.11	36.60	17.83	10.83
2012	123.82	63.24	71.96	36.76	17.40	11.20
2013	122.71	62.03	75.11	39.97	16.79	11.93
2014	129.26	64.23	71.97	35.77	17.25	11.63
2015	130.42	63.55	74.96	36.50	16.91	12.42
2016	128.11	69.16	57.13	30.84	16.43	9.69

虽然我国科普人才队伍总体有所改善，但从我国经济社会发展提出的需求以及我国科普事业的发展提出的任务来看，我国科普人才队伍建设的任务依然相当艰巨，不仅数量上需要大幅提升，整体素质和人员结构还需进一步提高和改善。有关我国科普人才队伍存在的问题及建设的内容在本书第十四讲阐述。

6《全民科学素质纲要实施方案（2016—2020年）》确定的新“工程”

自2006年国务院颁布实施《科学素质纲要》以来，特别是

“十二五”期间，各地各部门围绕党和国家发展大局，联合协作，有关未成年人、农民、城镇劳动者、领导干部和公务员、社区居民等重点人群的科学素质行动扎实推进，带动了全民科学素质水平整体提高；科技教育、传播与普及工作广泛深入开展，科普资源不断丰富，大众传媒特别是新媒体科技传播能力明显增强，基础设施建设持续推进，人才队伍不断壮大，为全民科学素质工作顺利开展提供了保障，促进了我国公民科学素质水平的大幅提升。

“十三五”时期是我国实施创新驱动发展战略的关键时期，是全面建成小康社会的决胜阶段。《科学素质纲要实施方案（2016—2020年）》除继续将针对四大人群的科学素质行动、科技教育与培训基础工程、科普基础设施工程列为“十三五”重点工作外，还提出或强调了实施社区科普益民工程、科普信息化工程、科普产业助力工程这几项重点工作。

6.1 社区科普益民工程

“社区科普益民工程”确定的主要任务包括：宣传创新、协调、绿色、开放、共享的发展理念，普及尊重自然、绿色低碳、科学生活、安全健康、应急避险等知识和观念，提升社区居民应用科学知识解决实际问题、参与公共事务的能力，提高居民健康素养，促进社区居民全面形成科学文明健康的生活方式，促进和谐宜居、富有活力、各具特色的现代化城市建设；大力提升社区科普公共服务能力，促进基层社区科普服务设施融合发展，推动城镇常住人口科普基本公共服务均等化，全面提升居民科学素质，助力以人为核心的新型城镇化发展。

提出的主要措施包括：围绕“节约能源资源、保护生态环境、保障安全健康、促进创新创造”的工作主题，广泛开展社区科技教育、传播与普及活动；面向城镇新居民开展适应城市生活的科技教育、传播与普及活动，帮助新居民融入城市生产生活；大力改善社区科普基础条件，深入推进社区科普益民服务站、科普学校、科普网络建设，充分发挥科普基础设施作用，面向基层群众开展党员教育、体育健身、文化宣传、卫生健康、食品药品、防灾减灾等各类科普活动；通过切实加强社区科普工作，深入实施基层科普行动计划，推动全国科普示范社区蓬勃发展，面向社区提供多样化的科普产品和服务，动员驻区学校、科研院所、企业、科技社团、科普场馆、科普教育基地等相关单位开发开放科普资源等，促进形成政府推动、社会支持、居民参与的社区科普新格局。

6.2 科普信息化工程

“科普信息化工程”确定的主要任务包括：以科普信息化为核心，推动实现科普理念和科普内容、表达方式、传播方式、组织动员、运行和运营机制等服务模式的全面创新；提升优质科普内容资源供给能力，运用群众喜闻乐见的形式，实现科普与艺术、人文有机结合，推出更多有知有趣有用的科普精品，让科学知识在网上和生活中流行；提升科技传播能力，推动传统媒体与新兴媒体深度融合，实现多渠道全媒体传播，大幅提升大众传媒的科技传播水平；推动科普信息在社区、学校、农村等落地应用，提升科技传播精准服务水平，满足公众泛在化、个性化获取科普信息的需求，定向、精准推送科普信息。

提出的主要措施包括：实施“互联网+科普”行动，汇聚各方力量打造科普中国品牌，引导建设众创、众包、众扶、众筹、分享的科普生态圈，打造科普新格局；以科普的内容信息、服务云、传播网络、应用端为核心，形成“两级建设、四级应用”的科普信息化服务体系；以提升科普服务效能为核心、以科普信息汇聚生产与有效利用为目标，建设科普中国服务云，实现科普的信息汇聚、数据分析挖掘、应用服务、即时获取、精准推送、决策支持。建立完善网络科普内容科学性把关、网络科普传播舆情实时监测机制；深入探索利用政府和社会资本合作（PPP）的科普公共服务新模式，进一步把政府与市场、需求与生产、内容与渠道、事业与产业有效连接起来，实现科普的倍增效应；强化科普信息的落地应用，依托大数据、云计算等信息技术手段，洞察和感知公众科普需求，创新科普的精准化服务模式，定向、精准地将科普信息送达目标人群；通过科普中国服务云、科普中国V视快递、科普中国e站推送等方式，推动科普信息在社区、学校、农村等落地应用；强化移动端科普推送，支持移动端科普融合创作，鼓励科研机构通过微信、微博等新媒体平台建设和运行有影响力的科普公众号，强化科普头条新闻推送，促进科普活动线上线下结合；等等。

6.3 科普产业助力工程

“科普产业助力工程”确定的主要任务包括两项：一是研究制定科普产业发展的宏观政策以及技术标准、规范。二是促进科普产业健康发展，大幅提升科普产品和服务供给能力，有效支撑科普事业发展。

提出的主要措施包括：开展科普产品和服务发展相关政策研究，推动制定科普产业发展的相关政策，完善科普产业发展的支持政策，将科普产业纳入高新技术产业、创意产业和文化产业的相关优惠政策范围，充分发挥市场机制配置科普社会资源的功能；成立全国科普服务标准化技术委员会，组织制定科普相关标准，建立完善科普产品和服务的技术规范，推动科普产品研发与创新，推动科技创新成果向科普产品转化，探索科技创新和科普产业结合的有效机制；利用科普活动、科普教育基地、科普场馆、科普机构等有利条件，发挥集成效应，通过竞赛、线上线下相结合等方式，搭建科普创客空间，支持创客参与科普产品的创新、创造、创业；鼓励建立科普产业园区和产业基地，组建中国科学文化出版传媒集团等科普龙头企业，形成科普产业集群，实现集约发展，搭建科普产品和服务交易平台，加大政府购买科普产品和服务的力度，加强科普产业市场培育；等等。

本讲小结

近几年来，随着《科学素质纲要》的全面实施，特别是随着积极推进科普基础工程，我国科普资源、渠道、设施、人才等的建设受到了政府和社会的高度重视，公民科学素质建设的支撑条件得到了改善，科普的公共服务能力大幅度提升，公众受益面不断扩大，社会效果不断增强。《科学素质纲要实施方案（2016—2020年）》确定的新“工程”为科普事业注入了新的活力，提供了更大的发展空间，反映了新时代科普工作的新特点和新趋势。

第十二讲
《科学素质纲要》：实施成效

在全面实施《科学素质纲要》的推动下，我国公民科学素质建设工作取得了明显进展，科普资源进一步丰富，科普设施进一步完善，科普的公共服务能力进一步增强，各重点人群的科学素质进一步提升。特别是"十二五"时期以后，从中央到地方，针对未成年人、农民、城镇劳动者、领导干部和公务员、社区居民等各重点人群的科学素质行动扎实推进，带动了全民科学素质水平的整体提升；通过各重点工程的大力建设，科普资源不断丰富，媒体科技传播能力明显增强，基础设施建设持续推进，初步建立了公民科学素质建设共建机制，形成了大联合大协作的社会化工作局面。

1 我国公民科学素质建设近些年来取得的重要进展

《科学素质纲要》的颁布实施，使公民科学素质建设工作成为一项国家行动，成为推动经济社会发展的一项基础性工程，各部门、各地区将公民科学素质建设工作纳入本部门、本地区的工作计划规划。在全面实施《科学素质纲要》的过程中，相关部门出台了一系列政策措施，形成了一些重要工作机制，加强了基础设施建设，提升了科普能力，推动了我国科普事业的发展，为公民科学素质的未来持续提升奠定了基础。

1.1 实施《科学素质纲要》形成的工作机制

《科学素质纲要》2006年颁布后，国务院随即成立"全民科学素质工作领导小组"，在中国科协设立了"全民科学素质工作领导小组办公室"。领导小组制定了《全民科学素质工作领导小组工作规则》

和《全民科学素质行动计划纲要实施工作方案》，确立了相关部门分工负责的工作机制。2008年，领导小组办公室通过了《全民科学素质纲要实施工作机制》，确立了国务院分管领导每年召开一次会议听取实施工作汇报以及实施工作例会制度，由中国科协牵头成立了“全民科学素质纲要实施工作办公室”。为了推进《科学素质纲要》的顺利实施，2011年6月19日和2016年2月25日，国务院办公厅还分别下发了《科学素质纲要实施方案（2011—2015年）》《科学素质纲要实施方案（2016—2020年）》，根据全民科学素质工作需要和《科学素质纲要》实施情况，确定了“十二五”和“十三五”期间的重点任务和保障措施。

《科学素质纲要》2006年颁布后，在国务院“全民科学素质工作领导小组”领导下，中组部、中宣部、发展改革委、教育部、科技部、财政部、中国科协等23个部委成为《科学素质纲要》实施工作办公室成员单位，分解出四大重点人群科学素质行动、四大基础建设工程和“政策法规、队伍建设与监测评估”共9项任务（表12-1）。各牵头部门会同责任单位共同研究制定工作方案、共同推进实施工作。《科学素质纲要》实施工作由此形成既有分工又有协作的工作机制。

表12-1 《科学素质纲要》9项任务及职责分工

任　务	牵头单位	责任单位
未成年人科学素质行动	教育部 共青团中央	中宣部、科技部、人力资源和社会保障部、卫生部、国家新闻出版广电总局、中国科学院、中国社会科学院、中国工程院、中国气象局、国家自然科学基金委员会、全国妇联、中国科协
农民科学素质行动	农业部 中国科协	中组部、中宣部、教育部、科技部、国家民委、人力资源和社会保障部、环保部、卫生部、国家新闻出版广电总局、安全监管总局、国家林业局、工程院、中国气象局、全国总工会、共青团中央、全国妇联
城镇劳动者科学素质行动	人力资源和社会保障部 全国总工会 国家安全监管总局	中宣部、教育部、科技部、卫生部、国家新闻出版广电总局、中国科学院、中国工程院、中国气象局、共青团中央、全国妇联、中国科协

续表

任　务	牵头单位	责任单位
领导干部和公务员科学素质行动	中组部 人力资源和社会保障部	中宣部、科技部、环保部、卫生部、中国科学院、中国社会科学院、中国气象局、共青团中央、全国妇联、中国科协
科学教育与培训基础工程	教育部 人力资源和社会保障部	中组部、中宣部、国家发展改革委、科技部、农业部、中国科学院、中国社会科学院、中国工程院、中国气象局、国家自然科学基金委员会、全国总工会、共青团中央、全国妇联、中国科协
科普资源开发与共享工程	中国科协 科技部	教育部、环保部、农业部、卫生部、国家新闻出版广电总局、国家安全监管总局、国家林业局、中国科学院、中国工程院、中国气象局、国家自然科学基金委员会、全国总工会
大众传媒科技传播能力建设工程	中宣部	教育部、科技部、农业部、国家新闻出版广电总局、中国科学院、中国社会科学院、中国气象局、全国总工会、共青团中央、全国妇联、中国科协
科普基础设施工程	中国科协	中组部、国家发展改革委、教育部、科技部、人力资源和杜合保障部、农业部、环保部、卫生部、国家林业局、中国科学院、中国气象局、全国总工会、共青团中央、全国妇联
政策法规、队伍建设与监测评估	科技部	所有成员单位

随着时代的发展和公众、社会需求的变化，与《科学素质纲要》实施相关的单位部门、重点人群和重点工程等也有所调整和扩展。2014年工作办公室成员单位增加至33个部委，《科学素质纲要实施方案（2011—2015年）》增加了第五大重点人群——社区居民，也相应增加了“社区居民科学素质行动”。《科学素质纲要实施方案（2016—2020年）》则提出了三项新的基础工程。

《科学素质纲要》实施过程中，许多省、自治区、直辖市也成立了由政府领导、相关部门参加的省级实施工作领导小组、办公室或建立了联席会议制度。《科学素质纲要》实施工作目前已形成了“国务院领导实施，各部门分工负责、联合协作”的工作机制，形成了中央和地方共同推动的矩阵式工作格局，形成了大联合、大协作的社会化工作特点。这种政府主导实施、部门联合协作的大系统为《科学素质纲要》实施提供了强有力的保障。

同时，为保障和推进《科学素质纲要》的实施，全民科学素质工作领导小组以及政府相关部门出台了推动公民科学素质建设工作的系列政策和措施，为《科学素质纲要》实施工作提供了条件保障，促进了政策体系不断健全，强化了相关机制建设，为推进《科学素质纲要》的实施和公民科学素质建设工作、建立科普事业的长效机制奠定了重要基础。

1.2 重点人群科学素质行动带动了全民科学素质提升

在《科学素质纲要》实施过程中，政府各部门和各地区根据《科学素质纲要》提出的重点人群科学素质行动任务要求，有针对性地组织开展了各种形式的科学技术教育、传播与普及活动，提升了重点人群的科学素质，带动了全民科学素质的整体提升。中国科协组织的第九次中国公民科学素质调查显示，2015年，我国公民具备科学素质的比例达到6.20%，接近2005年1.60%的3.9倍，较2010年的3.27%提高近90%，超额完成“十二五”期间我国公民科学素质水平达到5%的工作目标。

经过实施和推进“未成年人科学素质行动”，中小学继续推进实施素质教育改革，基础教育对提高科学素质的作用受到重视，课堂作为主渠道的功能得到强化，校外科技和科普活动丰富多彩，通过“科技馆活动进校园”和青少年学生校外活动场所科普教育共建共享试点等工作，也有效促进了校外科技资源与学校科学教育的有效结合，校内校外合力提升青少年科学素质的机制得到了发展。

经过实施和推进“农民科学素质行动”，相关部门和各地区结合新农村建设和城镇化需求，针对各类农民群体的不同需要，特别强化了针对农民群体的科技培训和科普工作，使数亿人次农民享受到不同层次的科技培训服务，科技下乡、星火计划、科技特派员、科普惠农计划等各类科技培训、普及、推广、示范活动也在农村地区受到欢迎。农民群体的科技知识水平和科学素质得到了提升。

经过实施和推进“城镇劳动人口科学素质行动”，相关部门和各地区根据不同群体的不同需求，开展了各类职业技能培训、专业技术人才知识更新、中高级专业技术人才培训等不同层次的科技培训，同时通过社区学校、科普画廊以及开展各种讲座、咨询等经常性群众科普活动，促进社区居民逐步形成科学文明健康的生活方式。各类培训和社区科普活动提升了城镇劳动人口的职业技能、科学生活能力和科学素质水平。

经过实施和推进“领导干部和公务员科学素质行动”，科学素质问题受到了政府部门和领导干部与公务员群体自身的重视，科学素质成为领导干部和公务员教育培训的重要内容，相关部门和各地区也有针对性地组织了针对领导干部和公务员的科学素质培训，增强了领导干部和公务员落实科学发展观、提升科学管理和决策能力。科学素质目前也被逐步纳入领导干部和公务员的选拔和评价考核中。

通过实施和推进“社区居民科学素质行动”，针对综合了各类科普重点人群的社区科普工作得到前所未有的重视。通过建设科普设施和整合社区文化设施资源，组织形式多样的活动，大大提升了社区居民的科学素质和科学文化水平。社区作为社会单元，其建设水平直接影响到整体社会的治理能力，因而针对社区的科普工作意义重大，为社会治理能力现代化做出了积极贡献。

1.3 重点基础工程建设促进了科普服务能力的提升

在《科学素质纲要》实施过程中，政府各部门和各地区根据《科学素质纲要》及其实施方案确定的重点工程的任务要求，针对各“工程”的发展现状和存在问题，有针对性地提出了建设措施，加大各类相关资源投入，促进了科普服务能力的整体提升，使公众提高科学素质的机会与途径明显增多。

通过实施和推进“科学教育与培训基础工程”，科学教师与培训队伍的素质得到提高，科学教育与培训的基础条件不断增强。教育部在师范院校设置了80余个综合性科学教育专业，并对在校科学教师进行了培训。仅2006年以来在国家级项目培训中，针对义务教育和高中阶段的科学课程骨干教师培训就达20多万名。各地也以中小学为重点，加强了科学教师培训、科学教材开发、科学教育特色学校创建和校内外青少年科学实践基地建设。

通过实施和推进“科普资源开发与共享工程”，科普资源的数量和质量得到了提高，科普资源建设和共建共享机制建设受到社会重视。一些地方和部门通过组织开展展览设计和科普创作项目的资助、竞赛、征集等活动，动员社会各界力量，创作和集成了一批科普展览以及图书、动漫、影视、资源包等科普作品。特别是网络、数字资源近些年增长迅速，建成了中国数字科技馆等一批网络科普设施。

通过实施和推进“大众传媒科技传播能力建设工程”，大众传媒的科技传播力度进一步加大，科技传播能力进一步提升。电视、广播、报纸、网络等各级各类媒体增加了对科技政策、科技发展、科技事件的报道量，结合社会热点、突发事件、自然灾害，加强了对节约资源、保护生态、改善环境、应急避险、健康生活等知识的普及。尤其是全国电视科教频道、栏目、节目近年来增长较快，电视科普节目也受到观众欢迎。

通过实施和推进“科普基础设施工程”，我国科普基础设施建设有了长足发展，为公众提供科普服务的能力明显增强。科学技术类博物馆数量快速增加，一大批省级和地市级科技馆相继建成开放。全国科普教育基地稳步发展，一批科研院所和高等院校的实验室、研究中心面向社会开放。“中小科技馆支援计划”等项目的实施也提升了基层科普场馆的展教能力，科普大篷车、科普宣传栏、科普活动室等基层科普设施的覆盖面也不断扩大。

另外，《科学素质纲要实施方案（2016—2020年）》确定的新

“工程”——社区科普益民工程、科普信息化工程、科普产业助力工程的实施，适应了新时期的新需求。能够促进社区、社会治理能力的现代化，实现科普过程的媒体融合，推动科普事业与产业的共同协调发展，厚植“双创”文化基础，最终能够推进实现公民科学素质的跨越提升，为创新型国家建设做出积极贡献。

2 我国未来公民科学素质建设工作的重要任务

我国公民科学素质建设工作采取的是分阶段、滚动式、逐步推进的策略。《科学素质纲要》提出的公民科学素质建设近期、中期和长远目标，分别与我国“十一五”规划目标、全面建设小康社会目标、现代化建设第三步战略目标相衔接，① 其中期和长远目标为科普领域的近些年规划计划等指明了方向。经过几年的全面实施，公民科学素质得到了提高，《科学素质纲要》提出的近期目标已经基本实现。但是，我国公民科学素质水平与发达国家差距较大的问题还没有得到彻底解决，重点人群科学素质行动和重点基础工程的实施等多方面任务仍然十分艰巨。

2.1 我国全民科学素质建设目前存在的主要问题

2010年，国务院办公厅安排了《科学素质纲要》实施和落实情况的督促检查工作。督查组经过全面督查后认为，《科学素质纲要》实施工作取得明显成效，基本实现了《科学素质纲要》提出的近期目标，组织机构逐步健全，工作机制不断完善；主题活动丰富多彩，社会各界广泛参与；重点人群科学素质行动扎实推进，公民科学素质

---

① 1987年10月，中共第十三次全国代表大会提出中国经济建设的总体战略部署：第一步目标，1981—1990年实现国民生产总值比1980年翻一番，解决人民的温饱问题；第二步目标，1991年到20世纪末国民生产总值再增长一倍，人民生活达到小康水平；第三步目标，到21世纪中叶人民生活比较富裕，基本实现现代化，人均国民生产总值达到中等发达国家水平，人民过上比较富裕的生活。1997年，中共十五大又对其中的第三步目标进一步具体化，分别提出到2010年、建党一百年和新中国成立一百年的发展目标，形成一个新的“三步走”发展战略。2002年，中共十六大重申：“我们要在本世纪头二十年，集中力量，全面建设惠及十几亿人口的更高水平的小康社会，使经济更加发展、民主更加健全、科教更加进步、文化更加繁荣、社会更加和谐、人民生活更加殷实。经过这个阶段的建设，再继续奋斗几十年，到本世纪中叶基本实现现代化，把我国建成富强民主文明的社会主义国家。”

明显提升；基础工程建设稳步推进，服务能力明显增强；投入不断增加，保障条件逐步完善。

《科学素质纲要实施方案（2016—2020年）》指出，自颁布实施《科学素质纲要》以来，特别是“十二五”期间，未成年人、农民、城镇劳动者、领导干部和公务员、社区居民等重点人群科学素质行动扎实推进，带动了全民科学素质水平整体提高；科技教育、传播与普及工作广泛深入开展，公民科学素质建设的公共服务能力进一步提升，公民科学素质建设共建机制基本建立，大联合大协作的局面进一步形成，为“十三五”全民科学素质工作奠定了坚实基础。

但是，就我国公民科学素质建设的总体情况来看，目前公民科学素质水平与发达国家相比仍有较大差距，不同地区、不同群体之间的科学素质工作发展还不平衡，面向社区居民、少数民族地区群众及其他公众群体的科学素质工作比较薄弱，科普的服务能力还不能满足公众需求和转变经济发展方式的需要，不能满足全面建成小康社会和建设创新型国家的需要。特别是面向农民、城镇新居民、边远和民族地区公众的全民科学素质工作仍然薄弱，青少年科技教育有待加强；科普技术手段相对落后，均衡化、精准化服务能力亟待提升；科普的投入不足，社会各界的积极性还没有得到充分调动，全社会参与的激励机制不完善，市场配置资源的作用发挥不够；人才队伍建设还需要进一步加强，资源和基础设施建设还需要进一步加大投入，科普产业也还需要加快发展。

公民科学素质的大幅提高是实施创新驱动发展战略的基础，也是国家综合国力和软实力的重要体现。“十三五”时期是我国实施创新驱动发展战略的关键时期，是全面建成小康社会的决胜阶段，特别需要以习近平新时代中国特色社会主义思想为引领，进一步加强公民科学素质建设，大幅提高公民科学素质，大幅提升人力资源质量，这对于增强我国自主创新能力，推动大众创业、万众创新，引领经济社会发展新常态，注入发展新动能，助力创新型国家建设和全面建成小康社会具有重要战略意义。

因此，我国未来公民科学素质建设工作仍然需要持续加强重点人群科学素质行动，强化重点基础工程建设，同时进一步扩展科普的公共服务范围，加大资源投入，加强人才队伍建设，促进与科研工作的结合，促进相关产业的发展。另外，在目前《科学素质纲要》实施过程中，“政府推动”得到了进一步强化，但“全民参与”和社会化程度仍然不足，未来需要强化激励、引导、动员机制建设，调动社会各界的积极性。

2.2 我国公民科学素质建设面临的几项重要任务

根据目前我国全民科学素质建设工作方面存在的问题、未来发展的需要以及《科学素质纲要实施方案（2016—2020年）》提出的新目标和新任务，未来除继续加大力度推进针对重点人群的科学素质行动外，加强科普的人才培养和队伍建设、促进相关资源的开发与共享、推进科普工作社会化改革、培育和发展科普文化产业、强化科普事业相关机制建设、推进信息化发展、促进科普基本公共服务的公平普惠等将成为我国未来公民科学素质建设工作面临的几项重要任务。

加强科普人才培养和队伍建设。培养大批高素质的科普专门人才，建设一支高水平的科普人才队伍，是科普事业发展、公民科学素质建设工作的基本保证。为此，《科学素质纲要实施方案（2011—2015年）》提出了“科普人才建设工程”。在推进“科普人才建设工程”的过程中，除要落实既定的各项任务目标外，还要强调推进科普人才职业化和队伍体系化的建设，加快推进科普人才职业化进程，建立创作、设计、策划、管理等各方面人才的配套体系。

促进科普相关资源的开发与共享。建设数量足够丰富和质量水平较高的科普资源及其体系是发展科普事业和公民科学素质建设的一个基础支撑。科普资源建设工作需要围绕我国经济社会发展和公众科普需求，针对媒体（报纸、电视、新媒体等）科技传播、科普展览、科普活动等各类实践需要，繁荣科普创作，开发科普产品，丰富科普资源。同时，加大相关科技资源的集成开发力度，推进各类科技资源的科普转化，扩大其共享范围。

推进科普工作社会化改革。科普事业的发展、科普局面的活跃依赖科普工作的社会化。但到目前为止，我国科普工作社会化程度依然不高，仍然过于依赖政府的行政推动。未来需要持续推进社会化改革，鼓励并促进社会化科普组织和队伍的发展壮大，激励并调动企业和产业界、科技和教育界对科普工作的积极支持和参与，增强全民科学素质工作合力，为公民科学素质建设提供强大的社会推动力，以科普的产业业态助力我国公民科学素质建设和科普工作的发展。

培育和发展科普文化产业。科普事业和公民科学素质工作需要建立政府、科技、社会、产业多元驱动发展机制，未来在推进科普工作社会化改革的同时，落实和完善有利于科普文化产业发展的政策和措施，促进科普产业健康快速发展，激励科普企业面向公众科普需求，研发更高水平的科普产品，为科普事业提供强大的产业推动力，促进我国尽快形成科普的公益性事业与经营性产业并举的发展体制。

强化科普事业的相关机制建设。科普人才队伍的建设、资源的开发、社会力量的动员、产业的发展都需要相应的机制建设。建立和完善公民科学素质建设长效机制是《科学素质纲要》实施的重要任务目标之一。未来需要根据人才培育、资源建设、产业发展等工作的不同需要，细化工作内容，建立有针对性的系统机制，促进资源的共建共享、科研工作与科普工作的结合以及队伍的建设、产业的发展等。

推进科普的信息化发展。随着信息技术在科普领域的应用和普及，“互联网+科普”已然成为未来科普工作推进的重要突破点，需要以信息化为抓手，推动实现科普的理念、内容、表达方式、传播方式、组织动员、运行和运营机制等服务模式的全面创新。特别是通过推进科普的信息化建设，带动传统媒体与新兴媒体深度融合，实现多渠道全媒体传播，大幅提升我国科普水平和精准服务水平，满足公众泛在化、个性化获取科技信息的需求，从而实现科普的倍增效应。

促进科普基本服务的公平普惠。科普事业和公民科学素质建设是一项惠及全民的事业，任何时候都要强调公平普惠的原则。基于我国现实国情的实际，目前采取的是以重点人群科学素质行动带动全民科学素质提高的策略，随着全民科学素质建设工作向纵深发展，科普服务覆盖面需要继续扩大，针对中西部地区、边远地区、少数民族地区、经济欠发达地区以及重点人群之外的其他人群的科学素质工作还需要进一步强化。

本讲小结

我国公民科学素质建设工作近年来进展明显，形成了一些重要的工作机制，提升了全民科学素质，提高了科普服务能力，实施工作基本实现了提出的近期目标。但公民科学素质水平与发达国家差距较大的问题还没有得到彻底解决，科普的服务能力还不能满足公众越来越趋于多样化、个性化的科技需求，以及转变经济发展方式、推进科学文化和创新文化建设、实现社会治理能力现代化的需要，公民科学素质建设的未来任务仍然十分艰巨。面向新时代，尤其需要加强科普的人才队伍建设、推进其社会化改革、培育和发展相关文化产业、强化信息化建设、促进基本服务的公平普惠，等等。

第十三讲 科普资源和能力建设

科普资源和能力建设属于科普工作的重要组成部分。加强资源与能力建设，改善资源状况、丰富资源种类、扩大资源规模、提高资源质量，可以为科普实践活动的有效开展和效果提升提供强有力的资源支撑，提升科普能力，促进科普事业全面发展。科普事业的发展依赖资源和能力建设成效，公民科学素质建设需要高度重视资源和能力建设。

1 科普资源和目前我国科普资源建设现状

科普需求的日益增长及其多样化的发展特点，给科普资源建设提出了更高要求，也指明了资源建设的基本方向。在我国，经过科普工作的长期积累，资源数量规模有了增长，随着《科学素质纲要》的全面实施，科普资源建设工作近些年来快速发展，但相对于日益增长且多样化的需求而言，我国科普资源建设总体上仍然不能很好地满足实际需要，资源体系内部还存在许多“结构性失衡”问题。

1.1 科普资源概念和构成

“科普资源”概念可以从狭义和广义两个不同层面来理解。狭义的“科普资源”是指科普项目、科普活动中所涉及的科普内容及相应的载体，[①] 通常包括为社会和公众提供科普服务的内容、信息及承载这些内容和信息的媒介、作品、产品（如展板、图书、挂图、展品、影视作品、动漫作品、数字化资源）等。举办科普实践活动，需要根据活动需要对这些资源要素进行选择、组合。我国目前许多政策文本和

① 郑念.科普资源开发的几个理论问题[N].大众科技报，2010-08-10.

研究文献中的“科普资源”通常指的就是这种狭义的科普资源概念。

基于推进科普事业全面发展、强化科普资源体系建设的要求，需要从广义上理解、概括“科普资源”概念。广义的“科普资源”指的是服务发展科普事业的政策环境、人力、财力、物力、组织机构、科普内容及信息等要素的总和，① 包括科普事业、工作、实践活动所需的各种资源要素。科普资源要素具有复杂多样的形态和表现形式。

任福君在《关于科普资源研究的思考》一文中将科普资源分为能力资源、内容或产品资源两大类，前者主要包括政策环境、人力、财力、物力、组织和媒介等，是科普事业发展的基础支撑条件；后者主要包括场馆与基地类、传媒与信息类、活动类等科普产品资源，涉及科普的具体内容。② 中国科普研究所“科普资源调查”课题也曾将“科普资源”概括为科普能力、科普产品、科普活动三大类。③

中国科普研究所发布的科普蓝皮书《中国科普基础设施发展报告（2009）》曾提出科普资源的“七分法”，将科普资源分为制度类、投入类、产品类、设施类、活动类、信息类、媒体类七大类（图13-1）。随着科普事业的发展，科普资源的分类也会与时俱进地发生变化。

由于科普资源要素形态具有多样化的特征，科普资源分类方法也可以是多样化的。基于科普资源体系化建设的需要，可以将科普资源区分为作品和产品资源、设施和渠道资源、政策和保障条件资源三大类，分别对应微观、中观、宏观三大层面，分别包括科普内容及表达和表现科普内容的作品和产品，科普渠道、设施和组织，以及科普的法规政策和人力、财力、物力等。

近些年来，随着《科学素质纲要》的颁布和实施，科普资源问题

① 任福君.关于科普资源研究的思考[C]//任福君.中国科普理论与实践探索——2008《全民科学素质行动计划纲要》论坛暨第十五届全国科普理论研讨会文集.北京：科学普及出版社，2008：36—43.

② 同上。

③ 任福君，郑念等.科普资源调查总报告[R].中国科普研究所，2007-12.

受到科普界的重视，中国科普研究所曾专门组织关于科普资源的基础性和系列性专题研究，[①] 对科普资源概念、分类和标准，科普资源建设基础理论，科普资源共享理论及模式，我国科普资源建设规划和科普资源建设实践等问题进行了研究。[②③] 但关于科普资源的许多研究仍需继续深化，以便为促进科普资源的优化、创新、集成、利用提供理论和实践的指导。

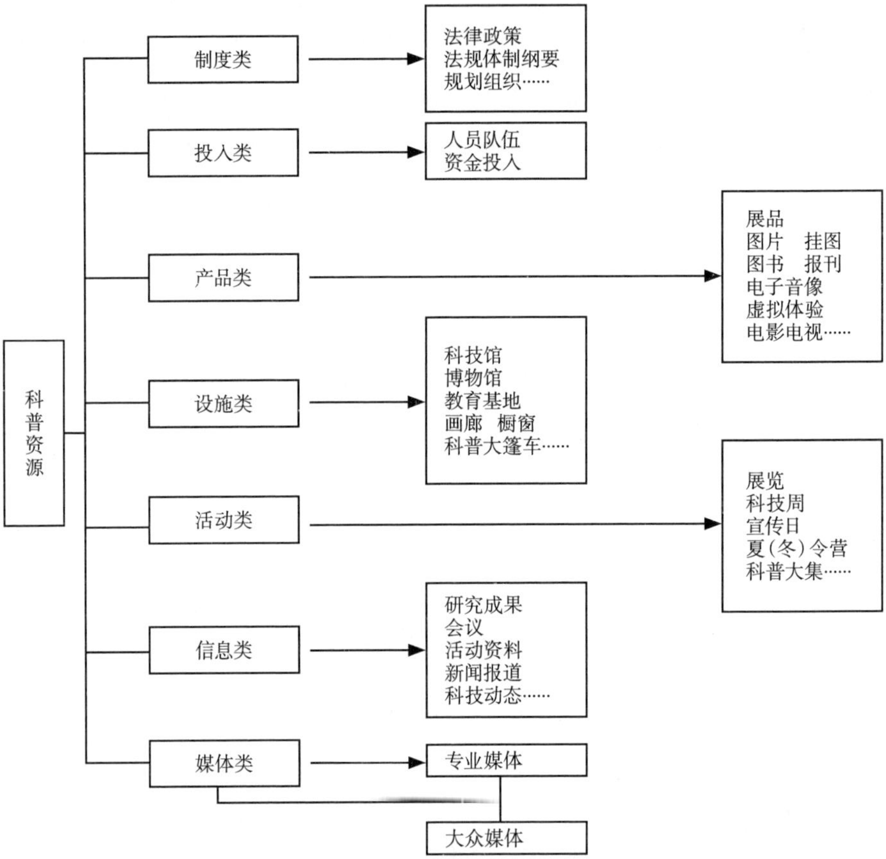

图13-1　科普资源结构分类[④]

① 例如，“科普资源建设的理论与实践研究”“科普资源开发与建设研究”“国家科普资源公共服务体系建设”“我国科普资源调查”等。

② 任福君.关于科普资源研究的思考[C]//任福君.中国科普理论与实践探索——2008《全民科学素质行动计划纲要》论坛暨第十五届全国科普理论研讨会文集.北京：科学普及出版社，2008：36—43.

③ 任福君、尹霖等.科技传播与普及实践[M].北京：中国科学技术出版社，2015:126—147.

④ 任福君.中国科普基础设施发展报告（2009）[M].北京：社会科学文献出版社，2010：61.

1.2 我国科普资源建设现状

在当代环境下，科普资源建设需要通过科学的规划、持续的投入、机制的完善，建立能够有效满足国家、社会和公众各层面科普需求的资源体系，推进实现宏观资源的不断优化，中观资源的能力增强，微观资源的数量丰富、水平提高、分布均衡、配置合理、体系完善。分析和考察科普资源建设和发展状况，需要从规划、投入、机制、能力、数量、分布、水平、配置、体系等多个方面来综合判断。

经过科普工作的长期积累和近些年来的快速发展，我国科普的宏观资源要素得到了明显优化，中观资源要素的能力有所增强，微观资源要素数量也达到了一定规模。但是，受传统科普理念和科普实践模式经验化的影响，我国以往的科普工作过于局限在知识普及的层面，过于依赖群众性科普活动的开展，相对忽视科普资源体系化的建设和科普工作全面化的发展，致使资源建设没有受到足够重视，资源建设方面仍然存在着许多亟待解决的问题。

突出表现在资源体系内部存在许多“结构性失衡”问题。例如，科普工作在我国受到高度重视，国家出台了许多支持科普工作的法规和政策，我国拥有世界上唯一一部专门的科学技术普及法，公民科学素质建设也被纳入国家整体发展战略之中。但法规政策的执行却不能令人满意，许多政策文本操作性不够，再加上缺乏配套制度建设，致使许多法规政策得不到良好执行，并没有达到应有的政策效应。

在宏观资源的其他方面，科普人才队伍近些年来有所发展，但数量仍然有限、素质仍然不高，尤其是缺乏足够数量的高水平创作人员，管理、策划、创作、设计人才还没有形成合理的体系；财力投入近些年来明显改善，但相对于总体需求仍然匮乏，尤其是不同地区之间差别巨大、极不平衡，经济比较发达地区的科普经费相对充裕，而经济欠发达地区的科普经费则非常缺乏。

在中观资源方面，我国科学教育事业和社会化教育培训工作取得了巨大成就和长足进步，但科学教育和培训仍然存在重知识技能、轻素质培养的问题，特别是长期受应试教育的影响，学生群体的科学素质不高；我国大众传媒事业取得了巨大发展，媒体在科普方面也做了许多卓有成效的工作，但还存在能力不强、水平不高的问题，精品严重不足；科普基础设施近年来发展迅速，但总量严重不足、分布极不平衡的问题仍然突出。

而且在我国目前科普工作中，科普活动的开展仍然更多依靠政府部门的推动，参与科普活动的更多是政府部门、科技机构、大中小学、基层组织、科普组织等，科普社会化程度还不高，行政色彩浓厚。在我国，科普“第三方”（例如，各类NGO、NPO组织等）没有得到良好发展，公司企业还较为缺乏积极参与科普的意识，科普产业没有发展壮大起来，科普实践领域的行政化、公益化、产业化三方力量还极不平衡。

在微观资源层面（即狭义的科普资源）方面，尽管近些年来在总量上不断增加，但相对社会需求仍然不足，而且缺乏优秀原创资源、整体质量不高、开发力度不够、共享机制不完善、结构分布不平衡。特别是许多基层科普场馆由于缺乏足够数量的展品而处于闲置状态，西部地区的宣传栏（画廊）由于缺乏足够数量的挂图不能定期更新；大量资源仍集中于利用简单手法普及知识的层面；信息化科普资源仍然很缺乏，能够促进公众理解和体验科学的资源要素严重不足。

总体上，我国目前的科普资源建设还不能很好地满足科普事业发展的需要和公众的需求，资源开发、建设、共享水平不高，重要原因在于资源建设的社会化激励机制没有完善建立起来，社会力量没有得到有效调动，社会化资源没有得到充分利用。例如，我国高等院校、科研院所、公司企业拥有许多可用于科普的场所、设备、装置以及知识和成果资源，甚至许多资源长期处于闲置状态，但由于各种原因却无法转化为科普资源。

2 科普的资源建设和能力建设

科普资源建设在科普事业发展中处于相当基础的地位，没有内容资源的提供，科普工作就成了“无源之水”；没有渠道资源的建设，科普就缺少了科技与公众交流的途径；没有政策环境资源的优化，社会各界积极性就难以得到激励，科普局面就难以充分活跃。因而，科普资源建设及其水平直接影响着国家和社会的科普能力，与科普能力建设具有极为密切的关系。

2.1 科普的资源建设

科普资源建设涉及宏观资源建设、渠道设施资源建设、内容资源建设等多个层面。随着《科学素质纲要》的颁布实施，科普资源建设工作受到国家和社会的重视，特别是在重点基础工程的推动下，政策法规体系进一步完善，投入进一步加大，资源建设得到了加强，科普能力也有所提升。但就资源建设总体情况看，未来任务仍然艰巨而繁重。

2.1.1 宏观科普资源建设

宏观科普资源涉及法规政策、社会环境以及人力、财力、物力等保障条件和激励机制。宏观资源建设需要根据当代发展要求，建立体系化的法规政策，加强配套制度措施，加大人力、财力、物力投入。特别是要建立覆盖全面、衔接良好、层次清晰、相互配套的法规政策和配套制度体系，在内容上强化对社会化激励机制的建设，同时提高法规政策的可执行性和执行力度的可检查性，不能仅仅停留在“政策呼吁”层面。

《科学素质纲要》在“保障条件”部分就强调了完善相关政策法规和机制建设的重要性，提出要制定鼓励和吸引境内外机构、个人独资或合作兴办科学技术教育、传播与普及机构等相关政策，加大财政保障力度、形成多渠道投入机制等问题，同时提出要建立有效机制和相应激励措施，培养科普人才，调动各界人士参加科普的积极性。科普宏观资源建设未来仍然需要持续强化政策、制度、机制建设并加大各类资源投入。

2.1.2 渠道设施资源建设

传统科学普及过于依赖相对单一的科普渠道和科普方式（如群众性或运动式的科普活动），当代科普则已经拥有了包括科学技术教育、大众媒体传播、科普设施传播、群众性科普活动在内的多样化渠道和途径。扩大渠道、设施的科普服务覆盖面，提高渠道、设施的科普能力和效果，建立各种渠道、设施相互配合的立体化、网络化体系，是科普渠道和设施建设的重要目标。

渠道和设施资源建设需要发展多样化的传播渠道和各种类型的科普设施，扩大公众参与的机会，营造良好的科普社会氛围，促进科普服务的公平普惠。特别是需要利用大众媒体覆盖面广、影响力大的优势，提高媒体科技传播的力度，使大众媒体的作用得到更充分的发挥；需要因地制宜地在全国城乡建设更多科普基础设施；在群众性科普活动方面，既要有高影响度、引导性的大型活动，也要结合当地公众需求开展形式多样的经常性活动。

2.1.3 内容资源建设

我国科普内容信息资源、作品产品资源建设工作近年来已经受到社会各界重视。但到目前为止，资源数量匮乏、质量不高的问题仍然没有得到彻底解决。提高作品和产品的原创能力是科普内容资源建设的核心问题之一，需要社会通过激励机制进行建设和加大人才培养力度，促进优秀作品的创作和产品的研发。内容资源建设需要强化科普的内容，面向公众需求和发展需要提升创作理念、运用创新手段。

面向日益增长的科普需求，内容资源建设同时需要关注各类社会资源的科普化、科普产业化和共建共享机制建设等问题，强调利用社会化、产业化手段促进社会力量参与科普内容资源建设。科技、教育、产业等领域拥有可服务于科普的丰富资源，许多科学技术成果、闲置设备、科技展览都可以转化为科普资源。通过机制建设，充分调动社会各界力量，发展科普产业，建设资源共建共享机制，可以为资源建设提供多元化的推动途径。

早在2006年年底，中国科协、科技部会同有关部门共同研究制定了《科普资源开发与共享工程实施方案》，旨在推进规划纲要成员单位的科普资源建设工作。在社会各界的大力推动下，科普资源建设取得了显著成绩，例如，到2017年3月16日，“科普中国”累计建设内容资源12TB、科普视频（动漫）4500个、科普图文35000篇、科普游戏100个，累计浏览量和传播量增加到了80亿人次，品牌影响力和科普公共服务产品供给水平得到显著提升。[①] 截至2017年7月底，中国数字科技馆已建成二级子站55家，分布于26个省、自治区及直辖市；建成3个虚拟现实资源库，分别包括39个中大型推广落地VR项目、17个中大型推广后备VR项目和30个VR线上虚拟现实资源，并开展了面向全国155家达标科技馆的虚拟漫游项目建设工作；其网站官方资源总量约为9.79TB，网站注册用户超过117万，日均页面浏览量270万次左右，官方微博粉丝数超过541万，微信关注数据超过42万，ALEXA国内网站排名150名左右，在科普网站中名列前茅。[②]

2.2 科普的能力建设

科普的资源建设和能力建设具有密切关系，资源的基本状况、丰富程度及其质量水平，直接影响着科普体系的潜力和实力，而且资源要素可以被看作是科普能力的重要载体，当资源要素用于科普并发挥了很好的功能和作用时，资源就转化成了能力。例如，科普场所的展品、模型、装置，属于产品资源的范畴，但当它们被用于科普活动并促进了公众对科学的理解，就转化成该场所的科普能力。

如果从宏观层面来看，一个国家和社会的科普能力集中体现在利用丰富的资源向公众提供科技产品和服务的综合实力。[③] 没有足够丰富

① 白希.全民科学素质纲要实施工作办公室近期工作及有关情况说明［Z］.2017-03-16.

② 中国科技馆.中国数字科技馆发展简况［R］.2017.

③ 任福君、谢小军，等.科普资源理论与实践研究报告[R].中国科普研究所，2011-10.

和体系化的资源作为基础和支撑，科普体系不可能拥有强大的实力和能力，科普也很难对全民科学素质建设产生巨大的推动作用。因此，资源建设和能力建设构成科普事业两个关系密切的支撑点，是公民科学素质建设的两大基础性建设工程。

最近几年来，科普能力建设问题引起了国家、社会和学者的重视。《国家中长期科技发展规划》明确提出要加强国家科普能力建设，《科学素质纲要》确定的“四大基础工程”也都与科普能力建设有关。也有学者指出，国家科技传播能力包括多方面的构成要素、受到多方面复杂因素的影响，实质上是国家有效整合科技传播力量、高效配置科学技术信息资源的一种基本能力，影响着国家有效传播科学技术知识、广泛扩散科学技术成果的实际效能，属于国家促进科技创新、推动经济增长、提高公民科学素质的一种基础保障能力。[①②] 2007年，科技部、教育部、中国科协等8部委联合发布了《关于加强国家科普能力建设的若干意见》（以下简称《科普能力建设意见》），专门就国家科普能力建设的原则、目标、任务做出了明确规定。

《科普能力建设意见》认为，国家科普能力表现为一个国家向公众提供科普产品和服务的综合实力，包括科普创作、科技传播渠道、科学教育体系、科普工作社会组织网络、科普人才队伍以及政府科普工作宏观管理等方面；国家科普能力建设是建设创新型国家的一项重大基础性、战略性任务，也是政府推进科普工作的重要着力点；加强国家科普能力建设、提高公民科学素质是增强自主创新能力的重要基础，是推进创新型国家建设的重要保障。

《科普能力建设意见》提出的目标是：经过15年左右的努力，形成一个比较完备的公众科学教育和传播体系，创作出一批适合不同人群需要的优秀科普作品，造就一支高素质的专兼职科普人才队伍，

① 翟杰全.宏观科技传播研究：体制、政策与能力建设[J].北京理工大学学报（社会科学版），2004（3）：22—25.

② 翟杰全.国家科技传播能力：影响因素与评价指标[J].北京理工大学学报（社会科学版），2006（4）：3—6.

构建一个有效运行的科普工作组织网络，建设一批功能健全的科普基础设施和科普教育基地，营造一个激励全社会广泛参与科普的社会环境，推动我国科普能力不断增强，促进公民科学素质不断提高。

按照目标需求，《科普能力建设意见》提出了以下六个方面的主要任务。

一是繁荣科普创作，大力提高科普作品的原创能力。针对新时期公众需求和欣赏习惯的变化，结合现代科技发展的新成就和新趋势，引导社会各方面积极投身科普创作，鼓励科研人员将科研成果转化为科普作品；针对科普场所和中小学校需求，重点开展科普展品和教具的基础性、原创性研究开发，鼓励和引导一批科研机构、大学、企业等社会力量积极开展科普展品和教具的设计和研究开发工作。

二是加强公众科技传播体系和科普基础设施建设，建立更加广泛的科技传播渠道。加大大众媒体的科技传播力度，发挥网络等新兴媒体的科技传播作用；推进科普场馆建设，建设一批布局合理、管理科学、运行规范、符合需求的科普场馆，鼓励企业、社会团体和非营利组织等社会力量建设专业科普场馆，推动科研机构、大学建立定期向公众开放的制度；强化包括农村科普设施和城市社区科普设施在内的基层科普场所建设。

三是完善中小学科学教育体系，提高科学教育水平。提高科学课程教育质量，推进以科学探究为核心的科学教育改革，体现“以科学探究为核心”的科学教育理念，培养中小学生对科学的兴趣，提高学生的操作和动手能力；加强中小学科学教育基础设施建设，建立健全科学教育实验室，加强校外活动场所的科普教育功能，充分利用校外科学教育资源，积极开展多种形式的未成年人科普活动和课外科技活动。

四是完善政府与社会的沟通机制，促进公众理解科学。加强国家科技计划项目的科普工作，注重对国家科技计划项目科普资源的开发；在国家重大工程、重大专项、科技计划实施过程中，逐步建立健全面向公众的科技信息发布机制，让社会公众及时了解有关信息；建立公众参与政府科技决策的有效机制、通畅的沟通渠道、听证制度，听取公众对科技规划和政策研究制定的意见和建议，扩大公众对重大科技决策的知情权和参与能力。

五是加强示范引导，提高科普工作的社会动员能力。深入开展各类群众性科普活动，加强行业科普工作、国防科普工作、企业科普工作；充分发挥医疗卫生、环境保护等行业部门优势，根据自身特点和资源，把行业工作与科普工作有机结合，建设一批具有鲜明特色的行业科普教育基地，发展行业的基层科普组织，形成一支高水平的行业科普队伍；调动行业部门积极性，挖掘行业科普资源，开展体现行业特色的专题性、系列性科普活动。

六是采用专兼职相结合的方式，建设高素质的科普人才队伍。壮大由科技工作者、科学课程教师、科普创作人员、科技记者和编辑、展览设计制作人员、科普策划和管理人员等组成的科普人才队伍，提高科技传播队伍的科学素质和专业化水平；在高校设立科技传播专业，培养科技传播、科普创作和理论研究人才；倡导科技人员投身科普事业，加强志愿者队伍建设，动员大学生利用暑期实践等活动深入农村和西部地区开展科普宣传活动。

总之，作为全面阐明国家科普能力建设意见的一份专门文件，《科普能力建设意见》强调要围绕增强自主创新能力、建设创新型国家、构建社会主义和谐社会的实际需求，坚持政府引导和全社会参与、公益性和市场机制相结合的原则，加强新时期国家科普能力建设。同时，《科普能力建设意见》还提出了加强领导、加大投入、建立监测评估体系、加强科普资源共享、加强科普理论研究等重要保障措施。《科普能力建设意见》较为系统地规划了国家科普能力建设工作，有效地推动了我国的科普能力建设。

在新时代的大背景下，科普资源建设也面临着新的形势。其突出表现为科普在国家的和谐稳定、创新发展以及公民素质提升中的作用越来越重要，国家、社会和公众对科普的需求更为强烈，对资源建设提出了更高要求。同时，以互联网、移动媒体等为代表的新兴媒体正在带来跨媒介、跨产业融合的全球传播新格局，正推动着科普模式发生着质变，科普资源建设面临前所未有的机遇和挑战。

第一，科普资源内容和形式亟待创新。一是公众科普需求越来越呈现出个性化与多元化，在经济、文化越发达的地区的个体间，或者发达与落后地区的个体间，个性化差异表现就越强烈，人们的具体要求就越多。科普资源建设只有关注到受众需求的多样性和个性化特点，并做好受众需求细分，进行精准服务，才能实现科普效果的最大化。二是经过多年社会变革，公众的心理状态和价值取向都产生了很大变化，促使科普资源在建设思路上必须有所调整，使其不能仅有教化的功能，而应娱乐与教化兼容，融科学、人文、艺术为一体，满足人们更广阔的心理期待。三是新兴媒体已经成为人们获取和交流信息的重要途径，便捷、便宜、高效的新媒体（网络）科技资源在满足公众科普需求中的应用将更加广泛。

第二，科普资源建设的需求导向作用需进一步强化。我国科普基础设施等资源多以政府投资建设为主，很多资源反映的是不同时期国家的科技进步等理念和内容，基本满足的是国家需求，对于公众和个体自身的需求重视还相对不够。进一步推进公众需求在科普资源建设中的作用，真正实现“需求推动型”建设模式已成为必然发展趋势，国家与社会公众需求在科普资源建设中的导向作用将更加明确。

第三，科普资源建设机制将进一步完善。目前，单纯靠国家财政投入已经远远不能满足人民群众日益增长的科普资源需求，只有发展科普产业，才能通过市场为公众提供更为优质和更加丰富的科普资源，发展科普产业已成为丰富科普资源的重要选择。目前科普资源共建共享已经取得了显著成果，但是还未完全达到预期目标，其根本原因是整合各方资源的机制建设迟迟没有根本性突破，社会化格局尚未形成。同时，“科普中国”PPP合作模式的成功为我们带来了新的希望，鼓励人们不断创新科普资源建设与共享的模式。面对新时代新要求，科普资源建设必须实现共享内容和共享机制建设并重，进行共享模式多样化的探索，努力推动社会中各类科技资源投入科普。

本讲小结

科普资源建设和能力建设构成科普事业两个关系密切的重要支撑点，是公民科学素质建设的两大基础性工程。经过科普工作的长期积累，资源数量规模有了增长，但相对于日益增长且多样化的实际需求，我国科普资源总体上还不足，资源体系内部还存在许多“结构性失衡”问题，这些问题直接影响着我国科普能力的整体提升。近几年来，科普资源和能力建设问题已经引起国家和社会的重视，也取得了明显进展，未来的科普资源建设和能力建设都需要在多个方面持续加强。

第十四讲
科普人才队伍建设

科普人才资源是科普事业资源支撑体系中最具活力和基础性的资源要素，科普工作需要人才来推动，科普需求需要人才去发掘，科普作品需要人才去创作，任何财力、物力形态的资源要素也都需要人才来掌握和运用。科普事业的发展需要一支数量足够、结构合理、水平较高的人才队伍来开发科普资源、推进科普工作、活跃科普局面，科普实践活动需要人才相互配合、密切合作，认真组织、积极实施，提高活动效果。

1 科普人才及其资源

科普人才队伍属于科普人力资源的重要组成部分。加强科普人才队伍建设，是科普事业、公民科学素质建设的基础性工作和保障性工程，也是提高科普产品生产能力、科普服务能力以及推动科普事业发展的关键性工作。科普事业需要强化人才培养和人才队伍建设。

1.1 科普人才的内涵和分类

中国科协在2010年7月发布的《科普人才发展规划纲要（2010-2020年）》（以下简称《科普人才规划》）将“科普人才”界定为“具备一定科学素质和科普专业技能、从事科普实践并进行创造性劳动、做出积极贡献的劳动者”。[①]

从推进科普事业发展以及目前科普工作实际情况来看，可以将“科普人才”界定为具备一定科学素质和科普专业技能，从事科普实

① 中国科学技术协会. 关于印发《中国科协科普人才发展规划纲要（2010—2020年）》的通知[EB/OL]. (2010-07-22). http://portal.soopat.com/Law/Content/66e3ef03-ea88-4653-a4d4-3fe9d68f06f5.

践，为科普事业创造价值、做出贡献的专门人才，包括在科普领域的创作和设计、研究和开发、活动策划和组织以及在科普场馆、传媒、产业等领域做出贡献的各类人才。从广义上理解，只要能在科普意识指导下、在一定时间内从事科普实践活动或为科普工作提供创造性劳动的人，都属于科普人才的范畴。

对科普人才可以进行多维度的划分。例如，根据科普人才的职业属性，分为专职科普人才、兼职科普人才、科普志愿者等；根据其服务面向，分为农村科普人才、城镇社区科普人才、企业科普人才、青少年科普教育人才等；根据其工作属性，分为科普创作与设计、研究和开发、活动策划和组织、科普工作管理和运营人才等；根据其所属机构，分为科普研究机构、场馆基地、传媒、网站、产业经营人才等；根据科普才能在科普工作中有所显露的程度，分为科普显人才和科普潜人才等。[①] 为了充分发挥和有效调动各类科普人才的积极性和创造性，要在科普人才队伍建设实践中积极探索和创新适合时代社会发展的人才分类方法，建设涵盖全面、广泛适用、切实可行的科普人才分类原则及分类依据，促进各类科普人才脱颖而出，统筹协调发展。[②]

1.2 科普人才资源的价值和作用

科普人才属于科普人力资源中的优质部分，科普人才是科普事业发展的“第一资源”，是科普资源支撑体系中最具活力的资源要素，科普的发展需要把人才看作最宝贵的资源，将人才队伍建设视为最基础的工作。科普事业的全面发展依赖培养大批高素质的人才，建设一支高水平的人才队伍；科普工作的推进和实践活动的开展依赖科普人才作用的充分发挥，依赖科普专业人才和科普人力资源的其他部分的密切配合。

科普人才是掌握和运用各类科普资源并发挥其科普功能和作用的主体，是科普资源创新、科普资源体系建设的主体。人才资源在科普资

① 郑念，任嵘嵘. 中国科普人才发展报告（2015）［M］. 北京：社会科学文献出版社，2016.

② 任福君，张义忠. 科普人才结构如何合理［N］. 学习时报，2012-01-08.

源体系中对科普资源体系和社会系统具有“系统加强”功能。中国科普研究所“科普人才规划课题组”在《实施科普人才工程、服务经济社会发展》一文中，利用“线性逻辑模型”（图14-1）和“系统加强模型”（图14-2），很好地说明了科普人才资源的这种特征和作用。[①]

“线性逻辑模型”通过对科普“投入-产出”线性关系的分析，认为科普投入只有通过科普人才才能实现产出的效果（效能）；“系统加强模型”则利用对科普系统构成元素关系的分析，认为科普系统构成元素或部分之间互为因果，既可能互相加强，也可能相互削弱，人

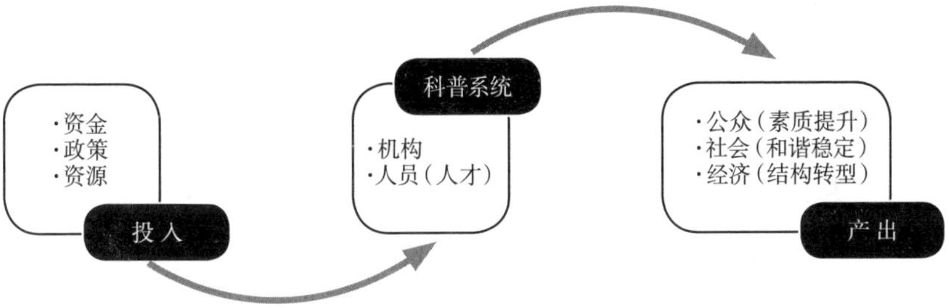

图14-1 科普人才队伍建设与科普“投入-产出”效果的线性关系

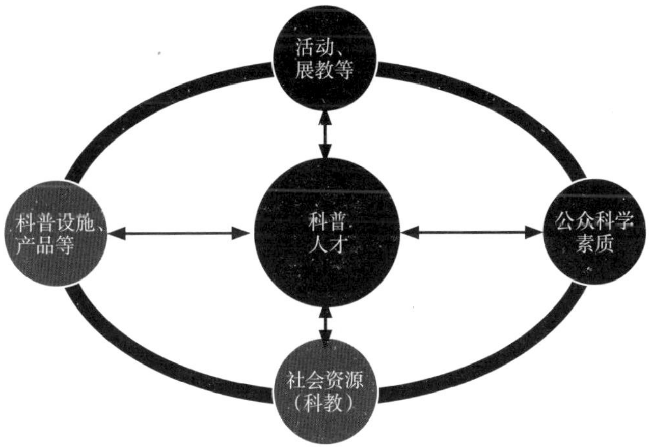

图14-2 科普人才队伍建设与科普社会系统的关系

① 科普人才规划课题组（执笔人郑念）.实施科普人才工程、服务经济社会发展[EB/OL].[2010-10-12].http://www.cast.org.cn/n35081/n12030994/n12031026/12292344.html；郑念，张义忠，孟凡刚.实施科普人才队伍建设工程的理论思考[J].科普研究，2011（3）：20—26；任福君.第十三届中国科协年会系列访谈：科普人才的培养与发展[EB/OL].[2011-09-16].http://www.cast.org.cn/n35081/n35623/index.html。

的因素在其中起关键作用，提高人在系统中的作用能力和作用效果，将会使系统功能得到加强。

科普人才不仅对发挥和提升现有科普资源的功能和作用有重要作用，而且有助于促进科技、教育、产业资源向科普资源的转化，推进科普资源的开发、创新和建设。目前在我国，科技、教育、产业乃至各行各业都蕴藏着数量丰富的科学技术知识、成果、设备、设施资源，许多资源都可以转化为科普资源，服务于科普事业的发展。如果没有科普人才去发掘和转化，这些丰富的科技资源就无法转化为在公民科学素质建设中发挥作用的科普资源。

2 我国新时期的科普人才队伍建设

随着我国《科学素质纲要》的全面实施和公民科学素质建设工作的不断推进，科普人才队伍建设工作近年来受到政府和社会的重视，政府相关部门发布的各类科普政策文件强调了科普人才培养的相关问题，科普人才队伍建设也被列为重要内容之一。《科学素质纲要》提出“科普人才建设工程”以及中国科协实施《科普人才规划》，将会进一步推进我国科普人才队伍建设工作，并促进科普人才队伍建设迈上制度化的轨道。

2.1 我国科普人才队伍现状及存在的问题

目前，我国科普人才队伍已经达到一定规模。但从科普事业发展的需求来看，仍然存在着规模数量严重不足、整体水平亟待提高、人才培养和使用机制不够完善等问题，特别是在科普的创作和设计、研究和开发、活动策划和组织以及场馆、传媒、产业等方面缺乏高端人才，社会各界专业人才的科普积极性也没有得到有效调动。

一是专职科普人才数量不足。我国专职科普人才数量较少，每年只有23万人左右；专职科普人才占科普人才总量的比例较低，为12%左右（图11-1）；每万人拥有专职科普人才很少，只有1.6人左右（表14-1）；近年来在我国科普人才总量总体呈上涨趋势的情况下，专职科普人才数量并没有增长的趋势（图11-1）。

表14-1 2006—2016年我国每万人拥有科普人才及变化情况

（人/万人）

年　份	2006	2008	2009	2010	2011	2012	2013	2014	2015	2016
每万人拥有科普人才	12.30	13.40	13.55	13.06	14.42	14.46	14.54	14.71	14. 94	13.40
每万人拥有专职科普人才	1.51	1.73	1.75	1.67	1.66	1.71	1.78	1.72	1.61	1.62
每万人拥有兼职科普人才	10.79	11.67	11.80	11.39	12.76	12.75	12.76	12.99	13.33	11.78

二是基层科普人才短缺。近年来，农村科普人才占科普人才总数的比例一直在36%徘徊，且2016年有较大幅度的下降，农村科普人才不足，特别是农村专职科普人才短缺。城市科普人才占科普人才总数的比例虽然较高，但专职科普人才所占比例仍很小，每年为11%—12%，特别是帮助社区居民提升职业能力、向更积极的方向转换职业角色的继续教育人才和促使居民的生活质量提升的社区科普员比较缺乏。同时企业科普人才和青少年科技辅导员等也明显不足。

三是高端科普人才不足。总体来看，中级职称以上或本科学历以上的高级专职科普人才占高级科普人才的比例很小，近几年基本为13%左右（表11-1）；科普创作人才极少，每年只有1万多人，近几年略有增加，但占专职科普人才比例最高也只有6%左右（表14-2）；科普管理人才也较少，每年只有5万人左右且没有增长的趋势（表14-2）。目前最为缺乏的高端科普人才是科普创作人才、科普产业经营管理人才、科普策划与组织人才。

四是科普人才队伍整体数量不足，结构不够合理。我国科普人才队伍整体数量不足，每万人拥有专职兼职科普人才之和为14人左右（表14-1）；科普人才队伍结构不够合理，从业科普人才的素质有待提高，具有创新意识的科普专门人才和复合型人才更是匮乏，导致科普人才队伍的整体结构严重失衡。

五是科普人才培养体制和机制不够完善。如高校科普专业招生机制、培养机制不健全，多边协同机制还没有建立起来，造成了各个学科之间相对孤立，不利于跨学科的科普教育的发展。①②

表14-2 2006—2016年我国科普创作人才和科普管理人才及变化情况

（万人）

年　份	2006	2008	2009	2010	2011	2012	2013	2014	2015	2016
科普创作人才	0.87	0.85	1.00	1.10	1.12	1.41	1.45	1.29	1.33	1.41
占专职科普人才比例	4.30%	3.70%	4.26%	4.92%	4.99%	6.10%	5.98%	5.50%	6.02%	6.33%
科普管理人才	4.35	4.50	5.10	4.98	5.48	5.46	5.41	5.07	4.66	4.70
占专职科普人才比例	21.76%	19.59%	21.78%	22.29%	24.45%	23.62%	22.33%	21.57%	21.03%	21.03%

2.2 我国近年来推出的科普人才队伍建设政策措施

2007年，科技部、国家发展改革委、中国科协等8部委发布的《关于加强国家科普能力建设的意见》，将“专兼职结合，建设高素质的科普人才队伍”列为“十一五”期间加强国家科普能力建设的重要任

① 任福君，张义忠. 科普人才培养体系建设面临的主要问题及对策［J］. 科普研究，2012（1）：11—18.

② 任福君，尹霖，等. 科技传播与普及实践[M]. 北京：中国科学技术出版社，2015:200—222.

务之一，提出要提高科普人员的专业化水平，不断壮大由科技工作者、科学课程教师、科普创作人员、科技记者和编辑、科普展览设计制作人员、科普活动策划和经营人员、科普研究工作者等组成的科普人才队伍和科普志愿者队伍。

2008年，国家发改委、科技部、财政部和中国科协联合编制的《科普基础设施发展规划（2008—2010—2015年）》，也将“科普人才队伍培养工程”列为推进科普基础设施全面发展、推动国家科普基地建设工作、构筑科学素质建设物质支撑体系的四大工程之一。[①] 提出要完善正规教育体系中科普基础设施适用人才培养体系和科普基础设施人员在职培训体系；发展和壮大兼职、志愿者队伍，提高兼职和志愿者科普队伍服务能力。

2010年，中国科协根据《国家中长期人才发展规划纲要（2010—2020年）》和《科学素质纲要》，颁布了《科普人才规划》，该规划采取项目推进的方式，结合《科学素质纲要》的规定和安排，对未来10年我国科普人才队伍的建设和发展进行了全面部署，明确要求实施科普人才队伍建设工程，并对该工程的主要内容进行了规划和布局，列入《科学素质纲要实施方案（2011—2015年）》之中。目前正在落实的《科学素质纲要实施方案（2016—2020年）》中提出“实施科普人才建设工程”，培养和选拔一批高水平拔尖科普人才，稳定专职科普人才队伍，不断壮大兼职科普人才队伍，积极发展科普志愿者队伍。

《科普人才规划》是新中国成立以来第一个专门针对科普人才队伍建设制定的系统规划,[②]《科普人才规划》全面规划了科普人才队伍建设的任务和目标。提出的科普人才队伍建设总体目标是：到2020年，培养和造就一支规模适度、结构优化、素质优良的科普人才队伍；科普人才

① 其他三项“工程”分别是科普展教资源开发工程、科普基础设施拓展工程、数字科技馆建设工程。

② 王长伟，杨瑜婷，甘文君.如何突破科普人才瓶颈——访中国科普研究所所长 任福君[N].人民日报（海外版），2010-09-10（15）.

总量至少比2010年翻一番，整体素质明显提高，结构明显优化，地区布局、行业布局趋于合理；建设并形成一批科普人才培养和培训基地，建立健全有利于科普人才队伍建设和发展的体制与机制。

《科普人才规划》确定的科普人才发展基本原则是“面向基层，专兼并重，提升能力，服务全民”，培养大批面向城乡基层的实用型科普人才，发展专职科普人才队伍，挖掘兼职科普人才资源，壮大兼职科普人才队伍，完善科普人才结构，提升科普人才的创新能力，提高科普人才的素质，把服务公民科学素质建设和促进经济社会全面协调可持续发展作为科普人才工作的出发点和落脚点。

按照《科普人才规划》提出的目标，到2020年，全国科普人才总量将达到400万人，其中专职50万人、兼职350万人；特别是培养大批面向基层的科普人才，农村科普人才达到170万人，城镇社区科普人才达到50万人，企业科普人才达到80万人，青少年科技辅导员达到70万人；重点培育一批高水平科普场馆专门人才以及创作和设计、研究和开发、科普传媒、产业经营、策划和组织等方面的高端人才。

2012年，正是在《科普人才规划》提出的目标和任务的引领下，教育部与中国科协联合开展推进培养高层次科普专门人才试点工作，并及时出台了《推进培养高层次科普专门人才试点工作方案》（教研厅〔2012〕1号）和《全国高层次科普专门人才培养指导委员会章程（试行）》等相关文件。[①] 此举为我国科普人才的培养提供了重要途径，根据中国科学技术协会调研报告，清华大学等6所试点高校2012—2017年录取了571名科普硕士研究生。[②] 已经毕业的研究生在科普领域发挥了重要作用。

① 任福君，尹霖，等.科普实践[M].北京：中国科学技术出版社，2015:200—222.

② 中国科学技术协会. 高层次科普专门人才培养试点工作阶段性报告［R］.2017-09.

2.3 科普人才队伍建设的几个关键问题

科普人才队伍建设是一项复杂而艰巨的系统工程，既涉及数量的增加，又涉及水平的提高；既涉及农村、城镇、企业、青少年科普教育人才，又涉及高端和各类专门人才的培养；既涉及选拔、培养、使用、管理的体制和机制建设，又涉及人才培养基地等基础条件建设。因此，不仅需要给予科普人才队伍建设以高度的重视，而且要充分认识到科普人才队伍建设的艰巨性，尤其是需要做好科普人才队伍建设的统筹规划，根据科普事业发展需要，进行科普的顶层设计，探索有利于吸引、稳定和壮大科普人才队伍的建设模式，采取重点措施推进科普人才队伍跨越式发展。

2.3.1 增加数量，提高水平

科普人才数量不足、水平不高，基层人才短缺，高端人才匮乏，是我国科普人才队伍建设存在的突出问题。增加数量、提高水平是我国目前科普人才队伍建设的两个基础目标，需要利用实施《科普人才规划》这个抓手，通过加强人才培养与培训基地和体系建设，强化对各类科普人才的培养、培训、能力提升工作，增加科普人才的数量，提高科普人才的水平。

同时，结合重点人群科学素质行动任务目标的需要，通过科普惠农、社区益民、科普示范县建设、科普站栏员建设等项目的实施，培养大批面向城乡基层的实用型科普人才，挖掘兼职人才资源，吸引更多科技工作者和各行业技能人才积极参与科普工作；在科普的作品创作、产品研发、活动策划、产业经营等方面培养一批高端和专门人才；利用各种更具专业化、更有针对性的培养与培训措施，提升科普人才的创新能力和服务能力，提高科普人才队伍的整体水平。

2.3.2 完善体系，形成配套

面对我国经济社会快速发展、公民科学素质建设工作全面推进以及当代社会迅猛发展背景下公众科普需求的普遍化、多样化，科普人才队伍建设需要强调体系化和配套化的观念，强化体系化建设措施，防止因某些部分、某些类型的人才出现“短板”而影响整体科普人才队伍系统能力的提升。科普人才队伍的体系化建设需要建立和完善系统化的人才体系规划，并根据科普工作的不同需要，有针对性地培养不同类别的科普人才。

科普人才队伍的体系化首先要强调培养足够数量的各种类型的科普人才，例如专职科普人才、兼职（业余）科普人才、科普志愿者之间结构比例相对合理，农村科普人才、社区科普人才、科学课程教师、青少年科技辅导员、媒体和场馆科普人才、公司企业科普人才等各类科普人才数量足够，科普创作和设计、策划和组织、产品研发、经营和管理之间以及高端人才、专门人才、普通科普工作者之间相互配套。①

2.3.3加强机制建设，完善培养体系

加强科普人才队伍建设，需要培养和选拔一批高水平科普人才，壮大专兼职科普人才队伍，推动科普志愿者队伍建设，优化科普人才结构；需要建立完善科普人才激励机制，推动人才知识更新和能力培养，增强适应现代科普事业发展的能力。

《科学素质纲要实施方案（2016—2020年）》就特别提出要加强科普人才培养、使用和评价的政策研究，推动制定科普学科发展、科普专业设置、科普人才评价标准、技术职务等相关制度，完善科普人才培养、使用和评价制度，建立激励机制，充分调动科普人才积极性。同时也强调深入推进高层次科普专门人才培养试点工作，总结推广经验，加强教学大纲、教材、课程和师资队伍建设，加大高层次科普专门人才培养力度；依托高等院校、科研院所、科普组织、企业与相关机构建立完善科普人才继续教育基地，加强科普人才培养和继续教育。

2.3.4推进科普人才队伍职业化建设

随着新时代科普内容和服务方式的不断创新，科普职业及其从

① 任福君，张义忠. 科普人才培养体系建设面临的主要问题及对策［J］. 科普研究，2012（1）：11—18.

业人员出现了明显的转型。科普产品生产和科普服务提供的专业知识、专业技术含量在提升，科普工作的专业化程度在提高，服务的规范化、标准化要求越来越高，从业人员的职业认同和规模日渐稳定，加快科普人才职业化建设的必要性和紧迫性日益凸显。加强科普人才职业化建设已经成为新时代科普转型升级的必然要求，是科学素质建设深入发展的智力支撑和人才保障，是提高科普人才队伍整体素质的现实需要。科普人才职业化建设有三个主要的突破方向：一是建构科普职业伦理精神；二是建章立制，建设科普人才职业化的规范制度框架；三是建立职业化教育与培训体系。[①]

教育部已在国内高校设置了“科学教育”“科普学”等相关专业，不少高校也设置了“科技传播”研究生培养方向，科技教育、传播、普及人才专业化培养工作有了良好开端。但到目前为止，体系化建设仍需加强，例如，在本科层次设置专门的科普专业、辅修专业、第二学位，在研究生层次设置更多专业学科点、专业学位；高等学校需要面向理工科各专业大学生开设科普课程、加强传播技能教育等。尤其需要政府部门加大投入，依托高等学校、研发机构、科普组织、大型科普场馆等，建设一批科普人才培养、实践、培训基地，依托覆盖城乡的科普人才远程教育网络等渠道，加强对各类科普工作者的传播与普及技能培训，支持并鼓励高等院校、科研院所、企业和科普机构联合共建与科普相关的硕士点、博士点、博士后流动站（工作站），加强对各类高端科普人才的培养与培训，完善我国科普人才培养培训体系。[②]

① 任福君，尹霖，等.科技传播与普及实践[M].北京：中国科学技术出版社，2015:200—222.

② 任福君，张义忠.用好用足国家重大人才政策，促进科普人才队伍建设[R].2012-01-25.

本讲小结

科普人才资源是科普资源体系中最具活力和基础性的资源要素，对科普资源体系和科普社会系统具有“系统加强”功能。科普事业的发展需要一支数量足够、结构合理、水平较高的人才队伍。目前，我国科普人才队伍已经达到一定规模，但仍存在着规模数量不足、整体水平亟待提高、人才培养和使用机制不够完善等问题，特别是缺乏各方面的高端人才。科普人才队伍建设工作近年来受到政府和社会的重视，提出了“科普人才建设工程”，中国科协也制定了《科普人才规划》。未来科普人才队伍建设需要采取有效措施，扩大数量、提高水平、健全机制，形成体系化的人才队伍结构。

第十五讲
科普产业发展

国家和社会提供的公益性科普服务、按照市场规律运行的经营性科普产业（即科普产业）是科普发展的“车之双轮、鸟之双翼”。科普产业实际上是利用市场机制和产业化手段促进部分科普业务走向市场，通过市场途径为社会和公众（消费者）提供科普产品和科普服务。科普产业的发展可以从丰富科普产品、活跃科普局面、扩展科普服务、提高服务能力等多个方面促进科普事业的全面发展。

1 科普产业的特征及分类

科普事业的发展影响着公众科学素质的提高、科学技术的发展以及国家的经济增长和社会的全面进步，是知识经济时代必须大力发展的一项基础性社会事业。从其本性上来说，科普事业天然包含公益性和产业化两个基本组成部分，国家既要动员和整合广泛的社会力量，形成政府、科技、社会、产业等多元推动的发展格局，同时又要大力发展科技传播产业，建立“公益-产业”双驱动的科普事业发展机制。①

科普产业属于广义的科普事业中具有产业属性的一个组成部分，发展科普产业实际上就是将科普事业中可以产业化的部分推向市场，利用市场机制促进其发展壮大。发展“经营性科普产业”的问题近年来已成为科普界热议的重要话题，发展科普产业强调的是利用市场机制和手段，促进科普产品和科普服务经营性市场的发展，促进以科普产品和服务为主要业务的经营性组织的发展，实际上是在“公益性科

---

① 翟杰全.科技传播事业建设与发展机制研究[J].科学学研究，2002（2）：167—171.

普服务”之外发展“经营性科普产业”，而不是泛指将全部科普工作和科普服务都产业化。

1.1 科普产业的内涵与特征

关于科普产业的概念，由于研究视角不同，也有不同的观点。

劳汉生从文化产业的视角定义了“科普文化产业”概念，他认为科普文化产业是满足社会中人们的科普文化需要、科普文化消费需求而产生的一种产业，其功能是满足人们的科普文化消费需求，从而提高人们的生活质量。文化生活的科普文化含量是人们生活质量中的重要要素，发展科普文化产业的最终目的和最大的宗旨就是最大限度地满足人们和社会的科普文化消费需求。[①]

任福君等基于对科普产业特征的分析，将科普产业界定为：科普产业是以满足科普市场需求为前提，以市场机制为基础，向国家、社会和公众提供科普产品和科普服务的活动，以及与这些活动有关联的活动的集合；它以一定文化基础的科普内容和科普服务为核心产品，由科普产品的创造、生产、传播和消费四个环节组成，为社会传播科学知识、科学思想、科学精神和科学方法，并创造财富、提供就业机会、促进公民科学素养提升的产业。[②] 科普产业以科普内容和科普服务为核心产品，包括科普内容和科普产品的创造、生产、传播、服务、消费等构成要素。科普产业的核心在于以满足市场领域中的科普需求为前提，以市场机制为基础，以市场经营为手段，满足消费者日益增长的科普需求，向国家、社会和公众提供科普产品和科普服务。

科普产业在产业属性上具有服务产业、文化产业、知识产业的特征。[③]

从科普产业的服务产业特征来看，发展科普产业的根本目的在于改善和提高人民群众的精神、物质生活质量，说到底就是为公众服

---

① 劳汉生.我国科普文化产业发展战略（思路和模式）框架研究［J］.科技导报.2004（4）：55—59.

② 任福君、张义忠、刘萱.科普产业发展若干问题研究［J］.科普研究.2011（3）：5—13.

③ 任福君，谢小军.发展科普产业的三个“不能忽视”[N].学习时报，2011-02-21.

务。科普产业的价值是基于丰富多样的科技元素，发掘社会和公众中的消费性科普需求，研发和提供富含科技内容的产品和服务，并利用市场平台和手段提供给社会和公众。科普产业让经营性组织通过经营科普产品和科普服务获得经营性收益，让消费者通过市场购买来满足自身的科普需求，消费者通过消费过程获得科学技术知识和信息，增加对科学技术的理解，提升自身的科学素质。

从科普产业的文化产业特征来看，科普产业以科普资源为资本和对象，为社会和公众提供科普文化产品和科普文化服务。现代科技与文化的有机结合与发展使科普产业具有越来越强的文化属性，科普产业是展现一定文化形式，呈现一定文化意蕴的产业，其所表达的科学观念、知识体系、科学精神和科学方法实质上包含着一定的文化价值。科普产业满足的是社会和公众的科普文化需求，目标是传播普及科学技术，提升公众科学素质和科学认识。文化产业是指从事文化产品生产和提供文化服务的经营性行业，与公益性文化事业一起构成文化建设的两个基本方面。科普产业可以与文化产业的各个类别建立密切联系（表15-1）。

表15-1 科普文化产业与文化产业的关系

《文化及相关产业分类》的九大类别	相关的科普产业内容
（1）新闻服务	科学新闻、科普新闻服务等
（2）出版发行和版权服务	科普书籍、科普音像制品服务等
（3）广播、电视、电影服务	科普广播、科普电视、科普电影与科幻电影服务等
（4）文化艺术服务	科普艺术表演、自然博物馆、科技馆展教服务等
（5）网络文化服务	科普网络文化服务等
（6）文化休闲娱乐服务	科普旅游、科普休闲服务等
（7）其他文化服务	与科普文化产业相关的代理、广告、会展服务等
（8）文化用品、设备及相关文化产品的生产	科普用品、设备及相关产品制造等
（9）文化用品、设备及相关文化产品的销售	科普用品、设备及相关产品销售等

资料来源：曾国屏,古荒.关于科普文化产业几个问题的思考[J].科普研究，2010（1）：5—11.

从科普产业的知识产业特征来看，科普产业的核心过程是通过产品的研发、生产和相应的服务，实现科学知识、科学方法、科学思想、科学精神的传播，拥有明显的知识产业属性和特征。“知识产业”通常指的是以从事知识和信息产品生产、传播，或提供知识和信息服务为主要业务的产业。知识产业基于知识和信息资源而存在，经营富含知识和信息的产品与服务，满足消费者的知识和信息需求。科普产业为社会和公众提供科学技术内容的传播服务，向社会和公众提供富含科学技术内容的产品。作为科普创意的一部分，高知识密集的人才资源和创意知识成为科普产业的核心要素。

1.2 科普产业的分类

目前在我国，科普产业还没有成为独立的产业门类，还没有统一的分类标准，学者们提出过一些分类方法。参考《科普产业发展“十二五”规划研究报告》[①] 和国家文化产业分类，依据科普产业的核心产品形态，将科普产业分为四大类：科普内容产品产业、科普服务产品产业、科普内容产品相关产业、科普服务产品相关产业（表15-2）。

第一类是科普内容产品产业，主要包括：科普图书出版业、科普影视业、科普动漫业、科普玩具业、科普展教品业以及科普游戏业等以科普内容生产和传播为核心环节的科普产业业态。第二类是科普服务产品产业，主要包括：科普展览业、科普旅游业、科普休闲娱乐业等以提供科普内容的服务为核心环节的产业业态。第三类是科普内容产品相关产业，这类业态以生产和支撑科普内容产品的完成和实现为核心环节，如科普用品、科普产品、科普设备以及相关设计、制造等产业业态及科普动漫的衍生品生产业。第四类是科普服务产品相关产业，实际是科普产业非常重要的部门，主要是与科普服务相关的产业业态，如科普中介代理、会展服务、科普平台开发等。

① 任福君，周建强，张义忠，等.科普产业发展“十二五”规划研究报告[R].中国科学技术协会，2010-12.

表15-2 科普产业分类

<table>
<tr><th colspan="2">类 别</th><th>业态形式</th></tr>
<tr><td colspan="2">科普内容产品业</td><td>科普展教品、科普图书、科普期刊、科普广播、科普影视、科普音像、科普动漫、科普剧、科幻电影、科普游戏、科普玩具及其他科普创意产品</td></tr>
<tr><td rowspan="3">科普服务产品业</td><td>科普场馆和网络服务</td><td>科普基地、科普画廊、科普活动室、科技馆、科学博物馆、科技活动中心、科普网络服务、网上科技馆、网上博物馆、科普产品展示和交易网络平台</td></tr>
<tr><td>科普旅游资源服务</td><td>科普旅游服务（包括现代企业园区旅游资源、科技园区旅游资源、高校和科研机构旅游资源）</td></tr>
<tr><td>科普文化娱乐服务</td><td>科普休闲中心、科普艺术表演</td></tr>
<tr><td colspan="2">科普内容产品相关业</td><td>科普内容产品的生产设备，相关产品设计、制造、销售、服务以及科普动漫衍生品</td></tr>
<tr><td colspan="2">科普服务产品相关业</td><td>与科普服务产品相关的代理、广告、会展服务、科普平台开发、与科普服务产品相关的基础设施开发、建设、维护</td></tr>
</table>

科普产业是一个融合了多种产业内容与形式的复杂的产业系统，在与众多的产业融合成长和发展中，科普产品日渐多样，科普服务日益健全完善，科普产业的内容创新和服务创新不断深入，科普产业的业态也随之不断创新。从我国目前的情况来看，逐步形成科普展教品业、科普图书出版业、科普动漫业、科普影视业、科普游戏业、科普玩具业和科普旅游业。这些科普产业业态都有其核心产品，在科普内容创新和科普服务创新中扮演着重要角色。

2 科普产业的功能和市场需求

社会和公众科普需求多样化、分层化的发展，社会和公众对需求满足的选择性、差异性的增强，使科普产品或科普服务的消费有了可能。因此，当代社会和公众科普需求的不断增长会促进科普消费需求的不断增长，从而为科普产品经营和科普产业发展提供需求和市场基础，提供产业发展的现实性和可行性。当然，科普产业发展还需要有合理性和合法性依据，这依赖于社会对科普产业属性的认识以及政府提供相应的产业发展政策。

2.1 科普产业的功能

从当今国际发展经验来看，科普事业的发展依赖国家、政府和社会的“公益推动”，同时也依赖产业界的“产业推动”，“产业推动”可以为科普事业提供重要推动力。科普事业的“产业推动”包括产业界积极参与和支持公益性科普（例如建设非营利科普场馆、资助公益性科普活动、支持科普资源建设等），也包括发展经营性的科普产业，利用市场经营满足社会和公众的消费性科普需求。

公益性科普是科普事业的基础部分，服务对象和工作领域是具有公共性、广泛性、普遍性、基础性的科普需求，提供公益性的科普公共服务，保障公民基本的科普权益，需要坚持公益性、公平性、均等性、普惠性原则，以政府为主导，以公共财政为支撑，鼓励全社会积极参与。但是，相对于社会多样化科普需求的不断增长以及公众在科普方面选择性的不断增强，以满足社会和公众共性需求和基本需求为目标的公益性科普总会存在资源“短缺”的问题，无法在任何时候都能满足社会和公众的任何需求，科普事业需要向社会开放，动员社会广泛参与，同时利用市场机制，发展科普产业，建立公益性科普事业与经营性科普产业并举的发展体制。[①②]

支持和鼓励经营性科普产业的发展，建立科普事业“公益-产业”

---

① 任福君，周建强，张义忠，等.科普产业发展“十二五”规划研究报告[R].中国科学技术协会，2010-12.

② 任福君，张义忠，刘萱.科普产业发展若干问题研究[J].科普研究，2011(3)：5—13.

双驱动发展机制，为科普事业发展注入新的活力，使科普事业获得新的推动力。科普产业拥有公益性科普工作不可替代的社会功能。随着人民群众物质生活水平的不断提高，科普需求呈现出明显的多样化和分层化发展趋势，公众在科普方面的选择性、差异性明显增强，这就给发展科普产业提供了必要性和合理性。经营性科普产业向社会和公众提供的是拥有科普功能的产品和服务，在实现经营目标的同时实现面向社会和公众的科普服务功能。因此，经营性科普产业同时拥有与公益性科普工作相同的科普功能和价值。只不过，经营性科普产业拥有经营性的属性和目的，在提供科普产品和服务过程中要追求经营的目标，并以实现盈利作为持续提供科普产品和服务的基础和前提，而公益性科普工作则不以营利为目的和目标。

科普产业的服务对象和工作领域是公众多层次、多方面、多样化甚至是个性化的科普需求，满足的是社会和公众消费性的科普需求。科普产业的价值在于利用市场机制，调动社会资源，细分科普服务市场，丰富科普产品和服务，提高科普服务品质，以弥补公共科普产品和服务的不足，提升科普服务的整体能力，促进科普事业的全面发展。同时，科普产业还可以通过为政府的公益性科普工作提供采购和订单服务，服务公益性科普工作。

2.2 科普产业的市场需求

没有科普需求，科普产业的发展便没有意义，科普市场需求是科普产业发展的基础。科学技术的发展为科普产业提供了丰富的内容资源，科普消费需求的增长也为科普产业提供了巨大的市场空间。科普的市场和消费需求可以从国家社会公众角度划分为三个层面，三种科普市场和消费需求既相对独立又相互联系和交叉，其所形成的需求合力是科普产业发展的原动力。①

国家层面的科普需求来自国家经济社会发展的需要，其根本目的

① 任福君，谢小军.发展科普产业的三个“不能忽视”[N].学习时报，2011-02-21.

在于建立符合国家战略意志的社会文化和舆论氛围，提升公民科学素养，培育更具竞争力的劳动者，促进党和国家战略目标的实现和战略部署的落实。党和国家提出，实施科教兴国战略和人才强国战略，加强国家自主创新能力建设，实施国家知识创新、技术创新工程，加强民生科技的发展，加强公民科学素质建设的公平普惠等，这必然对科普产品、科普服务产生全方位、多层次、宽领域的需求，形成党和国家的科普需求。例如，为了加强科普基础设施建设，国家需要向能够提供建设服务、展教资源的企业进行服务外包和采购。这种外包和采购需要通过市场平台来实现，这即是国家层面的科普需求。

社会层面的科普需求主要来自社会组织、团体、群体和企业的需求。社会组织、团体、群体对科普的需求是基于自身发展以及提升成员素质的需要。企业的科普需求一方面来源于企业自身做大做强的发展需要，另一方面来源于企业为了回报社会，承担相应的社会责任，赢得更大的发展利益。如知识型企业、知识型组织的广泛发展，企业的核心竞争力已经转移到对知识资源和高素质知识型员工的争夺，这使科技咨询、科技服务、科技传播、科技转让、科技中介组织、科技经纪人队伍等日渐发达，直接或间接地带动和拉动企业科普需求的发展。

公众层面的科普需求来自公众学习科学技术、了解科技发展、完善知识结构、提升科学素质、改善精神生活、提高个人技能等各种需要。由于社会发展的科学化和科学发展的社会化，每一个人都面临着社会知识爆炸和个人知识能力短缺的困扰。由此，科学素质成为每一个公众生存和发展的必备要素之一，提升科学素质也因此成为公众增强自身竞争能力，走出生存与发展困境的重要诉求。这一过程中公众科学素质的提高会产生广泛、多样的科普产品和科普服务需求。公众层面的科普消费需求会随着生活水平的不断提高而快速增长。

3 我国科普产业发展现状和推进措施

3.1 科普产业的研究探索和相关政策

正是基于全面实施《科学素质纲要》和推进公民科学素质建设工作的现实需要，也正是看到了我国科普消费需求的不断增长和科普产业发展的巨大空间，近些年来有关科普产业的问题成为国内科普界关注和热议的话题。国内学者对科普产业的内涵界定、产业分类及主要业态、发展模式、产业发展存在的问题、相关政策、促进措施以及经营性科普产业和公益性科普事业的关系等问题进行了研究。① 这些研究目前虽然还处于起步阶段，但已经为发展科普产业提供了某些重要的理论依据。在科普产业实践方面，中国科协以及一些地方政府也在积极推进科普产业的发展。例如，中国科协和安徽省政府合作举办了数届以推进科普产业为主题的“中国（芜湖）科普产品博览交易会”，为科普产品及研发成果的展示和交易搭建平台。安徽省还通过政策支持在芜湖国家级高新技术开发区建立了全国首个科普产业园。我国科普产业的培育和发展虽然同样处于起步阶段，但已经对发展科普产业做了有益探索。

事实上，在我国政府及相关部门出台的科普政策中，早就包含有利用市场机制推进科普工作、发展科普产业的相关内容，建立公益性科普事业和经营性科普产业并举体制近年来也成为重要的政策议题。《关于加强科学技术普及工作的若干意见》指出，要引导基层科普组织和机构“面向社会，面向市场，按市场经济规律运行，开展多种形式的有偿服务”。2002年颁布的《科普法》规定“国家支持社会力量兴办科普事业。社会力量兴办科普事业可以按照市场机制运行”。

① 例如，劳汉生.我国科普文化产业发展战略框架研究[J].科学学研究，2005(2)：213—219；曾国屏.关注科普与文化产业发展的结合[J].新华文摘，2007(10)：122；江兵，耿江波，周建强.科普产业生态模型研究[J].中国科技论坛，2009(11)：43—47；任福君，周建强，张义忠，等.科普产业发展“十二五”规划研究报告[R]，中国科学技术协会,2010-12；任福君，谢小军.发展科普产业的三个“不能忽视”[N].学习时报，2011-02-21；任福君，张义忠，刘萱.科普产业发展若干问题研究[J].科普研究，2011(3)：5—13；等等。

2011年10月，中国共产党第十七届六中全会通过了《中共中央关于深化文化体制改革、推动社会主义文化大发展大繁荣若干重大问题的决定》[①]，提出了建设社会主义文化强国的总体要求，提出了文化改革发展的重要方针，提出了推进文化改革发展的重大举措。提出大力发展公益性文化事业的同时，也提出要加快发展文化产业、推动文化产业成为国民经济支柱性产业、构建现代文化产业体系。《科学素质纲要》更是明确提出“制定优惠政策和相关规范，积极培育市场，推动科普产业发展”。中共中央书记处自2007年以来在听取中国科协工作汇报以及国务院领导在2010年《科学素质纲要》实施情况汇报会议上都曾明确要求，加强对科普产业的政策扶持、促进科普产业的健康发展。[②]

3.2 我国科普产业发展现状

在世界经济发达国家，传媒、文化、娱乐、服务、互联网等产业领域，已经涌现出许多以提供科普类产品和服务为核心业务的成功企业。例如，美国探索（Discovery）传播公司作为全球著名的媒体公司，制作了许多优秀的自然与科技纪录片，目前观众遍及180多个国家和地区，订户超过15亿户；美国国家地理频道推出了大量历险探索、尖端科技、自然历史、野生世界等高质量节目，在全球180多个国家和地区有超过3亿个家庭用户。许多以提供文化休闲娱乐服务为主营业务的著名企业，也推出了许多能让观众体验自然与科技内容的科普类经营项目。全球著名的“迪士尼公司”旗下的迪士尼乐园就包括有不少以体验神奇自然为主题的经营项目，例如能让游客坐上潜艇观赏海底植物和鱼类的“海底两万里”，埃布克特中心的“未来世界”设有通信、能源、交通、农业和未来设想等六个与科学技术相关的主题馆。这些

① 中共中央关于深化文化体制改革、推动社会主义文化大发展大繁荣若干重大问题的决定[EB/OL].（2011-10-25）.http://news.xinhuanet.com/politics/2011-10/25/c_122197737.htm.

② 任福君，张义忠，刘萱.科普产业发展若干问题研究[J].科普研究，2011（3）：5—13.

成功案例表明，以提供科普产品和服务为主要业务的科普产业具有良好的市场发展空间。

目前我国科普产业总体上还处在发展的起步阶段，没有出现国际知名的科普企业，但科普产业已经有所发展。从总体上看，我国科普产业市场化程度仍然不高，整体上没有形成规模化、集约化、专业化的发展格局；科普产业组织总体处于“散、缓、小、弱”状态，还没有出现龙头企业；整个科普产业结构中传统科普展教品业的比重较大，现代新兴科普产业发展不够。从科普产业自身的发展来看，核心问题是创新不足，包括科普产品内容创新不足、科普服务手段创新不足、科普产业业态创新不足。科普产品经营者对公众科普消费需求发掘分析不够，利用新技术和新媒体的手段创新不够，提供的优秀科普作品和产品不够，无法产生广泛的带动和示范效应，良性运行的机制还未建立起来。这些问题与产业界对科普产业的认识不够、信心不足以及对科普需求发展动向分析不透有很大的关系。①

制约科普产业发展的深层次问题包括：重公益性科普事业、轻经营性科普产业的观念仍然比较突出，相关法规政策和制度建设不完善，高素质经营管理人才匮乏，科普产业理论研究比较滞后等。

3.3 我国科普产业发展的主要任务和推进措施

结合科普产业发展亟待解决的问题和国家对科普产业发展的政策部署，中国科协组织的《科普产业发展“十二五”规划研究报告》提出，我国科普产业发展面临的主要任务包括：选择一批成长性好、持续发展能力强的科普企业，加大项目扶持和政策扶持力度，培育科普产业发展主体；建设科普产业研发中心，引领科普产业的研发工作，增强产业创新能力；扶持新兴科普产业业态发展，增强科普产业的影响力和带动力；加快建设一批具有示范效应和产业拉动作用的重大科普产业项目，

① 任福君，张义忠，刘萱.科普产业发展若干问题研究[J].科普研究，2011(3)：5—13.

带动科普产业发展；推进科普产业园区和科普产业示范基地建设；推进科普产业市场体系、科普产业标准体系建设；实施科普产业人才建设工程，培养大批高素质的科普产业人才；等等。[①]

科普产业的培育和发展，政府应该扮演重要角色，坚持政府引导与市场调节相协调、整体推进与重点突破相结合、社会效益与经济效益相统一的原则。政府需要立足于建立公益性科普事业与经营性科普产业并举体制，要将发展科普产业置于提升国家科普服务能力、促进文化产业大发展、增强国家文化软实力的战略高度，纳入公民科学素质建设和发展文化产业的整体规划。首先需要国家进一步完善相应的法律政策，出台系统的产业促进政策和措施，规范市场秩序和规则；其次是科普产业布局上以发展新兴科普产业业态、培育龙头企业为突破口，科学规划、统筹安排、立足当前、着眼长远、全面推进；最后是通过培育重点企业、加大扶持力度，推进科普产业组织在内容、产品、服务、经营、业态等方面全面创新，引导和扶持科普产业的发展。

科普企业需要深入发掘市场的科普消费需求，把握消费者的心理需求和欣赏习惯，开发有创意的科普产品，进行精品化和品牌化经营，注重产品的系列化和多元化，延伸产业价值链。科普产品开发要注重科学性、趣味性、体验性、娱乐性的完美结合，能够运用适宜的技术和形式，将科学技术内容转化为生动有趣的产品和服务。促进科普产业的发展壮大。

---

① 任福君，张义忠，周建强，等.科普产业发展“十二五”规划研究报告[R].中国科学技术协会，2010-12.

本讲小结

科普产业实质上是利用市场机制和产业化手段促进部分科普业务走向市场，通过市场途径为国家、社会和公众提供科普服务，满足科普市场需求的产业。支持、鼓励、发展经营性科普产业，有助于扩展科普服务、丰富科普产品、提高科普服务能力，促进形成公益性科普事业和经营性科普产业的并举体制，推动科普事业全面发展，同时也有助于加快我国文化产业的发展、构建现代文化产业体系。来自社会各个层面的科普需求的不断增长为发展科普产业已经提供了巨大市场空间，但目前我国科普产业总体上还处在发展的起步阶段，科普产业市场化程度不高，科普产业组织处于“散、缓、小、弱”状态，未来需要通过完善相关法律政策、加大扶持力度、培育重点企业、推进科普产业全面创新来促进我国科普产业的发展。

第十六讲
科普的政策推进

科普事业、公民科学素质建设工作需要复杂的支撑结构和保障条件，包括科普内容与信息资源、渠道与设施资源、政策与环境资源以及人力、财力、物力等各类保障条件。政策因素在其中扮演着重要角色。国家通过制定完善的科普政策并有效执行，可以推进科普工作领域的体系和机制建设，营造良好的科普环境和氛围，激励社会各界对科普工作的支持和参与，从而达到更加良好的效果和目标。

1 科普政策的内涵和目标

科普政策属于科技政策的一部分，是国家为推进科普事业发展而制定和出台的政策。其目的和价值在于利用政策手段建立科普工作的管理体制和运行机制、确立科普事业的目标和战略、确定科普工作的任务和计划、引导科普资源的合理配置、激励社会各界积极支持和参与科普工作、规范各类科普实践活动，促进科普事业的良好发展，推动科普更好地服务于科学技术和经济社会的发展。

1.1 科普政策的内涵和特征

科普政策是指国家权力机关、执政党、政府部门为促进科普事业发展、活跃科普局面、推进科普工作，并通过推进科普工作发展而实现国家、社会、公众（公民）目标而制定并付诸实施的行动准则、方案、措施。国家的科普政策通常由针对科普工作以及和科普工作相关的法律法规、行政规章、政府规划以及国家领导人相关指示来表达，在内容上通常包括为促进科普事业发展而确立下来的任务目标、方针原则、战略规划、行动措施等。

科普政策从内容角度属于科技政策范畴，从性质上来看属于公共政策范畴。科技政策是国家促进科学技术发展以及利用科学技术为国家目标服务的政策。① 科技政策是国家管理科学技术的重要手段之一，国家通过科技政策对科技事业进行有效管理和宏观调控，促进科学技术的发展，利用科学技术促进社会进步。科学技术创新和科学技术普及是科学技术工作的两个重要方面，因而科普政策属于科技政策的一部分。公共政策是公共权力机关为解决公共问题、达成公共目标、实现公共利益而确定下来的行动准则和行动方案。科普服务于科学技术的社会扩散和公众对科学技术的分享，提高公众的科学素质，推进科学技术的创新应用，对经济社会发展具有重要的价值和功能。发展科普事业、促进科学技术的广泛传播和普及，有助于利用科学技术更好地推动社会进步、实现科学技术的公共利益，科普政策因而具有公共政策的属性。

从政策内容上来看，科普政策包括针对科普工作的专门政策、科普相关政策两大部分。前者包括专门针对科普而制定或出台的法规政策，例如《关于加强科学技术普及工作的若干意见》《科普法》等；后者则是包含但并非专门针对科普的法规政策，如国务院2005年颁布的《国家中长期科技发展规划》，就提出了加强国家科普能力建设、建立科普事业良性运行机制的要求。

从政策目标上来看，科普政策包括“促进科普的政策”“利用科普的政策”两大部分。前者是国家用来促进科普事业发展、推进科普工作的政策，后者则是国家用来利用科普服务国家、社会、公众（公民）目标的政策。提高公民科学素质既是科普的重要工作内容，也是科普工作的基本目标，鉴于这种特殊关系，与公民科学素质建设工作相关的所有政策都属于科普政策的重要组成部分。

① 樊春良.全球化时代的科技政策[M].北京：北京理工大学出版社，2005：2.

从文本形式上来看，科普政策包括法律化的科普政策（如《科普法》），国家相关部门出台的关于科普工作或与科普工作相关的“决定”“纲要”“意见”“条例”“办法”“通知”以及相关的规定、章程、制度或会议文件等，中共中央、国务院、全国人大、领导人以及政府管理机关或相关部门负责人针对科普工作或涉及科普工作做出的重要指示、讲话等。法律法规、政府文件、指示讲话构成我国科普政策表达的三种基本文本形式。

从政策层级上来看，科普政策包括国家、部门、地方三个基本层级。国家级的科普政策属于“顶层”政策，由中共中央、国务院和全国人大及其代表机构颁布；科技部、教育部、中国科协等部门独立或联合出台的政策属于部门级政策；各省、自治区、直辖市以及地方政府制定的科普政策（如各省颁布的科学技术普及条例等）属于地方政策。国家科研、教育、传播机构（或系统）内确立的内部政策，有时也会产生重要的社会影响。

鉴于当代科普发展涉及复杂的支撑结构和保障条件，有些科普政策在内容上可能涵盖多方面的科普工作，属于一般性政策；有些政策则可能只针对某方面的科普工作，属于专门化政策。前者通常承担更多宏观指导的功能，后者通常承担更多细化任务的功能。随着我国科普事业向纵深发展，管理机关和相关部门将会出台更多针对设施建设、人才培养、能力提升、产业发展等方面的专门政策，完善科普政策体系的建设。

1.2 科普政策的目标和任务

在我国，科普政策的基本目标是推进科普工作机制建设，活跃社会的科普局面，促进各项科普工作的发展，并利用科普工作服务国家科技、经济、文化、教育目标和高素质人力资源建设目标，服务并促进公众（公民）的全面发展以及公民提升运用科技解决实际问题和参与公共事务的能力，从而最终促进科普事业的全面发展，满足科学技术和经济社会发展提出的各种科普需求，为科学技术创新和经济社会发展奠定坚实的基础。

在我国目前的科普政策体系中，科普工作被视为承担多种重要任务、服务多个重要目标、具有多方面重大意义的社会工程。《关于加强科学技术普及工作的若干意见》指出，科学技术普及工作是普及科学知识、提高全民素质的关键措施，是培养一代新人的必要措施，是国家基础建设和基础教育的重要组成部分，是社会主义物质文明和精神文明建设的重要内容，是一项意义深远的宏大社会工程。

《关于加强科学技术普及工作的若干意见》同时还指出，科学技术普及程度是国民科学文化素质的重要标志，事关经济振兴、科技进步和社会发展的全局。并强调了普及科学文化教育、加强科学普及工作、提高全民科学素质对引导科学的生产和生活方式，实现经济发展战略目标，引导人们应用科学方法、学会科学思维，拆除封建迷信赖以存在的社会基础，提高精神生活水准，维护社会稳定等方面的重要性。

1999年科技部、中国科协等9部委联合发布的《2000—2005年科学技术普及工作纲要》也将广泛开展科普工作与带动精神生活水准和社会文明程度提高、实施科教兴国战略和可持续发展战略等方面紧密联系起来，强调要从事关现代化建设成败和民族兴衰的战略高度认识科普工作，把提高国民科学素质作为增强综合国力和国际竞争力的基石，把发展科普事业作为科技创新、素质教育和文化建设的重要环节。

2006年国务院颁布的《科学素质纲要》同样将提高公民科学素质与增强公民获取和运用科技知识的能力、改善生活质量、实现全面发展，与提高国家自主创新能力、建设创新型国家、实现经济社会全面协调可持续发展、构建社会主义和谐社会联系起来，提出要实现科学技术教育、传播与普及等公共服务的公平普惠，促进社会主义物质文明、政治文明、精神文明建设与和谐社会建设全面发展。

近些年来，党和国家领导人在全国科学技术大会、全国科普工作会议、纪念中国科协成立大会、“科技三会”（全国科技创新大会、两院院士大会、中国科协第九次全国代表大会）等不同场合也都特别强调了传播普及科学技术、提高全民科学素质对激励科技创新、营造创新环境、建设创新型国家、促进科技进步和经济社会发展的重要性，提出创新科学技术和普及科学技术是科技工作两个相辅相成的重要方面、科技创新和科学普及是实现创新发展的两翼，要把科学普及放在与科技创新同等重要的位置。这些文件和讲话为科普工作确立了基本定位和基本方向，也确定了我国科普政策的基本基调和基本目标。

2 新中国成立以来科普的政策推进

新中国成立以来，国家始终给予科普工作以高度重视，特别是20世纪90年代之后出台了许多推动科普事业发展的法规政策，初步形成了包括国家、部门、地方三个层级的法规政策体系。我国科普政策发展可以分为三个重要时期，分别是自新中国成立到20世纪80年代、90年代、进入21世纪之后（也称新时期）。经过这三个时期的发展，从科普工作受到国家重视，到专门出台科普政策，再到近年来系列政策出台，科普政策体系不断健全。

2.1 新中国成立至20世纪80年代的科普政策

早在1949年9月29日中国人民政治协商会议第一届全体会议通过、作为中国临时宪法的《中国人民政治协商会议共同纲领》第43条中就明确规定，努力发展自然科学，奖励科学的发现和发明，普及科学知识。我国自1954年颁布第一部宪法以来，发展自然科学和社会科学事业、普及科学和技术知识、奖励科学研究成果和技术发明创造，就一直是宪法总纲部分的基本内容。

1950年8月，中华全国自然科学工作者代表大会在北京召开，毛泽东主席出席会议并讲话，大会成立了“中华全国自然科学专门学会联合会”和“中华全国科学技术普及协会”。1953年4月，中共中央在“关于加强对科学技术普及协会工作领导的指示”中明确指出，科学知识的宣传，不但对人民群众形成唯物主义世界观和破除迷信保守思想有其重要作用，而且在今后国家大规模建设时期，劳动人民学习科学技术的要求将日益增长，群众性的科学普及工作必将有更大的发展。

1956年7月，中宣部在给中共中央的报告中提出了科普协会的工作重点：一是对工人进行一般科技知识和专业技术知识的宣传；二是根据《1956年到1967年全国农业发展纲要（草案）》对农民宣传农业知识和其他科学知识；三是配合国防现代化工作，对军队进行的科学知识特别是国防科学知识的宣传；四是对干部宣传基础的科学知识和现代科技最新成就。这实际上等于确定了当时条件下科普工作的四个重要领域和四个重点人群。

1958年9月，经中共中央批准，全国科联和全国科普协会合并成立“中国科学技术协会”。中国科协成立之初所确定的重点工作任务就是针对生产建设中的关键科学技术问题，总结、交流并推广生产中具有普遍意义的重大发明创造和先进经验。1962年春，周恩来总理参加在广州召开的全国科学技术工作会议时进一步明确了中国科协的任务，提出科协要一手抓学术活动，一手抓科学普及。

我国科普事业在“文化大革命”期间曾一度陷入停顿。“文化大革命”结束后，科学技术受到党和国家的高度重视，科普工作也得到全面恢复，中国科协组织了一些有影响的科普活动和青少年科技活动，成立了中国科普作家协会等专门学会，设立了中国科普研究所，加强了基层科普组织建设，形成了较为系统的科普网络。到20世纪80年代中后期，中国科普事业迎来新的发展高潮，科普图书、报刊、影视等作品创作呈现出繁荣景象。

综上所述，自新中国成立到20世纪80年代，我国虽没有针对科普工作出台重大的专门政策，但科普工作始终受到党和政府的重视。新中国成立初期，中央人民政府就在文化部设立了科学技术普及局，成立全国科普协会。中国科协成立后，普及科学技术被确定为科协的基本任务之一。经过这一阶段的发展，以各级政府科技行政部门和中国科协拥有的网络型组织体系（学会、协会、研究会和地方科协）为依托，形成了一个覆盖全国的科普工作推进网络。

2.2 20世纪90年代的科普政策

我国科普工作在20世纪90年代之后发展到一个全新阶段，被逐步提升到国家战略的高度，中共中央、国务院、全国人大以及各部门、各地区出台了一系列促进科普工作的法规政策。

1993年，全国人大通过了《中华人民共和国科学技术进步法》，其中第6条明确规定“国家普及科学技术知识，提高全体公民的科学文化水平”，第42条规定科学技术社会团体应当在普及科学技术知识等方面发挥积极作用。

1994年12月，中共中央、国务院发布的《关于加强科学技术普及工作的若干意见》，强调了科普工作的重要意义，明确了科普工作的任务要求，同时提出了要促进科普工作群众化、社会化、经常化、法制化、制度化。1996年4月，为加强对科普工作的领导和管理，国家成立了以国家科委为组长单位，[①] 中宣部、中国科协为副组长单位的国家科普工作联席会议制度。

1995年5月，中共中央、国务院做出《关于加强科学技术进步的决定》，明确提出实施“科教兴国”发展战略，将“提高全民族的科技文化素质”列为“科教兴国”战略实施的重要内容，强调了“加强科学技术的宣传和普及工作”的重要性。正是在“科教兴国”战略的推动之下，国家相关部门先后召开了一系列重要的专门会议、出台了一系列重要的政策文件、组织开展了一系列重要的科学普及活动。

---

① 国家科学技术委员会，即现在的科学技术部。

例如，1996年，中宣部、国家科委、中国科协共同召开了全国科学普及工作会议，联合发出《关于加强科普宣传工作的通知》；同年，中宣部、中国科协等10部委联合发出《关于开展文化、科技、卫生“三下乡”活动的通知》；1999年，科技部、中国科协等9部委联合发布《2000—2005年科学技术普及工作纲要》；2000年，科技部、中国科协、共青团中央等5部门发布了《2001—2005年中国青少年科学技术普及活动指导纲要》等。[①]

自20世纪90年代中期开始，全国许多省、自治区、直辖市以及一些地方政府根据《关于加强科学技术普及工作的若干意见》的精神和我国实施“科教兴国”战略的要求，纷纷制定本地区的科学技术普及条例，出台促进本地区科普工作的措施。随着政府、相关部门以及各地区出台科学技术普及相关政策和措施，我国科普政策在20世纪90年代迈出体系化建设的重要步伐。

2.3 新时期科普的政策推进

我国科普政策在20世纪90年代开始走向体系化的建设之路，国家和社会对科普工作的认识有了前所未有的提高，有力地推动了科普事业的发展。正是在这些工作的基础上，2002年6月，我国颁布了《科普法》。《科普法》利用法律形式确立了科普工作的属性和任务，规定了国家机关、社会团体、企业事业单位、基层组织、科技部门、科协等组织以及公民在科学普及方面的权力、义务、职责和责任。

《科普法》的颁布实施为科普工作提供了法律保障，并带动了相关政策文件的出台。2003年，中国科协、建设部等部门联合出台了《关于加强科技馆等科普设施建设的若干意见》，中宣部、中国科协等部门联合发出了《关于进一步加强科普宣传工作的通知》；修订后的《国家科学技术奖励条例实施细则》将科普成果列入国家科学技术

① 任福君.新中国科普政策的简要回顾[N].大众科技报，2008-12-16.

进步奖的奖励范围；2004年，国土资源部、科技部联合提出《国土资源科学技术普及行动纲要》；等等。

2005年底，国务院颁布《国家中长期科学和技术发展规划纲要（2006—2020年）》，明确提出实施全民科学素质行动计划、加强国家科普能力建设、建立科普事业的良性运行机制，“提高全民族科学文化素质，营造有利于科技创新的社会环境”被列为“规划纲要”实施的重要政策和保障措施之一。正是根据这一明确要求，国务院颁布了《科学素质纲要》，成立了全民科学素质工作领导小组。

《科学素质纲要》颁布后，全民科学素质工作领导小组和相关部门围绕或结合全民科学素质行动需要先后出台了许多政策和措施，落实《科学素质纲要》、加强科学普及工作、提高全民科学素质成为近些年来科普政策的基本内容。各省、自治区、直辖市也根据《科学素质纲要》要求和地方科普工作发展需要，出台了相应的科普政策和公民科学素质建设措施。①

在我国科普政策领域，目前已经初步形成了以《关于加强科学技术普及工作的若干意见》《科普法》《科学素质纲要》三大纲领性文件为核心，包括“国家-部门-地方”三个层级的科普政策体系。2016年5月30日，习近平在全国科技创新大会、两院院士大会、中国科协第九次全国代表大会上发表重要讲话时指出，科技创新、科学普及是实现创新发展的两翼，要把科学普及放在与科技创新同等重要的位置。没有全民科学素质的普遍提高，就难以建立起宏大的高素质创新大军，难以实现科技成果快速转化。希望广大科技工作者以提高全民科学素质为己任，把普及科学知识、弘扬科学精神、传播科学思想、倡导科学方法作为义不容辞的责任，在全社会推动形成讲科学、爱科学、学科学、用科学的良好氛围，使蕴藏在亿万人民中间的创新智慧

① 任福君.新中国科普政策的简要回顾[N].大众科技报，2008-12-16.

充分释放、创新力量充分涌流。[①] 这个讲话把科普提高到了前所未有的新的历史地位。[②] 中共十九大报告还专门提出了“弘扬科学精神，普及科学知识，开展移风易俗、弘扬时代新风行动，抵制腐朽落后文化侵蚀”的要求。这些思想和理念将在新时期推动科普政策体系的不断健全和完善，推进政府推动、全民参与的科普工作机制逐步形成，促进科普环境和社会氛围不断改善。可以说，我国科普事业迎来了历史上最好的发展时期。

3 科普政策的体系化建设

近些年来，我国政府相关部门、各级地方政府将科学普及工作和公民科学素质建设纳入本部门、本地区的工作计划，出台了一系列政策措施，建立了中央和地方联合推动的矩阵式工作格局以及大联合、大协作的工作机制，促进了各地区、各行业、各方面科普工作的发展。无论是与世界其他国家相比，还是与我国先前的各个历史时期相比，都可以认为我国目前拥有的科普工作政策环境是非常好的。

我国的科普政策体系已经初步形成，政策体系的基本框架得以初步确立。我国未来科普政策的发展将会主要集中于进一步健全政策体系、提升政策效应、强化机制建设等几个重要方面。

3.1 进一步健全科普政策体系

进一步健全和完善科普政策体系，需要在全面分析当代科学技术和社会发展要求，考察并细化科普事业、科普工作、全民科学素质建设发展要求的基础上，确定和提炼这些发展要求所提出的政策需求，调整和完善现有的法规政策，出台和制定新的政策措施，不断扩展

① 习近平.为建设世界科技强国而奋斗——在全国科技创新大会、两院院士大会、中国科协第九次全国代表大会上的讲话[EB/OL].[2016-05-30]. http://news.xinhuanet.com/politics/2016-05/31/c_1118965169.htm.

② 习近平.为建设世界科技强国而奋斗——在全国科技创新大会、两院院士大会、中国科协第九次全国代表大会上的讲话[M].北京：人民出版社，2016.

政策体系的覆盖面，最终建立覆盖全面、互相协调、具有“横向”和“纵向”体系化特点的政策体系。

“横向”体系化要求根据科普发展需要，通过制定和出台新的政策，消除政策“空白点”，特别是要在重点人群以外其他公众群体的科学素质提升、科普产业发展、调动社会主体参与的积极性等方面，出台系统化的政策措施，完善现有的政策体系。“纵向”体系化要求在明确相应政策的同时，制定具体的配套制度，提出更为具体的推进措施，使每一方面的政策都能形成相对完整的配套措施和制度体系，保证政策得到切实的执行和落实。

3.2 进一步提升科普政策效应

从目前我国科普政策实际执行的总体情况来看，许多政策的效应还没有得到很好的发挥，其中重要的原因之一是政策存在操作性差、执行力弱、配套制度建设不到位的问题，甚至某些政策文本还停留在“政策呼吁”的层面，无法使政策内容最终落到实处。科普政策是国家推动及管理科普工作的重要手段，在政策内容和规定上不能虚化，政策手段和执行力度方面不能弱化，否则就很可能成为“一纸空文”。

科普政策的制定必须强化政策内容的科学性和可操作性、政策执行的严格性和可检查性，同时强化配套制度和落实措施的出台。例如，《科普法》早就规定“对科普事业实行税收优惠”，财政部、国家税务总局、科技部等部门也出台了《关于鼓励科普事业发展税收政策问题的通知》《科普税收优惠政策实施办法》等文件，但由于仍然缺乏系统化和细化的配套制度，产生的政策效应并不明显。

3.3 进一步强化科普机制建设

我国科普事业发展的机制建设已经有了重要进展，但适应市场经济条件的科普事业管理体制与运行机制仍然需要进一步完善，科普社会化工作格局需要进一步推进，社会激励和动员机制建设需要进一步强化。特别是社会组织、公司企业的积极性并没有得到有效调动，对应产业还没有得到很好的发展，需要通过出台推进政策和措施，促进形成政府、科技、社会、产业等多元推动的科普发展模式。

我国科普工作长期以来主要依靠政府行政力量来推动，带有很强的自上而下和行政化色彩，这种发展模式不仅不利于充分调动社会各界的积极性，也容易造成政府科普资源相对短缺的问题。科普事业的发展需要利用政策手段，通过社会化的激励、动员、引导机制建设，发展科普领域的NGO和NPO组织，壮大科普文化产业，利用社会和产业的力量推进科普事业的发展。

从我国科普政策的发展和演进态势来看，以下几个方面的趋势也比较明显。①②

第一，更加明确权利与义务设置。为了更好地发挥对各类科普主体的激励与约束作用，应尽早制定《科普法》实施细则或进一步修订《科普法》，结合我国科普发展新趋势和各类主体在科普工作中的关系，进一步明确各类科普主体的权利和义务的内容、形式、行使和履行的方式及滥用权利和义务而履行有瑕疵时应当承担的责任，增强科普法制的执行力，促进科普法制的有效贯彻和实施。

第二，更加细化制度安排。现有的科普相关政策在诸多制度的安排上规定得比较原则、比较概括，以至于在实施中，诸多制度落实、贯彻起来比较困难，在制度安排上应更加注重操作性和可执行性，更加注重制度设计的微观化。在基金制度安排上将会有更加明确鼓励设立的法律理念，并在科普基金的设立、用途、运营及其监管上设置细化的制度与措施；在税收优惠制度的设计上将会参考文化产业和高新

① 张义忠，任福君．我国科普法制建设的回顾与展望［J］．科普研究，2012，3：7—15.

② 任福君，翟杰全．科技传播与普及概论(修订版)［M］．北京：中国科学技术出版社，2014；国务院办公厅关于印发全民科学素质行动计划纲要实施方案（2016—2020年）的通知［EB/OL］.http://www.cast.org.cn/n35081/n35096/n16800346/16976970.html；国务院办公厅关于印发促进科技成果转移转化行动方案的通知．http://www.gov.cn/zhengce/content/2016-05/09/content_5071536.html；刘延东．扎实推进全民科学素质行动　为建设世界科技强国奠定坚实的社会基础[R]．科技日报，2016-06-22；中国科学技术协会，中国科协关于网上科协建设的调研报告[R].2016-10。

技术产业发展税收优惠制度的设计，在税收优惠对象的认定、税收优惠的类型、税收优惠的常态化等方面设置细化的操作性制度与措施。科普产业、人才、资源共建共享、应急科普及其能力建设、国际交流与合作等均应该设置相应的更具有实施性的制度。

第三，责任体系更加完善。《科普法》在法律责任体系方面需要进一步完善。一是行政法律责任方面，相关部门和政府公共服务职能部门中相关的行政责任设置有待完善。二是民事法律责任方面，科普行为过程中出现的侵权法律责任、知识产权法律责任及其承担的方式有很大的创新和完善空间，而且增设的更多的科普行为中民事法律责任的承担方式也日益迫切。三是完善刑事法律责任与相关刑法罪名的规定之间的衔接，使科普行为中的犯罪行为能受到更有力的法律约束。

第四，公民科学素质建设更加规范化和制度化。在《科学素质纲要》的推动下，在公民科学素质建设方面已经形成了一套行之有效的规章制度体系并将更加规范化和制度化。还要进一步强化政策导向，充分发挥科技工作者主力军作用，落实科技人员参与科普工作的政策激励措施，对高校、科研机构、企业等创新主体的评价要更加注重面向全社会的科普服务效果。

第五，科普发展的关键领域和新兴领域推动科普法制创新。随着社会发展的信息化、知识化和网络化，科普工作也在全方位、多层次、宽领域地推进和深化，一些关键领域和新兴领域急需科普法制的创新。比如，网络科普的发展对网络科普作品的创作、传播提出制度化的要求；数字新媒体的发展对大众传媒科普的法律义务和责任提出了更多要求；国家重大科技项目和重大工程对科研与科普结合、工程与科普结合提出了迫切的制度创新要求；当代科技发展的民生化趋向对科普的民生化发展提出了更为迫切的法制创新要求。

本讲小结

科普政策的目的和价值在于利用政策手段建立科普工作的管理体制和运行机制、确立科普事业的目标和战略、确定科普工作的任务和计划、引导科普资源的合理配置、激励社会各界积极支持和参与科普工作、规范各类科普实践活动，在推动科普事业发展、推进公民科学素质建设工作中扮演着重要角色。目前，我国已经初步形成了包括国家、部门、地方三个层级的科普法规政策体系，通过出台系列性的具体科普政策措施，推进了科普工作机制建设，改善了科普的社会环境和氛围。我国未来的科普政策仍需进一步完善政策体系、进一步提升政策效应、进一步强化机制建设。

第十七讲 科普实践活动策划和实施

科普事业的发展和科普工作的推进，依赖于社会能够组织开展丰富多彩的科普实践活动，而各种科普实践活动的有效组织开展依赖于对科普实践活动的科学设计、周密策划、严密组织和计划的认真实施。科普实践活动的设计、策划和实施并没有固定模式，需要充分发挥设计者和组织者的创造性。本讲内容主要涉及需要设计者和组织者在科普实践活动设计、策划和实施过程中予以重视的一些共性问题。

1 科普实践活动的一般原则和基本定位

科普实践活动是指由国家机关、政府部门、社会组织、社会团体等主体面向社会和公众举办的，旨在促进科学技术社会扩散和公众分享、提高公众科学素质、普及科学技术知识、传播科学思想和方法、弘扬科学精神、提升公众运用科学技术和参与公共事务能力的各类活动。[①] 科普实践活动从立项开始到实施完成可以划分为设计、策划和实施几个重要阶段。活动在项目立项之初就需要考虑和确立应遵循的一些基本原则，然后根据这些原则确定实践活动的基本定位，进一步进行活动方案的科学设计，周密策划活动的内容和形式。科普实践活动遵循的原则同时也是活动设计和策划所要依据的基本方针，活动设计和策划需要根据这些原则设定目标、选择内容、确立主题、谋划活动的形式。

① 任福君，张志敏，翟立原．科普活动概论［M］．北京：中国科学技术出版社，2013.

1.1 科普实践活动的一般原则

组织开展科普实践活动需要考虑科学技术及其发展要求、组织者现有的科普资源优势、公众的科普需求、提升公众科学素质的需要，通过设计和策划将其完美地统一在一起，提高科普实践活动的吸引力和影响力。所有的科普实践活动都应该遵循紧跟时代发展要求、发挥科普资源优势、满足社会科普需求的基本原则，实现提升公众科学素质、服务社会发展的目标，这也是科普实践活动设计应该坚持的基本方针。

“紧跟时代发展要求”，要求科普实践活动贴近公众需求、贴近科技和社会发展需要。例如，当代公众的科普需求呈现出明显的多样化和分层化特征，既有从认识自然现象到了解食品安全的多种知识性需求，从理解科学方法到理解科学的社会作用的理解性需求，也有从运用科技知识解决实际问题到参与公共事务的能力性需求。科普实践活动只有贴近并满足了公众、科技、社会需要，才能取得最好的科普效果，产生最大的科普效益。

“发挥科普资源优势”，要求科普实践活动充分利用组织者拥有的科普资源优势。每一类组织者都会拥有自己独有的科普优势，充分利用并发挥这些优势的作用，是科普实践活动取得成功、提升效果的基础，也是保证科普实践活动具有可持续性的重要条件。科普实践活动设计和策划需要分析组织者拥有的各类科普资源优势，结合这种优势对科普实践活动的组织开展进行具体的设计。

“满足社会科普需求”，要求科普实践活动以满足公众群体、社会组织、国家发展提出的各种需求为出发点和落脚点。服务于社会组织和公众群体对科技知识的学习、对科学技术的理解，是科普实践活动的本质所在和应有之义。

科普实践活动通过丰富社会组织和公众的科技知识、增强公众运用科技知识解决实际问题和参与公共事务的能力，最终实现“提升公众科学素质”“服务社会发展”的目标。

科普实践活动设计必须根据这些基本原则，确定活动的具体目标和任务，对活动的内容和形式进行具体设计。基于这些原则的要求，科普实践活动在立项阶段就需要认真调查社会和公众的科普需求、分析时代发展要求、寻找科普实践活动组织者拥有的各种科普资源优势，从而通过活动的设计和策划将组织者的资源优势、公众需求、时代要求完美对接。

1.2 科普实践活动的基本定位

明确科普实践活动的对象群体定位、效果目标定位、活动内容定位等基本定位问题是科普实践活动设计阶段的重要任务。由于不同公众可能在接受能力、知识基础、兴趣爱好等方面存在差异，而且这些差异会直接影响科普实践活动的科普效果，因此需要根据对象群体的不同而选择不同的科普内容、科普方式和传播策略，定位于不同的效果目标，以提高科普实践活动的针对性和实际效果。

科普实践活动通常不会局限于某种单一的目标，也不会只产生某种单一的效果，但活动设计和策划仍然需要对活动的主要的和基本的目标进行恰当定位，确定是要提高公众的科学意识、增加公众的科学体验、激发公众的科学兴趣，还是要促进公众对科技知识的学习、增加公众对科学技术的理解、提高公众运用科技的能力、促进公众对科学问题的思考等。不同的目标定位会影响科普实践活动对内容和活动方式的选择。

科普实践活动的内容同样不会局限于某种单一的内容，但在活动设计与策划阶段仍然需要就科普内容——主要是科学知识、科学方法、科学思想、科学精神，还有科学的社会作用做出选择，确定在内容上的侧重点，然后再根据这些内容定位设计科普实践活动的具体活动形式。通常情况下，科普实践活动定位需要结合实际情况因地制宜、结合时事状况（例如社会热点问题等）因材施教、结合社会需求因势利导。[①]

① 朱利荣.科普活动策划的要素研究[C]//任福君.中国科普理论与实践探索——2010科普理论国际论坛暨第十七届全国科普理论研讨会论文集.北京：科学普及出版社，2010：252—257.

2 科普实践活动的方案策划及其一般方法

方案策划是科普实践活动设计的关键环节。在这一阶段，科普实践活动设计需要规划和计划好活动的基本内容、形式、步骤，梳理出活动过程中可能遇到的关键问题，提出解决问题的基本措施。方案策划对科普实践活动的开展具有导向和导引的功能，是科普实践活动项目实施之前就要确定下来的“蓝图”。我国许多科普实践活动的组织者比较缺乏策划意识，更多的是依靠过往的经验和模式。

2.1 科普实践活动的方案策划

科普实践活动策划是在系统分析社会和公众科普需求的基础上，确立活动主题和目标，并围绕主题和目标而确定活动的内容、策略和步骤的过程，基本任务是对整个活动进行系统筹划、谋划、计划，对即将实施的活动进行系统、周密、科学的预测，制订出可行性方案。成功的科普实践活动离不开高水平的策划，高水平的策划是科普实践活动成功的重要保证。

科普实践活动策划涉及活动主题和内容、活动目标和任务、活动的基本程序和步骤等重要工作内容，策划工作的程序实际上和社会其他领域的策划工作类似，可以分为方案构思与计划编制两大阶段。方案构思是对即将开展的科普实践活动进行通盘的策略性思考，确定出实践活动的整体方案。计划编制则是将策略性思考的结果落实到具体的计划，编制出具体的行动方案。

科普实践活动策划不是要考虑如何使科普实践活动项目在将来能够赚足公众眼球、吸引媒体关注，而是要强调通过对活动的内容、主题、定位等关键性问题的思考，确定出能引发公众关注的主题、内容和活动方式，吸引更多公众的热情参与，使公众在参与中获得科学素质的提升，使科普实践活动经过实施获得最好的科普效果。科普实践活动策划要能够落到实处，落到更好地提高公众科学素质和其他科普效果上。

2.2 方案策划可用的一般方法

科普实践活动策划目前还没有形成自己独有的方法，但科普实践活动策划具有策划的共性特点，可以借鉴目前其他领域常用的一些策划方法和经验，例如广泛用于企业管理、技术、营销决策及其执行的“5W2H分析法”等。“5W2H分析法”要求在制定活动方案时通过考虑和回答七个方面的问题来推动策划工作的进程，最终确定策划方案的基本内容。这七个方面的问题分别是：

Why——为什么？为什么要这么做？理由、原因、目的是什么？

What——是什么？做什么工作？

Who——谁？由谁来做？谁来完成？谁来负责？

When——何时？什么时间完成？什么时机最适宜？

Where——何处？在哪里做？从哪里入手？

How——怎么做？如何实施？怎样的方法？

How much——做到什么程度？需要多少成本？

在科普实践活动方案策划中，策划者需要在“Why”方面考虑科普实践活动本身的目的和目标，同时分析目标公众可能会基于什么样的目的和需要来参与活动；在“What”方面考虑活动的内容和任务，活动能给公众提供什么样的科普服务；在“Who”方面回答参加活动的具体人员以及面对的目标公众；在“When”和“Where”方面需要明确活动的时间和地点；在“How”和“How much”方面需要考虑活动实施的方法、程序和手段，分析活动的成本和公众参与的成本。

科普实践活动方案策划特别需要重视确定活动的目标公众，分析目标公众的群体特点，考虑采取什么样的动员和吸引措施（包括相应的宣传策略），才能使这些目标公众积极参与到活动中来，公众参与活动需要花费什么样的成本、能够从活动中获得什么样的收获等。实际上，公众参与科普实践活动的积极性会受到他们预估花费成本、预期收获的直接影响，因而需要尽可能使公众感到参与方式的简便，能有较多的收获。

企业管理领域常用的SWOT分析方法对科普实践活动设计和策划也有重要的借鉴意义。SWOT分析方法是通过分析优势（strength）和劣势（weakness）、找到机会（opportunity）和威胁（threat）而确定竞争战略的一种方法。SWOT方法的思想可用于对科普实践活动特色的设计和策划。尽管社会和公众的科普需求在不断增长，但并非所有科普实践活动都能激起同样的兴趣，科普实践活动需要通过特色的内容或形式来吸引公众。

另外，营销领域的需求分析理论、定位理论也可以给科普实践活动设计和策划提供重要启示。定位理论认为，在广告泛滥、信息爆炸和传播渠道拥挤的时代，产品营销的定位问题变得非常重要，定位就是要通过营销手段使产品显得与众不同。任何具体的科普实践活动项目同样需要形成自己的特色和优势，拥有恰当的定位，这样才能更好地吸引公众的关注和参与。科普实践活动项目设计和策划也需要有公众营销意识和“竞争”意识。

2.3 科普实践活动的主题设计

当代科普实践活动设计和策划越来越强调利用主题设计策略和方法来整合科普实践活动的多种内容，引导公众的认识，并表达科普实践活动的特色内容。例如，大型群众性科普实践活动（如全国科普日、全国科技活动周等）通常会通过活动主题整合活动的各种内容，使主题成为贯穿各种活动内容的“中心思想”；科技类博物馆的科普展览通常会利用展览主题整合或组织相关的各种展览展示内容。明确、恰当的主题能够鲜明地表达出活动的内容特色。

我国科技活动周近些年在活动期间就以“携手建设创新型国家”为主题，围绕“节约能源资源、保护生态环境、保障安全健康、促进创新创造”组织了丰富多彩的群众性科普活动。中国科协近几年也以“保护生态环境，坚持科学发展”“坚持科学发展，创新引领未来”“走近低碳生活，坚持科学发展”“坚持科学发展，节约保护水资源”为主题举办了“全国科普日”活动。

大型群众性科普实践活动的主题设计往往需要在时代发展、社会需求、引导公众等方面找到很好的结合点。其他类型的科普实践活动在主题设计上通常会更多地结合自身的特点和资源情况。中国科技馆常设展览部分就采用了典型的主题设计方法，用华夏之光、科学乐园、探索与发现、科技与生活、挑战与未来五大主题以及再次一级的主题，划分出不同的展厅和展区，很好地整合和规划了丰富的展览内容。

主题设计方法在科普实践活动的组织开展方面具有多重重要的价值。对科普实践活动组织者来说，可以利用确定的主题表达要传播的思想，整合要传播的多种内容，使之形成有机整体，并引导公众形成某种整体性的认识。而对于公众来说，可以借助于主题从整体上把握和理解活动中的多种内容，领会科普实践活动传达的基本思想和知识内容。科普实践活动的主题设计是避免知识碎片化、提升科普效果的一个重要策略。

3 科普实践活动的方案细化和组织实施

科普实践活动的方案细化是计划编制的关键环节，通过方案细化使方案达到可执行的要求。科普实践活动的组织实施实际上可以被看作是对细化方案的实施和执行过程。方案细化的质量和水平对组织实施具有决定性影响。优秀的方案细化可以给组织实施提供清晰的路径和程序，能够让组织者、实施者按每个步骤的任务、要求自我监控过程的进展，评估执行的效果，及时发现执行中的偏离。①

3.1 科普实践活动的方案细化

科普实践活动方案细化需要对包括从活动准备、人员调配、资源配

① 任福君，尹霖，等.科技传播与普及实践[M].北京：中国科学技术出版社，2015:223—241.

置，到活动项目启动、实施过程执行与监控，再到活动结束后的全面总结、效果评估等各环节在内的所有任务及目标进行详细的分解和计划；涉及提出具体而明确的活动内容及要求、分解出活动的详细步骤、预测执行中可能出现的问题、提出可能的应对方案以及项目宣传推广的基本策略等重要任务。方案细化需要对各项工作进行全面细化和具体化，具有良好的可操作性和可执行性。

多任务的大型科普实践活动项目可能会包括开闭幕式、科普展览、科普讲座、科普研讨会等多个环节或内容（子项目）。但不管是什么类型的科普实践活动，都需要重视内容的科学性、普及性、启发性，使公众能够有所收获、受到启发；需在方式上重视创新性、趣味性、参与性，以增加对公众的吸引力和兴趣激发；在效果上重视实效性、吸引性、提升性以及后续效应，提高公众的理解和意识，促进公众对相关问题的关注与思考。

当代科普实践活动拥有多样化的活动形式，例如科普展览、科普讲座（报告）、科技竞赛、科普咨询、科学影视展映、科学探究活动、科技兴趣小组、科技夏（冬）令营、科技周、科普日、公众开放日等，它们各有不同的特点和优势。科普实践活动设计可以利用SWOT方法等对这些活动形式进行比较分析，从中选择恰当的活动方式。当然，科普实践活动策划者和组织者更应该有创新的意识，设计更具创意、更有效果的活动形式和活动方式。

科普实践活动及其细化需要特别注意活动的宣传、推广以及营销方案的设计与细化。科普实践活动是面向公众并为了公众而组织的活动，但现实中的公众处于分散化的状态，活动的组织实施需要有促进公众知晓活动信息、激发公众参与热情的宣传、推广策略，以及途径、手段和措施，使目标公众了解活动的内容，并能对活动有所期待，产生参与其中的兴趣。大型群众性科普实践活动还需要考虑吸引社会组织和大众媒体的关注和参与。

3.2 科普实践活动的组织实施

科普实践活动的成功与否取决于策划方案是否科学、完备、具有可操作性，也取决于组织实施过程对方案的执行是否规范、严格、认真以及对所遇特殊问题解决的灵活性，取决于组织者和实施者的执行力。科普实践活动的组织实施包括许多关键性的环节和任务，如活动实施前的各项准备、对社会组织和公众的广泛动员、科普活动过程的认真组织、实施过程中的严密监控、结束后的全面总结等。

对于包括多项工作任务和多环节的大型科普实践活动来说，组织实施过程中需要组建得力的工作团队，保证各类条件足够配备、各个环节良好衔接、各项工作任务按时完成。工作团队按任务分解明确分工、分头落实，保证各项活动内容有序进行；工作团队内部纵向关系和横向关系明确，指令传递通畅，各类关系协调。必要的时候需要组织相关人员的培训、研讨、学习，做到思想统一、步调一致、目标明确、任务清楚。

对于公众参与规模较大的群众性科普实践活动来说，组织实施过程中需要营造良好的环境和氛围，落实并布置好活动场所，准备好相关材料和设备，做好代表性参与者（如专家、领导、各方代表）的安排，组织好相关的展览展示。现场环境氛围要美观大方、赏心悦目、突出主题；现场活动氛围能够促进参与者良好互动、热情参与。甚至还要吸引各类媒体的积极参与，提高媒体的宣传力度，从而营造良好的社会氛围。

科普实践活动组织实施过程中同时要注意过程监控，密切注意过程的进展状况，随时收集各类参与者对活动组织的意见、建议以及各种反馈信息，必要时及时灵活地调整活动方案。活动结束后要进行分析总结工作，对科普实践活动进行系统、全面、认真的工作总结，目的是总结经验、发现不足，以便为今后不断提高科普实践工作水平提供指导。分析总结工作实际上相当于一种简化形式的内部评估。

新时代对科普实践活动提出了更高要求，科普实践活动的设计、策划、组织、实施等也呈现出新的发展趋势。一是科普实践活动的设计与策划将更进一步细分受众，以精准满足目标人群科普需求为出发点和落脚点。二是科普实践活动将更加及时充分利用信息技术等手段，不断丰富内容、创新形式，适应多元化、动态性、即时性等科普发展新形势。三是更加注重对科普实践活动效果的评估，促进科普实践活动追求实效。四是科普实践活动将逐步实现学习与娱乐、科学文化与人文文化的融合。五是科普实践活动设计将充分结合学校科学教育的目标，成为学校科学教育的有益补充。①

本讲小结

科普事业的发展和科普工作的推进离不开组织丰富多彩的科普实践活动。而科普实践活动的成功与否取决于活动策划是否科学、完备、具有可操作性，取决于组织实施过程是否规范、严格及组织者的执行力。当代科普实践活动需要紧跟时代发展要求、发挥资源优势、满足社会科普需求、提升公众科学素质、服务社会发展。科普实践活动的开展需要有策划意识，在对社会和公众科普需求进行系统分析的基础上，明确科普实践活动的主题、任务和内容，计划好活动的策略和步骤。科普实践活动的组织实施包括多个关键性的环节和任务，需要认真做好各种准备、动员、组织、监控等工作，保证活动实施过程的顺利进行。

① 中国科协. 全民科学素质行动“十二五”工作总结和2016年工作安排的报告［R］.2016.

第十八讲 科普领域的监测和评估

科普监测评估是科普工作中的一项重要内容，也是管理科普工作的一种重要手段。科普监测评估实践和研究近些年来受到管理部门和科普界的重视，《科学素质纲要》将监测评估工作列为一项重要措施，提出建立公民科学素质状况和《科学素质纲要》实施的监测评估指标体系。中国科普研究所等机构也开展了关于科普监测评估理论和方法的研究，并对我国科普基础设施建设发展状况、大型科普活动进行了监测评估。

1 科普监测和评估概述

科普监测评估工作具有重要的评价功能、导向作用、指导作用，可以通过有效的监测评估，分析工作成效、总结以往经验、发现存在的问题、强化绩效与效果观念，引导并指导工作的改进。发达国家政府机构和科普组织都非常重视对科普场馆和活动的监测评估工作。美国已形成了比较成熟的科技类博物馆评估制度，英国和德国每年都会委托评估机构对举办的科学节、科学年活动进行全面评估。①

1.1 科普监测和评估的概念与特征

“监测”和“评估”在监测评估研究和实践中经常作为一组术语同时出现，但二者实际上既有联系又有区别。“监测”通常指的是通过系统收集和分析特定指标的数据，就正在进行的项目、正在采取的措施或某方面工作的发展状况，分析实际进展情况、目标实现程度

---

① 《2005爱因斯坦年评估总报告》就是关于德国2005年举办的“爱因斯坦年”活动的评估报告。参见：[德]马尔库斯·加布里尔.2005爱因斯坦年评估报告[M].王保华，译.北京：科学普及出版社，2008。

等。监测工作的主要职能是对发展状态进行动态的跟踪、分析和判断，发现问题、反馈信息、提出改进措施。监测工作具有动态性、持续性的特点。“评估”通常指的是通过系统收集和分析特定指标方面的数据和情况，分析项目或工作达到的状态、成效、产生的影响。评估对象通常是具有周期性的项目或具有阶段性特点的工作，评估可以在项目或工作进展到特定阶段时进行，也可以在项目或工作完成时进行。评估更强调对结果（包括中间结果）和结果达到的水平做出分析和判断。不同于监测重在分析和判断过程进展的状态，评估重在对进展结果的评价和判断。

就我国科普事业、科普工作、科普实践活动而言，监测更主要的是针对科普事业、科普工作发展的层面，通过监测，考察其进展情况，分析存在的问题和不足，提出改进的措施，以便更好地推进科普事业的发展和科普工作的进展。对科普的基础设施建设、资源建设、能力建设、管理改革等具有持续性和长期性的重大事项和重要工作，都需要进行经常性和持续性的全面监测。国务院2006年颁布《科学素质纲要》时就提出了对我国公民科学素质状况和《科学素质纲要》实施情况进行监测评估的要求。公民科学素质提升是一个持续和长期的过程，实施《科学素质纲要》是一项持续性的重大工程，在目前阶段也是推进我国科普事业发展的重要手段，对我国公民科学素质状况的监测（如中国科协组织的公民科学素质调查）和《科学素质纲要》实施情况的监测，都属于科普监测的范畴。

目前的科普评估更主要针对的是科普实践活动的评估，评估的目的是对活动的效果、绩效进行分析和评价，通过评估总结经验、发现不足、提出建议，帮助组织者和实施者在今后加以改进。科普评估更多针对的是科普工作中的微观对象，例如，政府部门、研究机构、科技社团开展的群众性科普活动，通过科普基础设施组织的科普教育活动项目等。对科普组织、机构的科普工作情况、能力状况进行整体评价，也可归入科普评估的范畴。

当然，“监测”与“评估”之间并不是互不相容的关系，对科普事业和科普工作在某些特定发展阶段上取得的成效、达到的结果和水平可以进行评估，并且这类评估可以构成科普事业和科普工作发展监测的一个重要组成部分，成为持续性监测科普事业和科普工作发展状况的一个重要基础和重要手段。中国科普研究所出版的科普蓝皮书《中国科普基础设施发展报告（2009）》的总报告就使用了“评估报告”的说法。[①]

1.2 科普监测和评估的理念与原则

科普监测和评估虽然具有评价的功能和特征，但都需要坚持“淡化结果，注重改进”的理念，总结经验，发现不足，诊断问题，谋求改进。例如，英国在科学节评估中就十分注意对项目是否产生了效果、效果如何产生、还有哪些不足、为什么会存在不足等问题进行分析和诊断，提出改进措施，帮助管理机构总结经验教训，促进科学节活动日臻完善。中国科普研究所对“全国科普日”的评估从第一次（2007年）开始就确定了“为今后提高和改进提供依据”的评估目的。

科普监测和评估需要坚持严肃、严格、规范、客观、全面、深入、科学以及监测评估工作的学习性、发展性、提升性等重要原则。评价、学习、指导是科普监测评估工作应该强调的基本价值取向，发挥监测和评估工作对今后科普事业、科普工作、科普活动的示范、指导和引导作用，使成功的经验和做法能对今后工作有所示范和启示，促进我国科普事业提升发展水平、科普工作提升工作水平、科普实践活动提升组织水平。

科普监测和评估工作需要建立科学的监测评估指标体系，按照规范的监测评估方法，坚持客观公正的立场。保证监测评估的客观公

① “中国科普基础设施发展状况评估报告（2009）”。参见：任福君.中国科普基础设施发展报告（2009）[M].北京：社会科学文献出版社，2010：1—55.

正性，需要在监测评估过程中进行深入调查，广泛收集相关数据和各方意见，然后做出全面客观的分析和评价。参与科普活动的各方在动机、需求、期望等方面可能存在差异，他们对活动的实际情况可能会有认知和判断上的差异，广泛收集各方意见并做出客观全面的分析是非常关键的。

1.3 科普监测和评估中的几个关键环节

科普的监测和评估是一项较复杂的任务，必须在深刻理解其概念和特征的基础上，合理把握并坚持科学的检测与评估原则，在正确的理念和思想的指导下抓住关键环节进行，以实现其重要的评价功能和导向作用。科普的监测和评估工作主要涉及四个关键环节。

一是学习和研究与科普监测评估对象相关的理论和实践发展背景，保证监测评估具有较高的专业水准。当代科普事业包括不同的方面、科普工作包括不同的工作内容，科普实践活动也有类型多样的特点，科普资源建设不同于基础设施建设，科普展览不同于科普讲座。监测评估工作需要学习和了解监测评估对象背后的相关理论和实践发展动态，保证能用科学的理论作指导，合理设计监测的具体内容，建立科学的评估标准。

二是对监测评估对象进行全面研究，确定监测评估的重点任务和具体内容。如果说上述理论和实践研究主要涉及某一类科普对象（群众性科普活动或是常设展览）的共性化问题，那么这一阶段的任务则是个性化研究。例如，同样是群众性科普活动，全国科技周和全国科普日就有不同的特点和内容。监测评估需要分析和研究对象的个性特征，确定监测评估的重点，规划好监测评估的技术路线和行动路线。

三是科学设计监测评估的指标体系，确立科学的监测评估标准。建立结构化的监测评估指标体系是目前监测评估中常用的一种方法。设计监测评估指标体系是科学性极强的一项研究性工作，需要针对不同类型、特点、内容的监测评估对象，建立不同的监测评估指标。

评估指标的选择需要遵循可测性、完备性、可行性、导向性等重要原则，指标体系的建立可以利用德尔斐法、层次分析法、主成分分析法、模糊综合评价法等一些科学方法。

四是进行全面深入调研，获取充分信息和数据，进行认真和科学的分析处理，最后得出科学客观的分析结论。建立科学的监测评估指标体系是保证科学性的前提，获取充分的信息和数据并进行科学分析是保证科学性的基础。信息和数据的获取可以利用统计调查、问卷调查、深度访谈、现场观察等方法获得。在得出初步分析结论之后，可能还需要征询参与各方以及专家的意见，甚至需要进行补充调研，以保证评估的科学性、可靠性、准确性。

2 科普实践活动的项目评估

科普评估广义上可以包括科普实践活动项目评估（以下简称“科普活动评估”）、机构科普工作评估、国家（或地区、机构等）科普能力评估等不同方面，通过评估来考察科普实践活动项目实现的效果、机构科普工作取得的成效、国家（或地区、机构等）科普能力达到的水平等。国内也有学者将科普评估分为战略规划评估、项目评估、组织能力评估。[①] 科普活动评估是目前国内外最常见、研究比较多的一类科普评估。

2.1 科普活动评估的基本类别

科普活动评估的对象是科普实践活动项目，这些项目往往具有特定的目标、任务和边界。包括政府部门和科技团体举办的群众性科普活动，科普教育基地开展的科学探索项目，科技类博物馆组织的科普展览，社区组织的社区居民科普行动，以及政府部门或科普组织面向特定人群或地区实施的科普计划项目（如政府部门开展的“科技下乡”活

① 张风帆，李东松.我国科普评估体系探析[J].中国科技论坛，2006（3）：69—73.

动、中国科协组织的“科普惠农兴村计划”），等等。

针对科普活动评估的对象、执行者、方式和内容等不同的维度，科普活动评估包括以下不同的类别。

依据活动组织实施的不同阶段，可分为可行性评估、形成性评估和总结性评估。可行性评估是活动正式实施前针对项目的立项、策划、方案设计进行可行性分析和评价。形成性评估是在项目实施后、完成前之间的某个时间节点上对实施情况进行评估，考察项目的执行情况及存在的问题。总结性评估是在项目结束后，进行全面和系统的评估，特别是要分析项目实施的成效和取得的效果。

根据评估者的来源和评估方式，可以分为内部评估、外部评估和参与式评估。内部评估是由项目实施者自己进行评估，这种评估成本较低、简单易行，评估者对项目较为熟悉。外部评估是由项目实施成员及其机构以外的评估专家（机构）来进行评估。外部评估容易保证公正性和规范性，但也可能存在外部专家对有关情况不甚熟悉的问题。评估机构吸收项目相关方（项目组织者、实施者、参与者等）共同参与评估是参与式评估。

根据活动项目属性，可以分为科普展览展示评估、科学教育项目评估、群众性科普活动评估等。甚至可以进一步将科普展览展示评估细分为常设展示、临时展览、科学巡展评估等，将科学教育项目评估细分为青少年探究性活动、科学兴趣小组、科技夏（冬）令营评估等，将群众性科普活动评估细分为“全国科普日”“科技活动周”这类大型科普活动、科技机构公众开放日这类机构科普活动、城乡社区各类科普讲座和科普咨询这类小型科普活动的评估等。

根据科普活动评估的内容范围，可以分为综合性评估和专题性评估。综合性评估是对科普活动的组织实施和科普效果进行全面评估，专题性评估则主要是针对科普活动的某个方面或某个部分的评估，例如，针对影响广泛的大型群众性科普活动（例如面向全国的全国科普日、全国科技活动周或科技类博物馆的大型科普展览等），可以专门就其组织实施、活动方式、宣传推广或公众参与情况、取得的科普效果、产生的社会影响进行专门评估。

2.2 科普活动评估的主要内容

根据上述关于科普活动评估的对象和基本类别的阐述，我们认为科普活动评估的主要内容应该至少包括以下五个方面。

一是项目方案评估。科普活动正式实施之前需要进行立项论证、项目策划、方案设计，最后形成一个可执行的具体方案。项目方案评估就是针对这一方案进行评价，考察目标公众群体的科普需求、活动项目的设计方案、项目策划设计依据的理论（项目理论），评价活动方案确定的主题是否鲜明、目标是否明确、定位是否恰当、方案是否可行、安排是否合理等。科普活动的需求评估、可行性评估就属于项目方案评估的范畴。

二是活动内容评估。活动内容评估是针对科普活动的具体内容及活动形式进行的评估。科普活动需要利用一些具体活动形式（如展览、讲座等），将科学技术内容送达目标公众群体。活动内容评估需要分析和评价内容与主题是否相关、知识内容与公众需求是否匹配、知识层次与公众水平是否协调、科普活动及其内容是否丰富、活动形式手段是否利于传播普及相关内容等。科普活动内容会对活动能否产生吸引力有重要影响。

三是活动方式评估。活动方式评估是针对科普活动项目采取的活动方式进行的评估。例如，群众性科普活动、科技类博物馆科普展览等。不同活动方式对科普对象也会产生不同的影响和作用。活动方式评估需要考察和分析科普活动采取的活动方式是否切合活动主题和内容的需要，活动方式是否具有新颖性和吸引力，是否能激发参与者的兴趣和热情，是否能提升活动的互动性、参与性、娱乐性等。

四是组织实施评估。组织实施评估是对科普活动的组织实施过程进行评估。例如，考察评价活动硬件条件的配备情况、环境布置和氛围营造与活动主题的协调程度，活动项目承办者管理执行工作的规范性、有序性、协调性情况，执行团队的整体工作效率及服务水平，以及活动项目各方参与者对组织工作的整体满意度情况。组织实施评估还包括对活动的宣传推广工作进行分析评价，考察宣传推广工作的手段和效果等。

五是科普效果评估。科普效果情况通常被认为是衡量科普活动成功程度的核心指标。科普效果评估可以从参加活动的公众受到实际影响的程度、社会各界（包括媒体）对活动的满意程度等方面加以分析评价。其中尤以考察参与活动的公众是否因为参加了活动而更好理解了活动的主题、产生了更高的科学兴趣、受到了更多的启发等最为重要。在对参与活动的公众进行效果评估的基础上，可以进行绩效分析（绩效评估）和社会影响评价（社会影响评估）。

3 具有典型意义的几类科普监测评估研究

科普监测和评估可以成为规范化管理科普事业的重要工具。科普监测评估对科普管理工作的重要性已经得到了科普管理部门和科普界的关注，《科学素质纲要》等政策文本已将监测评估列为重要内容。中国科普研究所近些年先后组织了“全国科普基础设施发展状况监测评估”“科普效果评估理论与方法研究”以及国家科普能力评估等专题研究，[①] 成立了“科普监测和评估中心”，对中国科协举办的“全国科普日”活动也进行了评估。[②]

① 例如，任福君.中国科普基础设施发展报告（2009）[M].北京：社会科学文献出版社，2010；任福君，张志敏，等.全国科普日北京主场活动评估报告（2007—2010）[R].中国科普研究所，2011；中国科普研究所《中国科普效果研究》课题组.科普效果评估理论和方法[M].北京：社会科学文献出版社，2003；郑念.科普效果评估研究案例[M].北京：中国科学技术出版社，2005；郑念，廖红.科技馆常设展览科普效果评估初探[J].科普研究，2007(1)：43—46；谭超.大型科普活动前期宣传效果评估的探讨[J].科普研究，2011(3)：81—83；张志敏.科普展览巡展的社会效益评估指标体系研究[J].科普研究,2010(6)：45—49；张志敏.对科普讲座开展评估的一般方法研究[C]//任福君.中国科普理论与实践探索.北京：科学普及出版社，2008：166—170；张志敏,雷绮虹.对大型科普活动进行综合评估的角度及相关探讨[C]//任福君.中国科普理论与实践探索.北京：科学普及出版社，2009：501—505；张锋.对我国“科普惠农兴村计划”效果评估的探索[C]//任福君.中国科普理论与实践探索.北京：科学普及出版社，2010：486—493；等等.

② 2010年全国科普日北京主场活动评估报告[EB/OL].[2011-03-02].http://www.crsp.org.cn/show.php?id=2236&p=1.

目前，我国科普监测评估研究和实践整体上还处于初期探索阶段，需要今后在理论和方法方面继续深化研究，在各类科普对象监测评估方面进行全面探索，积极推进科普监测评估工作，尤其是需要在科普基础设施发展状况监测、科普基础设施常设展览效果评估、大型群众性科普活动评估、国家科普能力评估、《中长期科技发展规划纲要》实施情况（“科学普及与创新文化”专题）中期评估等几类具有典型意义的监测评估研究和实践方面加大探索的力度。

3.1 科普基础设施发展状况监测和评估

科普基础设施是社会为公众提供科普服务的重要支撑平台，是国家公共文化服务体系的重要组成部分，是国家科普能力建设的重要内容，也是各类科普工作得以开展的重要基础。科普基础设施建设和功能的发挥直接影响着公众科学素质提高的速度和质量。如果科普基础设施数量规模足够、区域布局合理、功能发挥高效，整体服务能力就会大幅度增强，就可以为公众提高科学素质提供更多机会。

科普基础设施建设工作受到了国家和社会的重视，《科学素质纲要》提出了“科普基础设施工程”，政府有关部门也发布了一些专门文件。[①] 为全面了解我国科普基础设施发展的基本状况，中国科协科普部组织中国科普研究所等单位于2009年针对我国科普基础设施发展状况进行了监测指标体系的研究和实际的监测工作，监测报告最后以“科普蓝皮书”形式公开出版。[②] 而且这一评估模式得以延续，后续陆续出版了针对不同年份的“科普蓝皮书”。

在充分研究我国科普基础设施发展规划提出的发展要求、目标任务以及不同类型科普基础设施的科普属性、运营特点的基础上，中国科普研究所“科普基础设施发展状况监测评估课题组”结合我国科普

① 例如，全民科学素质领导小组2006年转发中国科协等部门制定的《科普基础设施工程实施方案》；建设部和发改委2007年发布的《科学技术馆建设标准》；国家发改委、科技部、财政部、中国科协2008年联合发布的《科普基础设施发展规划（2008—2010—2015年）》；中国科协2009年印发的《全国科普教育基地认定办法（试行）》等。

② 任福君.中国科普基础设施发展报告（2009）[M].北京：社会科学文献出版社，2010.该报告包括“总报告”（中国科普基础设施发展状况评估报告）、专题报告（科技类博物馆、科普教育基地、基层科普设施、科普大篷车、网络科普设施、科学技术馆发展报告）、典型案例三个部分。以下内容主要引自该书第1—55页的“总报告”。

基础设施建设的实际，设计了一套包括3个一级指标、7个二级指标、23个三级指标的监测指标体系（表18-1），重点考察和监测了我国科普基础设施的规模、结构、效果等方面的发展状况。

表18-1 全国科普基础设施发展状况监测评估指标体系

一级指标	二级指标	简单说明	三级指标	单位	简单说明
规模(指数)	主要类型与拥有量	反映人、财、物三要素及其作用	总展厅面积/总建筑面积 每万人口拥有设施建筑面积 平均单个室外设施展示长度 平均单个流动设施行驶里程 平均单个网络科普设施可访问总字数	% m^2/万人 m km KB	反映、衡量设施的类型、拥有量
	资产		每万人口拥有设施资产值 每万人口拥有设施展览资源资产值	元/万人 元/万人	反映设施资产质量
	人员		每万人口拥有专职科普人员 每万人口拥有本科以上科普人员 每万人口拥有科普志愿者人数	人 人 人	反映人员构成，间接反映社会化情况
结构(指数)	年经费投入与支出	反映设施运营能力和发展潜力	年总投入占GDP的比例 年财政投入占经费投入的比例 年社会资金占经费投入的比例 年设施建设投资占年经费支出的比例 年科普经费支出增长率 年展教品研发经费增长率	% % % % % %	从经费上反映政府、社会对科普设施的支持程度
	展览资源与活动		年展教品更新比例 年新展教品开发增长率 年临展增长率	% % %	反映资源化的程度和效率
效果(指数)	社会效果	反映社会效果及全民受益情况	年媒体宣传报道总次数 平均单个数字科普网站年访问量	次 万人次	反映社会效果
	公民惠及率		每百元科普活动经费年受益人次 每平方米展教面积年接待观众人次	人次/百元 人次/m^2	反映社会资本积累、全民受益程度

此次监测评估的对象包括科技类博物馆、基层科普设施、网络科普设施以及其他科普设施（如青少年宫、动植物园、科研机构和大学面向公众开放的实验室等各种依托教学、科研、生产和服务等机构，面向社会和公众开放的科技教育、传播与普及场馆、设施或场所）。通过广泛调查和数据分析，监测评估课题组认为，随着我国经济社会发展水平的不断提高和《科学素质纲要》的全面实施，科普基础设施取得了长足进步。

课题组得出的结论还包括：当前我国科普基础设施建设的政策环境逐步改善，资金投入有较大幅度的提高，国家和各地重视科普基础设施建设，各类设施数量明显增加，科普基础设施总量增长较快，呈快速发展态势，建设类型和形式也趋向多样化，科普基础设施的内容建设得到加强，科普服务能力进一步提高；但我国科普基础设施建设仍然存在滞后于经济社会发展、展教资源质量低、地区和学科发展不均衡等问题。

3.2 科技类博物馆常设展览科普效果评估

科技类博物馆属于科普基础设施的重要组成部分，在面向社会公众的科普体系中扮演着重要角色。世界科技发达国家都非常重视科技类博物馆及其评估工作。例如，美国博物馆协会从1971年就开始开展科技类博物馆认证工作，目前已经建立了一套比较成熟和规范的认证制度，建立了包括宏观评估、微观评估在内的多维度评估体系（表18-2）。

科技类博物馆评估可以包括机构评估、管理评估、运行评估、观众评估、展览评估、科普教育效果评估等。科技类博物馆是面向公众进行科普的重要场所，其中的常设展览是科技类博物馆面向公众开展科普教育的基本手段。因此，对科技类博物馆常设展览科普效果的评估在科普评估中具有非常重要的意义。另外，科技类博物馆常设展览科普效果评估对所有展览类科普活动的评估都具有重要的示范价值。

郑念、廖红在《科技馆常设展览科普效果评估初探》一文中认为，科技馆常设展览科普效果表现在学习效果、启示效果、吸引效果、社会效果四个基本方面。学习效果体现在观众通过参观学习到新的知识、方法、思想，加深了对科学知识的理解；启示效果体现在观众通过参观增加了对科学的认识和理解，产生了浓厚兴趣；吸引效果体现在观众参观以后感到意犹未尽，或展览把观众吸引到相关的科学领域或科学问题；社会（影响）效果体现在科技馆在公众群体中产生了影响、保持良好的声誉等。①

表18-2 美国科学博物馆的评估类型

类　型	内　　容
机构评估	考察科学馆的整体运行，包括任务和规划、管理、经营、财政、藏品、服务工作、讲解、市场营销、公共关系、会员关系、社区支持。评估的重点在于任务设定、管理层的构成情况及素质水平、财政状况分析、可接近性、观众服务、在竞争环境中科学馆的地位等方面
藏品管理评估	关注在科学馆的整体运行中与藏品管理有关的事务，包括目标任务、治理、财政、讲解和市场营销。评估的重点在于藏品管理，包括藏品的收藏范围、获得与交换藏品的方式、法律和安全事务、登记备案、订货、制定藏品目录和风险管理
公众评估	评估科学馆的公众知名度、处理公共关系的经验以及公众对场馆的参与。包括考察科学馆与观众互动的方式，如市场营销、公共关系、拓展观众群体以及展览等内容
管理评估	考察科学馆的管理架构、角色和职责，评估的重点在于任务、管理层代表、组织会议的能力、组织绩效的测量、战略焦点、招聘人员和发展方向、对藏品负责等方面

资料来源：李健民，刘小玲，张仁开.国外科普场馆的运行机制对中国的启示和借鉴意义[J].科普研究，2009（3）：23—29.

① 郑念，廖红.科技馆常设展览科普效果评估初探[J].科普研究,2007(1)：43—46.

根据这一认识，他们提出了常设展览效果评估的指标体系（表18-3）。尽管这一指标体系还比较宏观，但为常设展览效果评估指明了一些重要方向。事实上，当代科技类博物馆的科普展览理念、展览模式、操作手段已经发生巨大变化，更加强调了促进公众对科学的理解、体验、思考、探索，科普展览的效果评估需要根据这种新变化，将科普展览是否能够更好地促进公众理解、增加公众体验、启发观众思考、提升科学素质作为评估的重点内容。

表18-3 科技馆常设展览效果评估指标体系

教育效果（功能指标）	学习效果	学习到了新的知识、方法
		对科学产生了兴趣
		增加了对科学的理解
	展品与展览设置	展览内容的知识性与科学性
		展览内容的先进性和丰富性
	体验效果	展品的可参与性
		展品的操作简便性
吸引力（管理指标）	展览环境	空间布局合理性
		展览照明的合适度
		展览/展厅安全性
		标示牌的易懂性
	综合环境（展厅及其他空间）	整洁度
		休息处和餐饮的方便度
		意见、建议的处理与反馈
		特殊设施的考虑
社会效果（影响指标）	知名度	名称知晓度
		功能知晓率
		参观比例
		媒体关注程度（报道频率）
	认可度	休闲活动
		科普设施
		科普知识来源
		重复参观率

资料来源：郑念，廖红.科技馆常设展览科普效果评估初探[J].科普研究,2007(1)：43—46.

3.3 大型群众性科普活动评估

所谓大型群众性科普活动，通常是指以传播科学技术、提升公众科学意识为主要目的，面向全社会或某一范围的全体公众，并具有较大规模的科普实践活动。世界上许多国家都定期或不定期地举办科学节、科学周、科学年等群众性科普活动，我国也举办有“科技活动周”“全国科普日”等大型群众性科普活动。[①] 大型群众性科普活动通常具有集多种科普活动形式于一体的特点，能发挥科普宣传平台的作用，是科技传播的重要手段。[②]

大型群众性科普活动尽管是难以精确界定的一个模糊概念，但客观上与一般科普活动有很大区别，通常具有公众参与性、影响广泛性、内容丰富性、活动多样性等特点，设置鲜明的科普主题，除政府部门和科技团体之外，往往还有许多相关机构、社会团体、公司企业积极参与，[③] 并通过广泛的社会宣传吸引公众积极参与，对整个社会的科普工作具有较强的带动、促进和导向作用，能产生较为广泛的社会影响力。

大型群众性科普活动近些年来受到许多国家政府部门和科技团体的重视。英国自20世纪90年代开始就每年举办科学节，德国从2000年开始每年举办主题科学年，而且这些国家都重视对这类大型科普活动进行全面评估，活动结束后都委托专业机构进行评估。英国科学节的评估包括了影响力、参加人群、活动过程等多项内容，关注对各类参与者、观众、报告人以及科学节活动、各种反馈意见、媒体报道等方

① “科技活动周”是中国政府于2001年批准设立的大规模群众性科学技术活动，举办时间为每年5月的第三周，“科技活动周”由科技部、中宣部、中国科协等部门和单位组成组委会，在全国范围内组织实施。“全国科普日”由中国科协发起，是为纪念《中华人民共和国科学技术普及法》的颁布和实施而举办的群众性科普活动，举办时间为每年九月的第三周双休日。“北京科技周”是由北京市政府于每年5月举办的全市性大型科普活动，起始于1995年，近年来“北京科技周”与全国“科技活动周”同期举办，开幕式合并举行。

② 张志敏，雷绮虹. 对大型科普活动进行综合评估的角度及相关探讨[C]//任福君. 中国科普理论与实践探索——2009《全民科学素质行动计划纲要》论坛暨第十六届全国科普理论研讨会文集. 北京：科学普及出版社，2009：501—505.

③ 刘彦君，吴晨生，董晓晴，李小燕. 英国科学节效果评估模式分析及思考[J]. 科普研究，2010，5（2）：60—65.

面的分析，甚至让观众参与评估。

大型群众性科普活动由于包含多元化和多样化的目标、任务、活动内容和活动形式，对其评估往往也具有涉及多内容、多维度、多任务的复杂特点。中国科普研究所对“全国科普日”的评估就从参加活动的公众、组织服务者、专家、新闻媒体报道四个角度入手，对活动的策划与设计、公众宣传与公众知晓、活动组织与实施、效果与影响进行过立体的多角度评价，[①] 涵盖了组织评估、公众评估、宣传评估等多个方面。

大型群众性科普活动评估需要按照活动主办方或评估委托方的要求来进行，但一般而言，评估重点应集中于活动内容、活动方式、活动过程、科普效果、社会影响评价。黄小勇在《大型科普活动评估方法》一文中构建了一个包括活动内容评估、组织管理评估、社会效果评估三个模块的评估模型，提出了大型科普活动评估的指标体系（表18-4），对科学设计大型科普活动评估指标体系有一定的参考价值。

3.4 国家科普能力发展状况监测和评估

国家科普能力建设和评估工作近些年来受到国家和社会的重视。2007年，科技部等8部委根据《国务院关于实施‘国家中长期科学和技术发展规划纲要（2006 — 2020年）’若干配套政策的通知》，联合发布了《科普能力建设意见》。之后，一些部门和地方科协也出台了地方性、地区性的科普能力建设文件，比如北京市科协在2010年针对北京市的科普能力建设问题发布了《关于加强北京市科普能力建设的实施意见》。

科技部等8部委发布的《科普能力建设意见》认为国家科普能力表现为一个国家向公众提供科普产品和服务的综合实力，主要包括科普创作、科技传播渠道、科学教育体系、科普工作社会组织网络、科普

① 张志敏，雷绮虹．对大型科普活动进行综合评估的角度及相关探讨[C]//任福君．中国科普理论与实践探索——2009《全民科学素质行动计划纲要》论坛暨第十六届全国科普理论研讨会文集．北京：科学普及出版社，2009：501—505.

表18-4 大型科普活动评估指标体系

评估内容	一级指标	简单说明	二级指标
活动内容	内容与主题相关性	活动内容与活动主题的相关程度	—
	知识性	科普活动内容上的知识丰富程度	—
	吸引力	科普活动内容让受众感兴趣的程度	形式方面
			内容方面
	互动性	活动中包含的与受众的交互、交流的比例、程度	形式方面
	创新性	科普活动的形式和内容的新颖性	形式方面
			内容方面
	通俗易懂性	科普活动的内容、形式的大众化程度	形式方面
			内容方面
组织管理	宣传力度	承办方在宣传方面的工作投入程度	活动前及活动中的媒体报道
			目标受众知晓度
			活动前及活动的中其他宣传
	环境	承办科普活动的硬件资源方面的条件	匹配性（环境与主题的相称程度）
			舒适性
			安全性
	协调性	承办方的组织管理有序性	活动有序性
			现场有序性
	服务	活动承办方软环境的质量	服务态度
			工作效率
			工作技能

续表

评估内容	一级指标	简单说明	二级指标
社会效果	受众数量	参加科普活动的受众总数量	受众总数量
			自发参加数量
			活动中的目标受众占参与活动的受众比例
	对受众影响	受众参加科普活动后受科普活动的影响程度	认知
			情感
			操作技能
	媒体报道	从媒体方面来衡量产生的影响	直接报道数量
			媒体层次
			网络转载量
	满意度	社会对科普活动的总体满意度水平	社会媒介的评价
			受众满意度
			专业评估人员的意见
			地方党政部门的意见

资料来源：黄小勇.大型科普活动评估方法研究[D].哈尔滨：哈尔滨工业大学，2006：19-24.

人才队伍以及政府科普工作宏观管理等方面。《科普能力建设意见》提出了加强国家科普能力建设的主要任务：繁荣科普创作，大力提高我国科普作品的原创能力；加强公众科技传播体系和科普基础设施建设，建立更加广泛的科技传播渠道；完善中小学科学教育体系，提高科学教育水平；完善政府与社会的沟通机制，促进公众理解科学；加强示范引导，进一步提高科普工作的社会动员能力；专兼职结合，建设高素质的科普人才队伍。

为全面了解和评价我国国家科普能力的整体状况，2015年12月，中国科协提出了全面开展国家科普能力发展研究的任务，之后中国科协科普部组织中国科普研究所等单位开始针对我国国家科普能力发展状况进行了评价指标体系的研究和实际的评估工作，评估报告以“科普蓝皮书”形式公开出版，课题组在充分研究《科普能力建设意见》提出的国家科普能力的发展要求、目标任务和内容维度等的基础上，结合我国当下的科普事业发展情况和需求，借鉴已有相关评估指标体系的构建框架、原则及研究成果，设计了一套包括6个一级指标、39个二级指标的评价指标体系（表18-5），重点考察和评价了包括科普人员、科普经费、科普基础设施、科学教育环境、科普作品传播和科普活动等方面的科普能力发展状况。指标体系覆盖了科普领域的不同维度，如科普基础设施、科普人才、科普活动、新媒体等。

表18-5 国家科普能力发展指数评价指标体系[①]

一级指标	权重	二级指标	权重
科普人员	0.2125	中级职称或大学本科以上学历科普专职人员比例/%	0.0433
		中级职称或大学本科以上学历科普兼职人员比例/%	0.0344
		科普创作人员/人	0.0417
		每万人拥有科普专职人员/人	0.0361
		每万人拥有科普兼职人员/人	0.0309
		每万人注册科普志愿者/人	0.0261
科普经费	0.2145	年度科普经费筹集总额/万元	0.0455
		人均科普专项经费（元/人）	0.0431
		人均科普经费筹集总额（元/人）	0.0343
		科普经费筹集总额占GDP比例/%	0.0351
		政府拨款占财政总支出比例/%	0.0324
		社会筹集科普经费占科普经费筹集总额比例/%	0.0242
科普基础设施	0.1625	科技馆和科学技术博物馆展厅面积之和/m^2	0.0248
		科技馆和科学技术博物馆参观人数之和/人	0.0251
		每百万人拥有科技馆（科技博物馆）数量/座	0.0319
		科技馆和科技博物馆单位展厅面积年接待观众人次（人次/平方米）	0.0270
		青少年科技馆数量/个	0.0211
		科普宣传专用车/辆	0.0160
		科普画廊个数/个	0.0167

① 王康友. 国家科普能力发展报告:2006—2016[M]. 北京：社会科学文献出版社，2017:26.

续表

一级指标	权重	二级指标	权重
科学教育环境	0.1365	青少年参加科技竞赛次数/人次	0.0236
		青少年参加科技兴趣小组次数/人次	0.0275
		参加科技夏（冬）令营次数/人次	0.0224
		广播综合人口覆盖率/%	0.0138
		电视综合人口覆盖率/%	0.0214
		互联网普及率/%	0.0279
科普作品传播	0.1325	科普图书总册数/册	0.0168
		科普期刊种类/种	0.0118
		科普音像制品出版种数/种	0.0117
		科普音像制品光盘发行总量/张	0.0108
		科普音像制品录音、录像带发行总量/盒	0.0100
		科技类报纸发行量/份	0.0138
		电视台科普节目播出时间/小时	0.0203
		电台科普节目播出时间/小时	0.0123
		科普网站数量/个	0.0251
科普活动	0.1415	参加科普讲座人次数/人次	0.0292
		参观科普展览人次数/人次	0.0298
		参观开放科研机构（含大学）人次数/人次	0.0255
		参加实用技术培训人次数/人次	0.0289
		重大科普活动次数/次	0.0283

评估报告认为，科技部等8部委发布的《科普能力建设意见》虽强调了加强国家科普能力建设对增强自主创新能力和推进创新型国家建设的重要性，并且文件已经颁布实施近10余年，取得了突出成绩，但是随着新时代提出的新要求，科普能力还不能更好地满足国家社会发展和公众科技需求。为进一步加强国家科普能力建设，营造激励自主创新环境，实现公民科学素质的跨越提升，助力建设创新型国家，应以《科普能力建设意见》和上述指标构架为参照，结合新需求，从不同层面全面推进我国科普能力建设。

本讲小结

科普领域的监测评估是科普工作中的重要方面，也是管理科普工作的重要手段。科普监测评估工作具有重要的评价功能、导向作用、指导作用，可以通过有效的监测评估，分析工作成效、总结以往经验、发现存在问题，引导并指导各项科普工作的改进。科普监测评估实践和研究已经受到管理部门和科普界的高度重视，将监测评估工作列为重要内容，中国科普研究所等机构也开展了监测评估理论、方法和实践研究。科普监测评估需要建立科学的监测评估指标体系，按照规范的监测评估办法进行。随着我国科普事业的发展、科普管理改革的深化以及全民科学素质建设工作的全面展开，科普设施建设进展、科普实践活动效果、国家科普能力发展状况等方面的监测评估工作将成为科普理论研究和实践的重要内容。

第十九讲
我国科普理论和实践的当代发展

新中国成立后，国家高度重视科普事业，“普及科学和技术知识”被明确写入国家宪法，国家针对科普工作专门出台了系列政策法规。特别是随着《科学素质纲要》的全面实施，科普事业发展迅速，无论理论研究还是实践领域都在广度和深度上得到了进一步拓展。科普理念进一步提升，政策环境不断优化，科普实践取得丰富硕果，公民科学素质建设成效显著，在科普理论体系建设和学科建设方面也取得重要进展。当然，我国科普事业发展还存在着许多亟待解决的问题，如政策法规体系需要不断完善，工作推进机制需要进一步建设，资源建设需要进一步加强，对应投入需要持续加大，科普信息化的方式方法亟待创新，科普能力尚待稳步提高等。

1 我国科普理论的当代发展

进入21世纪之后，我国科普研究在广度和深度上都有了重要突破，目前已迈入了新时代的重要发展阶段，需要在积极探索新理论和新方法的基础上，深化和拓展理论和实践研究，朝着建立系统的科普理论体系迈进。

按照前述界定，“科普”是一个包容性很强的概念，涉及通常所说的科学普及、科学传播、科技传播、公众理解科学等范畴。因而梳理其理论发展必须关照这样几个重要的维度。

1.1 国际相关理论基础

科技传播与普及、科技传播、科普等，主要是国内的称谓，国外在该领域的常用术语是science communication（科学传播）、public undersdanding of science（公众理解科学）和public communication of science & teghnology（科技公共传播)。目前，有关这些主题的研究已在国际学术界成长为活跃的研究领域，对其研究也呈现出了多学科、多领域的趋势，但对我国科普研究领域影响较大的有以下几个方面。

一是社会学领域的科技传播研究。国际上对科技传播的专门研究始于科学社会学家贝尔纳，他在20世纪30年代出版的《科学的社会功能》中将科技传播内容作为专门一章，对“科技传播”与社会的关系进行了讨论，明确了知识在社会中的交流、扩散和普及等问题（参见本书第二讲2.1）。另一影响力较大的是扩散研究，其理论成果是美国埃弗雷特·M.罗杰斯（Everett Mitchell Rogers）1962年出版的《创新的扩散》（*Diffusion of Innovations*）。按照罗杰斯的观点，扩散在本质上就是传播的特殊类型，只不过所含信息与新观念有关。《创新的扩散》几经改版，重新引入新的概念和思想内容，并加入批判的维度，成为扩散理论系统化的标志和扩散研究发展水平的代表。①

二是科技哲学领域中伴随STS兴起的科技传播研究。自20世纪60年代开始，伴随库恩“范式”理论的出现与传播，后现代思潮开始兴起，科学被视为一种社会现象，在科技哲学领域兴起了对科技的社会研究，形成了STS（science，technology and society）研究理念和进路，并成为学术研究热潮。目前，STS已经发展为“科学技术论”或“科学技术研究”（science and technology studies），其核心理念是关注科技的社会维度和政策维度，对应着一种区别于传统实证主义的新的科学技术观，将科技置于具体社会情境而去神圣化，认为科技在本质上是人的事业，是具有地方性、历史性和情境性的实践活动；倡导批判性、反思性和人本主义思想，推崇科学与人文的融合，探索科技的民

① Everett Mitchell Rogers. Diffusion of Innovations[M]. 5th ed. New York: Free Press, 2003:314.

主化和公众参与性，推崇后现代的、具体的社会情境性研究。[①] 科技传播由此也被纳入科技哲学的研究视野。

三是传播学领域的科技传播研究。传播学于20世纪40年代在美国开始发展，到20世纪60年代，美国出现了“技术传播学会”（society for technical communication，STC），科技写作、科技新闻、科技翻译、科技情报、科技普及、科技教育等方面的工作队伍得以整合，出现了科技传播队伍，也促进了科技传播学的形成，科技传播学成为传播学领域充满活力的一个分支。进入21世纪，STC已经发展成为影响力广泛的国际性专业学术团体，它致力于技术传播事业的发展，该领域的技术传播者通过各种形式的媒体将所研发的技术信息直接提供给目标公众。[②] STC通过不同领域人士的技术交流与互动，促进了科技传播理论与实践的发展。目前中国已有越来越多的学者研究科技传播，他们基于传播学的理论与方法，从技术性层面研究科技传播的方法、受众及有效路径等，促进了科技传播的研究，也为科技下乡等相关研究奠定了基础。

四是公共理解科学领域的研究。英国皇家学会1985年发布《公众理解科学》报告，掀起了一场“公众理解科学”运动，促进了公众理解科学研究的兴起。此类研究更多结合社会热点和科技风险等议题关注科学与公众的关系、公众对科学的态度等，英美国家研究较早，相关理论较成熟。对中国研究影响较大的两份报告是《公众理解科学》报告和《科学与社会》（2000年）报告，这两大报告代表了公众理解科学的不同阶段，《科学与社会》报告提出了一些新问题和新理念（例如“科学对话”等），推动了公众理解科学研究的发展，例如引发了对科学传播与境（context）问题的关注，强调把科学及其公众的理解置于具体社会情境中进行分析和讨论，由此也推动了科学传播领域定量调查研究和定性案例研究的兴起。这些理念启发了中国科技哲学

① 希拉·贾撒诺夫，等. 科学技术论手册[C]. 盛晓明，等译. 北京:北京理工大学出版社，2004:1—17.

② Society for Technical Communication. About STC and technical communication [EB/OL]. [2012-12-26]. http://www.stc.org/.

领域对科技活动的社会与境的重视，出现了立足于社会大系统对科技传播的各种探讨，并引发学者们在公众理解科学、公众科学素养等问题外，更加关注在具体社会与境中探索科学与公众对话实现的可能性及路径问题。

五是人类学领域的研究。科技人类学是一门新兴学科，国际上的一些人类学家和科学社会学以及科学知识社会学领域的学者，通过人类学的理念和方法对具体文化环境中科学知识的社会建构进行研究，出现了对科技应用和科技传播方面的关注。我国这方面的研究更加讲究科技的应用性，开始强调地方性知识体系，出现了越来越多的本土化科技应用研究，随之也出现了科技人类学与科技传播研究的关联。

六是科学教育领域的公民科学素质测评研究。[①] 科学教育是提升国民科学素质的重要手段，国际上的公民科学素质测评研究成果对我国科普研究及相关实践也产生了较大影响（参见本书第八讲2.1）。

1.2 我国科普理论的发展

自20世纪90年代以后，越来越多的学科领域开始关注并研究科技传播与普及问题，如社会学、人类学、传播学、科技哲学、教育学、管理学等，总体上可以把我国的科普研究分为四部分。一是冠以“科学普及”或“科普”的研究，研究内容和成果偏重于对科普实践的现状、存在问题、效果评估和推进策略等的探索。二是新闻传播学领域关注传播手段、途径和效率等的研究，往往冠以“科技传播”。三是科技哲学领域的科学史家和科学哲学家，立足于社会大系统对科学传播进行探讨，倡导批判性、反思性和人本主义思想，以及科学与人文的融合，推崇后现代的具体社会情境性研究，这类研究既以“科学传播”为名，有时也冠以“科技传播”。四是校外科学教育部分，与教育系统研究者的科学教育研究构成我国科学（科技）教育研究的整体。但同时，不同研究领域正处于互动和融合过程之中，因而科技传

① 罗晖，王康友，陈玲，等. 科学教育蓝皮书：中国科学教育发展报告（2015）[M].北京：社会科学文献出版社，2015.

播研究领域出现了前所未有的繁荣景象，不同的方法与理念正在发生着交流与碰撞。此外，科学素质的测评以及科普评估研究近些年来也成为研究的热点领域，中国科普研究所已经对公民科学素质测评以及科普评估研究的理论、方法、指标进行了很多的研究，并开始试探性地研究专门针对未成年人科学素质的测评指标。

1.2.1 相关研究文献概况

分别以“科学传播”“科技传播”“科学普及”（或科普）和“校外教育”为题名进行中国知网（CNKI）非年度限制检索，结果如图19-1至图19-4所示。其中，科学传播和科技传播研究领域变化规律类似，文献各2000多篇，于20世纪90年代以后发展迅速，基本呈上升的趋势；校外教育研究相对少些，文献1400多篇，自20世纪90年代以后开始快速增长；科学普及（或科普）领域研究最多，文献近3万篇，从20世纪90年代末开始快速发展。

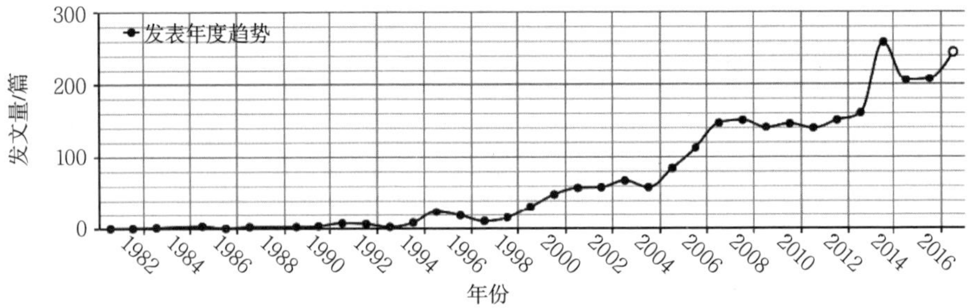

图19-1 科学传播文献数量总体趋势分析

数据来源：文献总数：2391篇；检索条件：（题名=科技传播）（模糊匹配），专辑导航：全部；数据库：文献跨库检索。

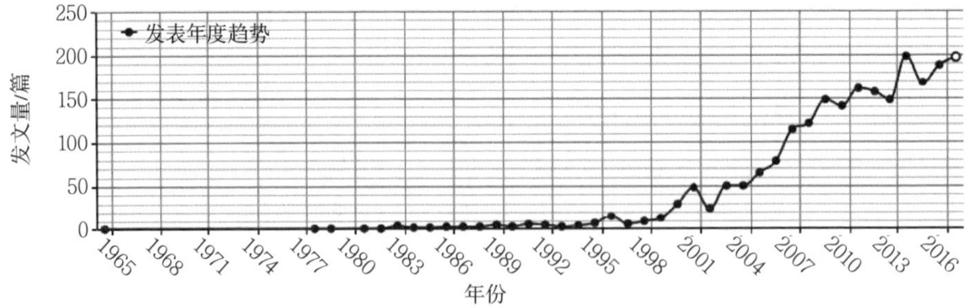

图19-2 科技传播文献数量总体趋势分析

数据来源：文献总数：2049篇；检索条件：（题名=科技传播）（模糊匹配），专辑导航：全部；数据库：文献跨库检索。

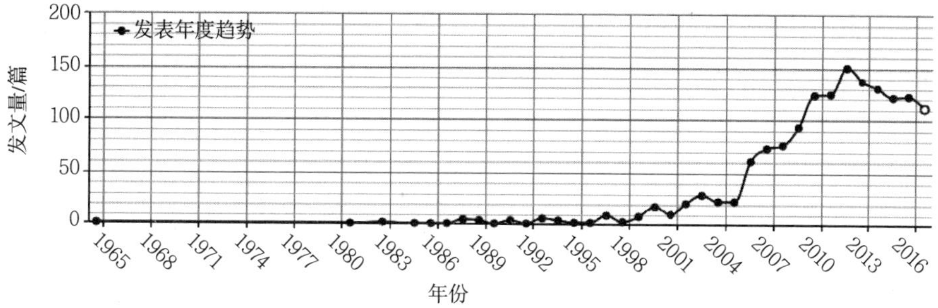

图19-3 校外教育文献数量总体趋势分析

数据来源：文献总数：1433篇；检索条件：（题名=校外教育）（模糊匹配），专辑导航：全部；数据库：文献跨库检索。

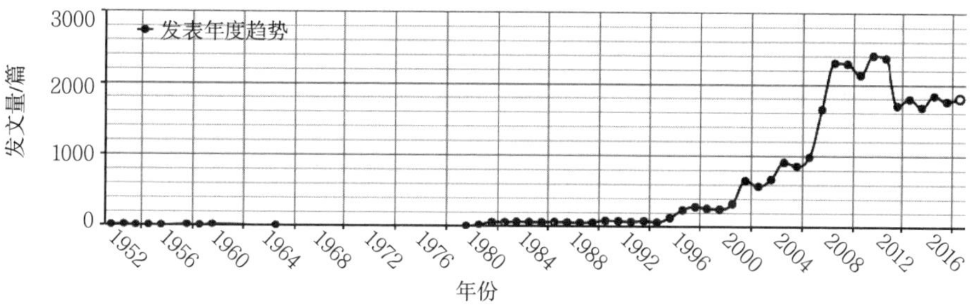

图19-4 科学普及（或科普）文献数量总体趋势分析

数据来源：文献总数：29651篇；检索条件：（题名=科普 或者 题名=科学普及）（精确匹配），专辑导航：全部；数据库：文献 跨库检索。

1.2.2 国内对科学传播（或科技传播）以及科学教育的研究

国内“科学传播”或“科技传播”研究起始于20世纪80年代中期，① 进入21世纪后更加活跃，目前已形成几个重要研究方向，② 并取得较丰硕的成果，如出版《科学传播读本》《优化公众理解科学》《理解科普》《科学与公众：传播、文化与可信性》《科技传播与普及概论》《科学传播普及问题研究》《科学传播简史》等著作（译著）；另外，年度或阶段性报告、学术论文也快速增长（图19-1和图19-2）。这些研究成果为进一步研究奠定了必要的理论、理念及方法上的基础。

① 翟杰全.让科技跨越时空：科技传播与科技传播学[M].北京：北京理工大学出版社，2002：311—317.

② 翟杰全.国内科技传播研究：三大方向与三大问题[J].自然辩证法研究，2007，23(8)：68—71；翟杰全，张丛丛.科技传播研究："普及范式"和"创新范式"[J].北京理工大学学报（社会科学版），2008,10(1)：9—11.

2014年以来，我国科普信息化的大力推进使新媒体（如微博、微信、APP）的科学传播研究渐成热点，尤其是新闻传播学领域，其理论成果更多应用于科普领域，出现了新媒体环境下科技传播路径、效果、公众参与性和受众地位变化等各种问题的研究。其中较有特色的是关于主体、受众变化的研究，当下尤其对新媒体环境下受众地位的讨论比较热烈。

一是媒介“主体化”及受众“主体化”研究。其出现了围绕“主体客体化”“中介主体化”“受众主体化”“主体多元化”及“参与主体”等主题的研究。一般认为，大众媒体已经由传统中的中介转变为了主体，互联网络传播中的公众已经表现出越来越大的主体性地位；也有研究者认为，受众已经变成了主体，在传播中达到了双方的平等互动与交流。

二是对主体利益动机的讨论。这类研究讨论了传播活动中各个参与者的目的及动机，反映了传播中的利益机制。但需要注意，这里的“利益”不同于经济学中的利益概念，而是涵盖了更加丰富的内容，包括具体社会与境中的价值判断。更有特色的是基于“立场”划分的主体理论。该研究始于刘华杰的“三阶段三模型”理论，此理论与“立场”问题紧密相关。继承2003年和2007年的研究，刘华杰于2009年通过与经济学系统作类比提出了“三个主体”及“三种立场”之说，认为“科学共同体”处于政府和公民的中间层。① 进而，2011年刘华杰又提出并阐释了一个新主体——“第四主体”。由此，他基于政治学视角提出了“文明精英”的立场，它既不同于政府立场，也有别于科学共同体立场，而是一种以可持续发展思想为核心理念的立场。②

三是对新媒体环境下受众地位变化的讨论。一般认为，新媒体的平等、交互与多元性功能已经为科普创造了全新空间，科学松鼠

① 刘华杰．科学传播的三种模型与三个阶段［J］．科普研究，2009，4(2):10—18.

② 刘华杰．论科学传播系统的“第四主体”［J］．科学与社会，2011，1(4):106—111.

会、知乎、果壳网、略知等一大批在国内影响力巨大的社群网站吸引了大量的公众参与科普活动。科普不再是以往的自上而下的单向过程，信息话语权也不仅仅掌握在政府和专家手中，公众获得了主体地位，由被动接受政府和专家的科学话语，到主动参与和创造科普内容。例如：黄彪文、胥琳佳截取了2011—2014 年时间段内的细颗粒物（$PM_{2.5}$）微博文本进行了分析，发现其“影响力最高的10条微博全部来自微博大V 的原创，并未存在官方账号、科普机构和科学家，且网友的转发和评论推动了$PM_{2.5}$事件的发展”。用户参与科学传播内容生产，公众获得了“人人皆可发言”的机会。[①]

对校外科学（科技）教育的研究在科普领域越来越占据了重要位置。校外教育研究作为科学教育研究的一支重要队伍，随着我国对未成年人科学素质的重视，教育部对中小学科学教育课程、课标的改革和科协系统对未成年人科学素质建设的大力推进，近几年发展较快，关注主题开始增多。一是对“馆校结合”的研究，自2009年起每年组织全国性“馆校结合”论坛，并发布年度报告。二是国内对STEM[②]和STEAM[③]研究迅速兴起，在国际理论基础上增添了中国元素，开始倡导“做中学”“玩中学”以及教育中科学技术与文学艺术等的结合。三是围绕未成年人科学素质建设的科普教育研究更加活跃，成果和理论得到提升，出版了科学教育发展报告。

1.2.3 国内的科普研究

在国内科普领域的众多用词中，最具核心地位的莫过于“科学普及”（或科普）。科普已被收入1979年版《现代汉语词典》，并有专门

---

① 黄彪文，胥琳佳. 社会化媒体对科学传播的影响与因应策略[J]，科普研究，2015(1)：26—33.

② STEM是科学(science)，技术(technology)，工程(engineering)，数学(mathematics)四门学科英文首字母的缩写。STEM是由美国政府主导的一项教育计划，旨在打破学科疆域而培养综合型人才，通过对学科素养的综合应用解决实际问题。

③ STEAM代表科学(science)，技术(technology)，工程(engineering)，艺术(art)，数学(mathematics)；STEAM教育是从STEM教育计划演变发展而来的，是集科学技术、工程、艺术、数学于一体的综合教育。

法律规定，从而逐步成为国内影响最大、流传最广的一个概念术语。科学普及受到社会的关注已有很长的历史，我国学术界早在1978年就提出了建立“科普学”的倡议。[①] 在20世纪90年代之前，我国科普研究主要是围绕科普创作展开的，1980年成立了“中国科普创作研究所”（1987年更名为“中国科普研究所”）。[②] 90年代之后，科普研究从科普创作领域扩展到更广阔的领域，并开始引入传播理论。进入21世纪之后，科普研究迅速繁荣起来，逐步形成了独具特色的科普研究格局。经过近十几年来的研究，科普研究在研究范围上有了极大拓展，深度上也不断深化，已经初步形成了中外发展、科普效果、公民科学素质以及科普资源、政策、设施、产业、人才、监测评估、实践研究等重要领域，特别是通过对科普对象、内容、目的、手段、过程、效果等的研究，科普理论体系雏形现端倪。理论研究也促进了我国科普理念的变革，给国家制定相关政策提供了重要的研究支撑。[③]

（1）总体研究情况

科学普及（或科普）的研究文献数量变化趋势如图19-4所示，其间出现4个明显增量转折点。1978年“科学的春天”到来之后，论文篇数由个位变为了十位数；随着1994年《科普能力建设意见》以及1999年《2000—2005年科学技术普及工作纲要》的出台，文献数量分别出现两次倍增长高峰。2006年出台《科普素质纲要》，文献数量再次翻番。文献数量变化趋势基本随着相关政策文件的出台而变化，也进一步反映出我国科普理论及实践的发展在很大程度上是受行政主导力量推动的。需要注意的是，进入“十二五”时期之后，“科普”文献数量稍稍有些回落，通过文献数量检索和整体规律的初步分析，发现是

① 周孟璞，松鹰.科普学[M].成都：四川科学技术出版社，2007：1—2.

② 大众科技报.有益的探索　积极的贡献——中国科普研究所建所30周年巡礼[N/OL].大众科技报，2010-05-18.http://www.stdaily.com/other/dzkj/2010/0518/B1-1.htm.

③ 例如，《国家中长期科学和技术发展规划纲要》《科学素质纲要》等重要政策文件在制定过程中都曾专门组织过和科普相关的专题研究。

科学传播、科技传播、科学教育等其他用词增多的缘故。

从文献来源、学科分布、研究层次等方面分析发现，目前研究的学科、载体、主体等都出现了多元化，科普已经扩展、渗透到各个行业领域，但更多文章聚焦于科协系统主办的报刊，如科普研究、科协论坛、学会等。同时，文献来源也呈现出“百花齐放”、报纸偏多的现象，参考“研究层次”体现的“职业指导”“行业指导”文献所占比例等因素，可初步得出文章理论研究较弱，学术性深入研究不足的结论。

从研究主题来看，一般科协系统的分类为：科普人才、设施、活动、经费、资源、载体、方式（方法、手段），科普政策、组织、机制、体系、保障条件、评估（评价）、科学素质，科普基地、科普理念、科普史（科普历史）等。这些传统领域研究除了少部分主题之外，大多起步较早，文献量较大，目前发展较成熟。文献量超过千余篇的主题依次是科学素质（科学素养）、科普活动、科普基地（表19-1）。

一是科普活动研究独树一帜，起步最早，文献量很大，在表19-1所列的17个研究主题中，科普活动研究的文献数量占到了总量的22.3%，2011年以后的文献数量也占到了总量的21.0%。研究内容涉及科普活动的组织形式、内容、载体、模式等多个方面，近年来对活动效果的评估研究也在加强，出现了对公众需求及满意度的关注，比如，对全国科普日的评估研究已经走向常态化。

二是科学素质（素养）研究的文献数量最多，占到了文献总量的48.6%，2011年以后的文献数量也占到了总量的45.1%。主体来自不同行业和学科领域，这与以纲要办成员单位为核心的大科普不无关系。同时，也有针对未成年人、农民、社区居民等重点科普人群科学素质的专题研究。更加重要的是，越来越多地出现了对传统测评指标及方式方法的反思和对国外引进理论及指标适用性的讨论，并且出现了对科学素质测评指标地方性的讨论与实践。

三是针对科普基地的研究也很活跃。涉及科普教育基地、科普培训基地等不同的类型，由于相应行业主体的多样化，文献来源主体也呈现出多元化、复杂化的特点。研究主题包括基地认定、运营管理、经费来源、发展现状、特色活动等方面，但对于实际科普能力、效果的研究，以及进一步转型发展的探索显得不足。

表19-1 科协系统科普研究主题的文献分布

研究主题	中国知网首篇文章发表年份	文献		2011年后文献		2011年后文献所占比例/%
		数量/篇	占比/%	数量/篇	占比/%	
科普人才	1983	230	1.75	141	2.66	61.3
科普设施	1991	150	1.14	75	1.41	50.0
科普活动	1952	2922	22.25	1115	20.99	38.2
科普经费	1994	110	0.84	30	0.57	27.3
科普资源	1998	685	5.22	324	6.10	47.3
科普载体	1999	74	0.56	47	0.88	63.5
科普方式（方法、手段）	1991	279	2.12	145	2.73	52.0
科普政策	2002	90	0.69	45	0.85	50.0
科普组织	1964	190	1.45	91	1.71	47.9
科普机制	1994	176	1.34	100	1.88	56.8
科普体系	1989	182	1.39	104	1.96	57.1
科普保障条件	1994	51	0.39	12	0.23	23.5
科普评估（评价）	1989	164	1.25	108	2.03	65.9
科学素质（科学素养）	1982	6376	48.55	2397	45.13	38.0
科普基地	1994	1307	9.95	522	9.83	39.9
科普理念	1999	135	1.03	52	0.98	38.5
科普史（科普历史）	1993	10	0.08	3	0.06	30.0

比较而言，针对科普保障条件，科普经费、科普载体、科普政策等方面的研究起步较晚，力量薄弱，而这些因素恰恰是科普事业发展的基础性条件，具有一定的决定作用，因而需要大力加强。另外发现，虽然我国科普学科专业没有建立起来，理论相对落后，但科普理念还是已经获得了一定的重视，这也反映出在科普实践中理念引领的作用发挥。需要强调的是，专门对科普史的研究非常欠缺，必须予以加强，对历史的研究不只是使我们了解科普的过去，而且对我国科普历史的梳理和评价、对科普发展规律和特点的总结，对于我国未来科普的发展具有重大意义。

下面以基层科普研究和基于传播学“5W”模式要素分类的研究为例，对相关研究文献进行分析。

（2）基层科普研究

基层科普的实践和研究发展较晚，至今力量依然薄弱，概念还存在着争议，但近些年来得到了更大的重视，“普惠共享”“最后一公里”等说法频繁出现于各类相关文献中，尤其“十三五”时期基层科普获得了前所未有的发展机遇，无论是科普扶贫的推进，高校、企业科普组织的建设，还是对社区居民、农民素质的关注，都充分体现了这一点。在科协系统一般认为基层科普应包括农村科普、社区科普、企业科普和高校科普。

对于农村科普研究，相对而言有着一定的优势。由于中国自古就是农业大国，“农村科普”的名称使用、实践及理论研究都较早，比其他几类早了约30年，研究文献也相对较多（表19-2）。近年来，随着“三农”问题地位的提升和国内科技传播领域理论水平的发展，研究在不断拓展，内容确实越来越丰富，包括了基础设施、资源建设、基层组织、政策法规、涉农培训、效果监测问题，等等。目前已经有1部专著出版，是陈东云的《中国农村科普研究》。该著作的系统性较强，既分析了历史，又阐释了当下，同时也建议了未来，为我们描绘出了中国农村科普发展的全景图。

表19-2 基层科普研究文献分布

研究主题	知网首篇文章发表年份	文献数量/篇	2011年后文献数量/篇	2011年后文献所占比例/%
农村科普	1966	688	146	21.2
社区科普	1997	514	204	39.7
企业科普	1990	54	31	57.4
高校科普	1998	34	26	76.4
基层科普	1998	102	75	73.5

社区科普研究在国内起步于20世纪末，比发达国家进程晚了许多，是随着社会转型和《科学素质纲要》的深入实施，尤其是在全民科学素质建设中对社区居民的强调而发展起来的。整体上实践活动琳琅满目，部分地区也已经出现了类似于国外“社区学院”的“社区大学”。但理论研究基本还处于初级阶段，相关理论和实践者对社区科普的概念、理念、模式、内容、机制等方面开展了一些研究，但目前理论还达不到系统化，没有综述性文献，没有真正意义的专著，只有1本文集。

企业科普和高校科普研究，与其实践发展相适应，至今研究还较欠缺，无论文献数量还是质量都不容乐观。但是通过表19-2的数据能够分析发现，二者发展较快，2011年以来的文献数量均是之前多年来数量的一半以上。

（3）基于传播学“5W”模式要素分类的研究

传播学领域的理念逐步渗透到了科普领域，伴随出现了按照传播学“5W”模式分项的研究，主要包括科普主体、科普受众（公众）、科普内容、科普渠道（媒介、方式、手段、途经、形式）和科普效果五个方面。

总体而言，与传播学领域的关注点相一致，关于科普媒体（媒介、渠道、途径）特别是新媒体科普的研究越来越活跃，无论是文献总量还是近年来的新增文献都遥遥领先（表19-3）；关于科普内容和科普效果的研究文献也相对较多，在“5W”模式要素中处于居中的位置；关于科普主体、科普受众的研究近几年发展较快，且别具特色，2011年以来的文献数量占到文献累计总量的一半以上。

表19-3 基于传播学“5W”模式要素分类研究文献

分类要素	知网首篇文章发表年份	文献数量/篇	2011年后文献数量/篇	2011年后文献所占比例/%
科普主体	1988	33	18	54.5
科普受众	1999	37	24	64.9
科普内容	1987	120	51	42.5
科普渠道	1991	433	289	66.7
科普效果	1989	138	67	48.6

1.3 新时代基于问题和需求导向的重点研究课题

我国科普研究和实践工作已经形成了良好的互动关系，理论研究越来越面向迫切需要解决的重大问题，给实践工作重要指导，同时又受到实践工作的推动和实践需求的促动。我国科普研究者近些年来积极学习和借鉴国外科技传播新理论和新理念，深入分析影响科普实践的各种关键要素，提出了一些新概念，取得了一些新成果，科普研究的框架体系初步确立，科普研究迈入体系化和国际化的初级阶段，学科建设得到了较快发展，并初步迈入体制化阶段，和科普相关的本科、硕士、博士、博士后教育和人才培养渐成体系，国内已有许多院校开办了“科学教育”等本科专业，在“科学技术哲学”硕士专业下设置了科技传播方向，教育部在部分院校设立了科普专业硕士，中国科普研究所联合北京师范大学等高校创办了我国科普领域第一个博士后工作站。

面向新时代，我国的科普研究将会延续已有的繁荣，也会总结不足，以仍然存在的实践问题、理论研究问题和新时代的新需求为导向，在借鉴国际研究成果和先进理念的同时，根据我国经济社会发展和科普实践提出的新命题，在广度上进一步拓展，在深度上进一步深化，在丰富科普理论的同时，为政策制定、管理改革、机制建设、科普实践提供更强的理论支撑。

1.3.1 已有研究的不足

随着“科学的春天”和“科普的春天”等时代召唤，科普研究飞跃式发展，已经取得了丰硕成果，为后续研究和实践创新打下了重要基础，但有些方面的研究依然很欠缺，新形势下的新需求又提出了新挑战，同时也提供了更广阔的发展空间。

一是研究主体方面。出现了不同阵营研究主体的融合趋势，但是依然存在互相排斥的现象。例如，科普领域的科技教育与教育系统的科学教育研究还没有达成更深入的合作；政策文献中经常出现一些使用纠结的词语，如“科学传播与普及”“科普传播”等；传播学领域的传播理念、方法和科技哲学领域的理论等还未更好应用于科普领域。

二是研究视角方面。尽管有更多的学者开始更多关注偏远地区和基层、最普通公众的需求、公众主体地位，倡导主体、形式和组织的多元化的研究，并已经取得了一些重要成果，但随着新时期科技传播与普及的普惠共享的新要求，这些方面的研究仍然需要加大力度。

三是理论视野方面。现有研究成果经验总结偏多，阶段性发展报告增长较快，比如出版了许多动态、皮书等文献，这固然可以使业界人士能够及时了解科普发展动态和现状，但问题导向和反思性不够，会影响科普的专业化、学科化发展，不利于理论水平的提升，影响科技传播与普及实践层面的理念。

四是研究的交叉融合与深化提升方面。随着科普社会化的发展以及对科普社会动员的重视，科普出现了各个行业领域大联合、大协作，协同推进的态势，相应研究主体也在向各个行业领域扩展，出现了多学科交叉研究的新趋势，但是站在哲学高度的批判反思研究和与经济学结合的定量研究不够。

五是研究主题方面。存在着不平衡，学科建设支撑研究较少，国际经验引介不足，科普史的研究欠缺，对经费、政策等科普保障条件的研究有待加强。

六是文献体例方面。综述性文献十分欠缺，无论是专题综述还是总体科普研究综述都比较罕见。这对于了解我国科普的实践和理论发展都非常不利。

七是方法及理念方面。目前仍然缺乏“本土化”探索研究和具体情境性案例研究，在实证研究中基于工作调查和一般性调研的研究居多，而深度访谈、深入公众鲜活生活的调研较少，同时也缺乏对包括政策在内的多方博弈的复杂语境的关注。现有研究更多关注科技的先进性和普遍性，而较少关注科技的适用性和特殊性（地方性）等。

1.3.2 需继续推进发展的新兴研究主题

近年来科普与国家发展战略、与社会各领域联系越来越紧密，因而伴随国家大环境大趋势的引领潮流，科普的范围在不断拓展，出现了新兴且需要迅速推进的主题（表19-4），这些主题契合时代潮流，应当作为新时代科普研究的重点领域，因而更加需要引起学界和业界的关注。

“科普信息化”是我国“十三五”时期科普工作的核心，也是未来持续推进科普工作的重要手段。以“科普信息化”为题名检索词和以“科普”“新媒体”为题名并含检索词进行CNKI检索和总体文献分析，发现有关文献主要集中于2010年以后，尤其2013年以后出现了明显增长（图19-5和图19-6），这与我国信息化科普实践的发展相适应。

表19-4 新兴起且需继续推进发展的研究主题的文献情况

研究主题	知网首篇文章发表年份	文献数量/篇	2011年后文献数量/篇	2011年后文献所占比例/%
科普信息化	1999	136	112	82.3
科普、新媒体	2001	142	122	85.9
科普、文化	1984	530	254	47.9
科研科普	1980	177	78	44.1
科学家科普	1980	192	105	54.7
科普、创新创业（双创）	2015	15	15	100
科普、科技创新	2000	102	57	55.9
馆校结合	2004	34	30	88.2
科普能力	2003	112	57	50.9
科普志愿者	1997	130	51	39.2
科普产业	1994	246	153	62.2
科普旅游	1998	300	142	47.3
行业科普	1995	60	31	51.7

对于“科普信息化”的研究主题，多数讨论传统科普在信息化背景下的协同发展。比如：对“科普中国”落地应用的研究，对社区、农村等基层科普信息化发展进度的探讨。随着“新媒体”的广泛应用，在科普领域也出现了从传播机制到效果等方面的研究。针对几类新媒体平台中比较受公众关注的是微博、微信和论坛，关于微博科普的研究相对较多，学者们讨论了微博和论坛等在风险性和争议性议题中的作用，强调了公共参与、多元协商与理性妥协对降低环境风险的

作用等。另外，许多学者通过案例研究，提出微博空间中的科学信息充斥着大量谣言或伪科学。

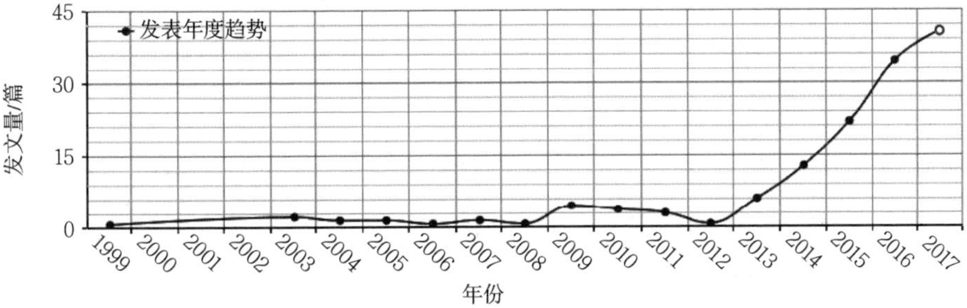

图19-5 科普信息化研究文献总体趋势分析

数据来源：文献总数：136篇；检索条件：（题名=科普 并且 题名=信息化 ）（精确匹配），专辑导航：全部；数据库：文献 跨库检索。

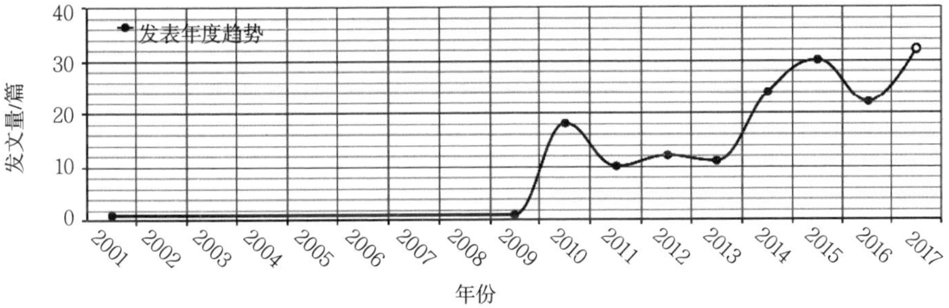

图19-6 新媒体科普研究文献总体趋势分析

数据来源：文献总数：142篇；检索条件：（题名=科普 并且 题名=新媒体 ）（精确匹配），专辑导航：全部；数据库：文献 跨库检索。

近年来关于微信的研究不断增长，视角逐步走向多样化，这种变化是和微信的发展同步进行的。以“科普”“科学传播”或“科技传播”等词与“微信公众号”搭配进行并含高级检索，获取文献30篇左右，这些文献基本集中于2013年以后，研究内容涉及运营主体、模式、机制、内容、现状、问题分析、经验总结等，也出现了对于传播效果的研究。比如，中国科学技术大学的周荣庭、韩飞飞和王国燕等人以“科学成果的微信传播现状及影响力研究——以10 个科学类微信公众号为例”为题，通过对国内 10个科学类微信公众平台展开调研，归纳了科学成果的微信公众平台四大特征，讨论了科学成果的微信公众平台影响力的两大要素，最后提出完善科学成果的微信公众平台的建议。湖南大学新闻传播与影视艺术学院的陶贤都和范雪妮在“微信科技传播的机制：基于科技类公众号的研究”一文中，在专业科技媒体、门户网站科技频道与民间科技媒体三类微信公众号中分别选取中国科学报、腾讯科技、果壳网，研究了科技类公众号的传播主体、内容、形式及特色。张增一教授从评估新媒体科普能力的角度，研究了科普类微信公众号的评价指标体系。

1.3.3 新时代的重点课题

进入新时代，无论是新的国家科技战略实施和新的经济社会发展带来的需求，还是在新形势下公众生产生活实际科技需求的增长，都为科普提出了新的时代任务和发展目标，科普领域的研究者需要根据已有理论基础、不足和时代要求准确定位新时代的重点研究课题，以期为新时代的科普事业健康发展起到更好的推动作用。

一是随着互联网为代表的新技术和新媒体的发展、应用和普及，利用新技术和新媒体创新科普手段、模式、机制将成为科普实践研究的重要方向。科普信息化，尤其是新媒体与科普的结合开始发展起来，对应研究开始兴起，但是还需进一步深入和拓展，尤其对于面向偏远农村公众、老龄公众等群体的新媒体科普实现路径的研究需要加强。

二是随着国家现代公共文化服务体系的建设、科普文化产业的发展、社会科学人文融合的需求增长和科普理念的提升，科普领域对文化的研究需再度得到重视，尤其是针对科普工作如何促进科学文化和创新文化建设的研究。

三是关于科研科普结合的研究。虽然科研科普结合已是老生常谈的问题，但随着伪科技信息的泛滥，科学家从事科普、科研人员参与科普的问题再度受到社会各界的关注，特别是需要关注和深化科研与科普结合制度和机制建设的研究。

四是随着“科技三会”习近平重要讲话中对科技创新和科学普及关系的定位，科普的实践与科技创新的联系越来越紧密。为更好地推动二者在实践中的结合，在研究领域必须注重科普与创新创业主题的结合，以及科普与科技创新的结合。

五是随着对国际教育理念（如STEM）的引介，我国教育制度的改革，以及科普基础设施建设的发展，科普与学校正规教育更加紧密结合，有关“馆校结合”“科学博物馆”等的专题研究快速发展起来，但研究有待深化，研究主题需进一步扩展。

六是在国家供给侧结构调整的大趋势下，从供给侧角度评估科普能力的研究开始活跃起来，目前国内已经正式出版了两个版本的国家科普能力发展报告，分别对应着两个研究实力雄厚的团队，但对于更加具体的地区科普能力和某一科普项目能力等的评估还需加强，尤其是在信息化时代对于新媒体科普能力的评估更是重点方向。

七是基于科普和公众科学素质的特殊关系以及我国实施《科学素质纲要》的需要，公民科学素质建设仍将是研究的重点领域，尤其是如何研究制定出真正符合中国国情和公众特色的公民科学素质测评指标体系。公民科学素质及其测量理论和方法、针对不同人群的科学素质工作、科普资源建设理论及共建共享机制、科普渠道拓展和科普能力提升、社会化科普工作格局建设、推进科普服务均等化和公平普惠，以及法规政策体系建设、科普监测评估等理论和现实问题将继续成为研究的热点问题。

八是要通过对科普领域复杂因素相互作用关系的理论研究以及案例分析，建立科普的效果机制模型，为科普实践活动的效果提升提供理论指导。通过对经济社会发展和科学技术创新等背景需求，对科技传播和经济增长、文化建设等重要关系，对国家、社会和公众多样化、多层次科普需求的理论和现实分析，为明确科技传播的当代目标、探讨科普事业的发展机制、定位科普工作的重大方向、推进管理机制创新提供理论依据。

九是在创新驱动发展的时代背景下，国家创新体系的良好运行需要研究建立配套的国家科技传播体系。科技传播对国家创新体系的高效运行具有重要的作用和功能，建设高效的国家科技传播体系的重要性正在不断上升。这些问题也需要在科普研究中受到足够的关注。

另外，针对我国科普人才一直短缺的现状，科普人才研究已经取得许多成果，“科普志愿者”研究近年也受到关注，但科普人才和队伍建设的研究仍需要深化；科普的社会化推进和行业化动员机制，科普产业、科普旅游、行业科普等问题的研究也需要不断开拓；社会资源科普化问题、社会化科普组织建设以及“热点”科普、“应急”科普、企业科普、高校科普、科普学科建设、科普职业认定等问题以及这些问题背后所需的机制，也是未来研究的重要课题。

目前我国的科普事业特别是科普研究迎来了最好的环境和机遇，正处在跨越式发展和实现突破的前奏，我国经济社会发展处于快速上升阶段，创新型国家战略推动科技事业全面发展，全民科学素质建设工作受到了全社会重视，科普事业拥有了良好的政策和社会环境，传播新技术也为科技传播实践提供了新手段和新平台，来自社会的旺盛需求更是提供了广阔舞台，科普研究30余年的积累也为深化研究奠定了良好基础。新时代我国的科普研究应将目标定位于探索反映中国认识成果、面向中国国情、具有中国气派而又具有时代特征的科普理论体系，围绕这些问题、需求和上述这些重要课题，通过继续深化性研究，在不远的未来将能获得更为重要的理论和实践研究成果，并朝建立系统的科普理论和成熟学科体系迈出关键性步伐。

2 当代科普的理念提升

科普理念是指直接引领科普实践的思想观念，其形成与发展因素较复杂，但更根本的应该是科学观，学术领域的理论研究成果以及国家意识形态对这种思想观念的形成与发展也有重要的影响。其中，科学观是科普理念形塑的思想根源，学术界的理论研究成果可以起到“智库”的作用，国家通过吸纳并借鉴理论研究成果来制定对应的政策法规，并通过颁布实施政策法规来反映其观念，实现其意识形态的功能和目标，进而引领科普实践的方向。①

一般来讲，理论的发展会引起理念的提升，理念的提升又往往突出反映在相关政策法规及领导人讲话之中。正是在政策推动下，相应的工作理念得以落实，在具体实践当中成为实践者的思想引领和行动指南。近些年来，随着科普工作不断向纵深推进、公民科学素质建设工作全面展开，以及科普理论研究不断深化、科普领域中外交流不断加强，我国对科普作用和价值的认识有了重要提升，科普工作的观念和理念发生了深刻变化，引领科普事业迈入新的发展阶段。

我国传统科普工作强调面向工农业生产需要以及面向广大人民群众的科学知识普及和实用技术的推广，目标是引导人民群众学习科学知识、掌握先进技术，更好地运用科学技术改造外部客观世界和自身主观世界。科普被定位于服务人民群众改善生活、改变观念、抵制愚昧迷信、提高生活和生产技能，服务社会物质生产和精神文明。科普工作推进方式也主要是群众性科普活动、媒体科技宣传、出版通俗科普读物等。

改革开放以来，我国对科普工作作用的认识、科普工作的理念有了明显提升，科普的定位和工作推进方式也有了重要变化。特别是基于对科技创新驱动经济社会发展的认识，科普工作被纳入科教兴国和建设创新型国家战略中来，将发展科普事业和科技事业、国家发展战略、国民素质提升联系在了一起。《关于加强科学技术普及工作的若干意见》就将科普工作视为提高全民科学素质的关键措施、两个文明建设的重要内容、国家基础建设和基础教育的重要组成部分，认为

① 牛桂芹. 中国技能性科学传播理念传统的形成与发展[J]. 科普研究，2014，9（3）：23—28.

科普工作是事关经济振兴、科技进步和社会发展的全局性、根本性、战略性工作和一项意义深远的宏大社会工程，提出科学技术的普及程度，是国民科学文化素质的重要标志。2006年《科学素质纲要》就强调了发展科学技术教育、传播与普及科学知识对提高国家自主创新能力、建设创新型国家等方面的重要意义。

在科普工作和实践层面，随着对西方科学传播与公众理解科学理论译介思潮的兴起、我国科普理论研究的不断推进以及国际环境和国情背景的影响，我国科普理念也在20世纪90年代以来发生了重要转型。例如，从单向的“科学走入大众”，到开始注意“科学与公众的交流”；从直接的“改进生产、改善生活”，到开始转移到“提高国民科学文化素质”；从传播以技能为主的科学技术知识，到传播科学知识、科学精神、科学思想和科学方法的综合内容，更多地强调人的全面发展和综合素质的提高，等等。

总之，我国当代的科普工作是包含了新含义、新内容、新任务、新观念的“现代科普”，时代特征越发明显。既强调向公众普及科学技术知识，也强调公众对科学方法、科学思想、科学精神、科学的社会作用的理解以及对公共事务的参与；既包括了面向普通公众普及科学技术知识，也包括了促进公众理解科学、服务公众参与公共事务。特别是科普工作的公平普惠原则得到明确和强化，重点措施更加注重满足公众个性化需要和实际效果。另外，手段创新、渠道拓展、资源整合、人才培养、文化建设、信息化建设等也受到高度重视。面对国民科学素质整体水平不高、不同地区和不同群体之间存在较大差异等现实国情，面对经济社会全面发展、创新型国家建设等方面提出的要求，继承我国以往科普工作积累的成功经验，学习和借鉴国际先进理论，融入更多现代传播理念，强调科普公共服务作用，突出服务民生的根本要求，使科普事业服务经济社会发展、提高全民科学素质、促进科技创新创造，已成为我国当前科普工作中的一种基本特征。

3 当代科普的实践拓展

在理论发展和理念提升的环境条件下，实践自然会得到拓展。当代科普的实践拓展既包括原有实践规模的扩大，以及目标和任务、内容和渠道、手段和形式等方面的拓展，也包括在新环境和新需求下对新的实践活动和项目等的开发与实施。

一是在政策推进层面，近些年来针对科普和公民科学素质建设出台了一系列专门的政策法规，使我国科普事业获得全面拓展。科普政策法规环境和社会氛围得到优化，政策体系不断完善，投入不断增加，科普能力整体上不断增强，现代手段不断出现，资源建设工作得到加强，科普产业也在兴起与发展，主题性科普活动更加贴近民生和国家发展需求，各类科普活动更加注重实际效果，等等。

特别是在全面实施《科学素质纲要》的推动下，我国科普工作在服务时代发展、顺应时代要求等方面取得明显进展。在《科学素质纲要》实施过程中，确立了“节约能源资源、保护生态环境、保障安全健康、促进创新创造”的工作主题，明确并强化了落实科学发展观、以人为本、公平普惠等重要原则，体现了科普工作和公民科学素质建设服务经济社会发展、服务民生的宗旨，确立了“政府推动、全民参与、提升素质、促进和谐”的公民科学素质建设方针，形成了“国务院领导实施，各部门分工负责、联合协作”的工作机制，形成了中央和地方联合推动的矩阵式工作格局，形成了大联合、大协作、“大科普”的工作特点，同时也探索了发挥政府主导作用、调动社会力量共同参与的社会化机制建设，凸显了科普公共服务的作用和科普工作的时代特征。

《科学素质纲要实施方案（2015—2020年）》比《科学素质纲要实施方案（2011—2015年）》有了明显改进和拓展，比如在重点工程中增加了“社区科普益民工程”“科普信息化工程”和“科普产业助力工程”。同时对原有重点行动和工程也增加了新的任务内容，比如，在“农民科学素质行动”确定的任务中，提出了加强农村科普信息化建设、推动“互联网+农业”的发展、促进农业服务现代化等新的要求。

二是随着政策法规的推进，我国科普工作的管理模式、组织方式也在发生变革。正在由政府包办、行政推进向政府推动、政策激励、资源引导的方向转变；正在从政府主导向政府动员、社会参与的方向转变；科普工作正在向建立专业化的人员队伍、社会各界力量分工协作的方向转变。

三是我国当代科普在目标和任务、渠道和手段等方面都有了极大拓展。在目标和任务上包括了普及科学技术知识、提升公民科学素质、服务公众参与公共事务、促进科技创造创新、推进科学文化与创新文化建设等多个方面；在渠道和手段上综合利用科普基础设施、大众媒体、科技教育与培训、群众性科普活动等多种渠道，结合现实情况因地制宜、结合实际需求因势利导推进科普工作，尤其是对于新媒体的利用拓展迅速，出现了微博、微信、APP等移动互联网科普渠道和平台，彰显了新时期科普工作的特征。

四是根据科普不同对象和内容的特点，探索科普手段和形式的创新，并通过创新科普的新载体和新形态、开展丰富多彩的科普实践活动来提高科普的效果。例如，面向青少年学生的科技教育包括了许多带有探究性质的科技创新竞赛、科学调查体验活动；科技类博物馆探索了利用新的展览模式增加观众的科学体验；社区科普、热点科普、电视科普、网络科普也得到比较快速的发展；等等。

五是随着科普工作不断向深化拓展，科普对象细分化、科普工作的精准服务程度明显提高。依据差异性需求对科普对象进行细分，并在此基础上采取更有针对性的科普行动，提高科普工作的实际效果，也成为当代科普发展的重要特征和基本趋势。在《科学素质纲要》细分四大重点人群开展科学素质行动的基础上，《科学素质纲要实施方案（2011—2015年）》增加了社区居民重点人群，并在“十三五”时期更加强调针对贫困地区、革命老区，以及农村妇女、留守儿童等的科普行动，并且实施了科技精准扶贫专项计划，等等。

另外，新时代还有许多科普领域的其他方面都在发生着巨大拓展变化。比如，科普的税收优惠政策不断推进，科技场馆的免费开放不断扩大，体现不同行业科普特点的教育基地发展迅速，将校外场馆资源与校内科技教育紧密衔接的“馆校结合”获得了更大发展，科普旅游、科普研学行、科技夏（冬）令营，以及科普表演秀、科幻创作、科技电影等层出不穷。

4 新时代科普事业发展面临的重要任务

进入新时代，无论是政策的推进、理念的引领、理论的指导，还是实践的发展、公众与社会的现实需求，都给科普提供了新的发展空间，提出了新的发展目标和重要任务。

一是新时代科普事业必须有更广阔的视野，对标国际国内环境而进行定位。无论是与发达国家相比，还是对照我国当前与未来经济社会发展提出的需求，目前我国的科普工作和公民科学素质建设工作都存在较大差距，科普事业发展中的一些深层次问题还没有得到彻底解决，未来发展还面临着许多复杂而艰巨的任务，科普工作需要向纵深推进，科普事业管理还需要深化改革。因此，要以“国际化、信息化、协同化”为导向，瞄准世界科技前沿，围绕我国全面提升自主创新能力，顺应时代发展要求、针对我国国情需要、借鉴发达国家经验、融入更多先进理念、推进科普工作创新，这将成为新时代科普工作的基本主题和鲜明特点。

二是新时代科普事业必须站在时代高度和国家发展全局进行统筹布局。新时代科普工作必须为国家重大战略实施做出贡献，需要在不同领域中与国家战略和重大工程找到工作的切入点。比如，为服务创新驱动发展战略的实施，科普需要在全社会营造良好的创新创业氛围，培育健康的科学文化和创新文化；在推进文化共享工程尤其是在文化建设的“最后一公里”的乡村社区，人文文化与科学文化需要紧密结合，科普需要和文化工作紧密融合；农业、农村、农民（“三农”）问题是关系国计民生的根本性问题，中共十九大报告提出了“乡村振兴战略”，科普需要为“三农”工作队伍的培育、农民科学素质的提高、农村农业的发展和振兴做出应有的贡献。

三是新时代科普事业必须以新时代发展任务目标为统领，以新理念为引领。在习近平新时代中国特色社会主义思想指引下，我国经济社会发展步入了新时代新阶段，也给新时代科普工作提出了许多新任务新要求，科普工作需要将推进供给侧结构性改革，促进新型工业化、信息化、城镇化，推动城乡融合发展和农业现代化同步发展，实现公共服务的均等化等重大工作提出的需求和要求作为新时代科普事业发展的航标。我国许多政策规划事实上也已经明确提出了科普事业的目标要求和重点任务。《科学素质纲要实施方案（2016—2020年）》除继续将科技教育与培训基础工程、科普基础设施工程列为“十三五”重点工作外，还提出或强调了实施社区科普益民工程、科普信息化工程、科普产业助力工程这几项重点任务。《中国科协科普发展规划（2016—2020年）》也针对新形势提出了“十三五”期间的目标任务：到2020年，建成适应全面小康社会和创新型国家、以科普信息化为核心、普惠共享的现代科普体系，科普的国家自信力、社会感召力、公众吸引力显著提升，实现科普转型升级……并结合任务目标提出了六大重点工程，即“互联网+科普”建设工程、科普创作繁荣工程、现代科技馆体系提升工程、科技教育体系创新工程、科普传播协作工程和科普惠民服务拓展工程。

与此同时，新时代的科普工作还需要兼顾“重点”以外的各项相关工作的大力推进。比如，在全民科学素质工作方面，需要通过健全科普公共服务体系，扩展科普公共服务范围，推进科普文化服务均等化，促进科普基本服务公平普惠，增加公众提高科学素质的机会和途径，促进公民科学素质提升和对公共事务的参与；在深化管理改革方面，需要重点推进科普工作社会化改革，建立激励机制和社会动员体系，培育和发展民间和公民科普组织，激励并调动社会各界积极参与科普工作，促进科普工作社会化格局的早日完善，完善适应市场经济条件的运行机制，培育和发展科普产业。

总之，新时代要以新思想、新理念为统领，以科普信息化建设为核心，对标国际、统筹谋划，全面推进、重点击破，纵深跨越、普惠共享，努力构建现代科普体系，促进科普的转型升级，实现国家的自信力、社会的感召力和公众的吸引力显著提升，为全面建成小康社会、建设创新型国家做出更大贡献。

本讲小结

近些年来，随着我国科学技术和经济社会的全面发展、科普工作不断向纵深推进、公民科学素质建设全面展开，我国科普实践和理论研究已经形成良好的互动关系，二者都取得了重要进展，迈入新的发展阶段。科普的认识和理念明显提升，科普工作实践更加注重实效性。在研究领域，研究框架体系初步确立，理论体系初见雏形。但是，步入新时代，我国科普的理论和实践研究都面临着更加艰巨而复杂的任务，正处于孕育重大突破的前奏。科普事业需要在完善政策法规体系、强化机制建设、提高科普能力等方面全面推进，科普的研究需要在基础理论、公民科学素质、资源建设、科普创作、文化建设以及国家科普体系建设等方面全面深化，朝着建立系统的科普理论体系迈进。

第二十讲
为科普插上信息化之翼

科学技术创新、传播普及、应用是人类科学技术领域的三大基本现象，作为连接科学技术创新和应用的中间环节，科学技术的传播普及在科学技术发展中始终扮演着重要角色。20世纪80年代以后，信息技术的快速发展、广泛应用和互联网的不断普及，将人类社会推进到信息化时代，社会信息传播领域发生一系列深刻变革，科普领域也因此受到深刻影响。互联网的普及改变了科普的传播环境与传播生态，拓宽了科普的途径与渠道，为当代科普提供了全新的技术手段，也为当代科普满足公众泛在化、多样性、个性化的科普需求提供了可能。充分利用当代信息技术和互联网，尤其是移动互联网传播的优势，积极推进科普领域的信息化进程，将是信息化时代科普事业创新发展、科普服务能力提升、科普实践和理论创新的重要基础。

1 互联网带来传播革命

20世纪，突飞猛进的信息传播技术引发了两次媒介革命——电视革命和互联网革命。电视的普及将大众传播推进到影像传播和电子传播时代，对包括科普在内的所有传播领域都产生了重大影响。伴随着电子计算机技术、网络通信技术、信息处理技术等信息技术的发展而实现的互联网革命则将人类传播推进到互联网时代。互联网拥有迅速、即时、远距离传播的强大能力，而且具有强大的平台功能，许多传统的私人交流和大众传播过程都可以“移植”到互联网平台上。互联网革命深刻改变了人类传播的基本面貌，改变了人们传播交流的基本样态。

1.1 互联网技术革命

互联网的历史可以追溯到军事领域的一项很特别的动议。20世纪60年代，美苏冷战升温，核武竞赛加剧，美国军方担心一旦爆发核大战，存储有大量军事数据和信息的各种电脑会遭到破坏。在当时，异地之间的电脑还无法实现多通道的相互通信，美国国防部希望寻找一种方法来互联许多电脑网点，他们向BBN科技公司（现为雷神公司的子公司）提供了一笔研究资金，来探索研究计算机中心之间的通信方法。1969年，BBN科技公司提出了被称为网络控制协议的分组交换网络协议，并且设计了控制电脑的网络。1970年，美国第一个分组交换电脑网ARPANet投入运行，并开始向非军用部门开放。

ARPANet最初只是将加利福尼亚大学、斯坦福大学等4所大学4台主要的计算机连接起来。1971年扩充到15个节点。经过几年成功的运行后，已发展成为连接许多大学、研究所甚至部分公司的计算机网，并能通过卫星通信与相距较远的夏威夷乃至英国、挪威等国的节点计算机连接。在20世纪70年代到80年代中期，ARPANet主要被应用于美国国防部、大学和科研组织的相关机构。ARPANet满足了当初美国军方提出的要求，即经得住一次自然灾害或者战争的打击，当灾害或战争发生后，即使有的线路遭到破坏，信息传送仍能进行，网络中的任何一条连线失败，信息仍能由其他网络链路进行传输。

1983年，美国国防部将ARPANet分为军网和民网，其民网渐渐发展为今天的互联网。特别是随着越来越多的专家、学者以及社会各界人士的努力，互联网技术不仅得到快速发展，而且在教育、科研、商务乃至政务等各个领域得到广泛应用。网络上的商业活动也开始日渐增多，一些公司特别是跨国公司开始关注到互联网的巨大能量而加入互联网，同时也出现了为加入互联网的组织与个人提供联网服务的企业。到20世纪90年代，随着个人电脑的普及和通信技术的发展，互联网进入高速发展时期，规模越来越大，覆盖越来越广，越来越多的人成为“网民”。

互联网虽然是源于纯军事目的的一项动议，但却带来了信息传播领域的一场革命，因为人类由此获得了一种全新的信息传播交流媒介、渠道和平台，传播者可以通过互联网将信息传输给联网的终端（计算机和手机等），受众可以借助联网终端从互联网获得所需信息，甚至任何人都可以利用互联网实现相互之间的即时交流。在当代，大众媒体已经广泛利用互联网来传播新闻，政府部门利用互联网发布政策信息，公司企业利用互联网推介产品，科研机构利用互联网在全球范围内开展科技交流，教育机构利用互联网开发远程教育，普通人则利用互联网获取各种信息服务，科普领域由于互联网的应用也面貌一新。

1.2 互联网传播优势

与传统传播媒介和传播手段相比，互联网传播拥有许多特有的优势，例如，更高的传播速度、更低的传播成本、可以实现即时远程化的传播等。互联网借助于电子通信通道、利用联网的电子设备进行信息传输，这就使互联网传播不仅可以有更高的速度、更低的成本实现即时远程化的传播，甚至可以实现跨洲的快速传播。互联网传播的时效性和跨时空性对人类信息传播具有重要的价值和意义，传统媒介受信息传播体制、技术手段和各种现实因素的限制，很难实现时效性和跨时空的完美统一，以及即时性与远程化的统一。互联网借助电子通信技术和全球数字通信通道，可以比较容易地实现信息传播的即时性和远程化，受众也可以利用联网终端全天候接受信息的传播。

利用传统媒介的信息传播受固有容量（例如报纸的版面或电视的播发时间）的限制，传播容量相对有限，这也导致传统媒体必须由“把关人”对信息进行大比率筛选。但通过互联网的信息传播在容量上似乎具有无限的可扩充性，不仅没有版面和时段限制，而且可以利用超文本传播方式进行信息的大容量和结构化传播。这种传播特点显然有利于传播丰富乃至海量的内容，甚至可以将几百页的报告与报道一次公布到互联网上。当然也可以给受众提供更大的自主权，他们可以浏览内容的标题，也可以阅读详细的内容，甚至同时打开多个“窗口”了解不同的信息。

传统信息传播媒介由于受技术或媒介本身的限制，往往只能使用特定符号传播信息。例如，报刊使用文字或图片传播信息，广播使用声音符号传播信息，电视使用的传播符号相对丰富，但仍然无法综合集成使用各种符号载体。通过互联网却可以进行多媒体传播，综合使用文字、图像、音频、视频符号进行信息传播，甚至动态地将文字、声音、图片、图表、图像整合在一个传播单元中，形成多媒体信息，使传播的内容更具综合性、直观性、形象性、丰富性，更符合人们在日常生活中的信息接受习惯，能对受众产生多方面的传播影响，从而提高传播的综合效果。

实现交互性传播可以说是互联网传播最为突出的一个特性。互联网可以服务于个人之间的互动性交流，即使是在面向大数量受众传播信息时，也可以借助于高速、即时、远程、大容量的传播优势，实现传播者与受众间的良好互动。互联网传播允许网民加入传播过程，参加讨论、发表看法，成为网络信息的传播者和传播的参与者，使信息传播过程可以像面对面交流那样成为双向交流的过程。这就可以改变传统媒体只能进行“辐射”式单向传播的特性，实现“多点对多点”交互式传播，而且还有助于破除传媒组织的传播特权，使互联网拥有更大的包容性和“去中心化”的特点。

1.3 互联网平台特性

互联网在当代传播领域实际上扮演着多种角色，首先它是一种全新的传播媒介，其次代表着一种全新的传播渠道，最后则是形成了一个全新的和功能强大的传播平台。它是基于电子传播技术和计算机（或其他终端）通信而形成的一种传播新媒体。早在1998年，联合国新闻委员会就提出了“第四媒体”的概念，认为互联网是继报纸、广播、电视之后产生的第四种媒体。随着互联网的快速发展和广泛普及，它已经成长为当代最重要的传播渠道之一。报纸、广播、电视媒体尽管在当代社会传播渠道中仍然扮演着重要角色，但增长最快的传播渠道则是互联网，而且互联网传播对基于报刊、广播、电视的传播渠道也产生了深刻影响。

互联网的最大特性实际上是它的传播平台特性，互联网在许多方面都拥有“综合集成”的特点。例如，构建互联网的技术并不是某种单一的技术，而是综合集成了一大类相关技术，包括现代通信技术群、数字化技术群、计算机技术群等。这些技术群各自都拥有强大的技术功能，现代通信技术可以促进信息的快速远程传送，数字化技术可以实现信息的数字化转换和制作，计算机技术可以使信息得到高速度的处理与存取。因此，互联网可以同时服务于对信息的加工、处理、传播，人们可以利用互联网这一个平台获取、检索、加工、处理信息，发布、传送、交流信息。

互联网可以成为影响力和渗透力极强的全新媒体，并将原来的大众传播、个人交流综合集成在一个统一平台上，甚至可以在进行大众传播的同时，实现传播者与受众的互动式交流，为传播方式、传播模式、传播类型创新提供了广阔的空间。互联网在当代已经发展成为与人类传统传播系统相平行的一个新系统，为人类传播提供了一个新平台，它在当代传播领域扮演了极其重要的角色，在未来还会对传播发展产生各种重要的影响。

2 互联网推动科普变革

互联网的产生是人类信息技术革命的重要成果，是体现信息技术革命的一项重大成果，但互联网的意义远不止于技术层面，其最重大的意义是体现在对社会和人的影响方面。20世纪90年代之后，互联网不仅成为许许多多不同的组织和公众获取知识、相互交流、传播信息的重要途径，而且对包括新闻传播、政务传播、商务传播、文化传播等各种社会传播都产生了广泛影响，科普也因为互联网的出现而发生深刻变革。事实上，20世纪（特别是80年代之后），科学技术的飞速发展和新科技革命的爆发使社会的知识需求旺盛增长，使传统科普手段遭遇巨大挑战，但新科技革命也同时为科普提供了新手段，技术变革与科普变革由此形成历史性交汇。

2.1 互联网技术在科普中的应用

伴随20世纪下半叶新科技革命的爆发，科学技术飞速发展，创新活动异常活跃，创新成果大量涌现，科学技术被广泛和大规模地应用在生产、产业、经济以及社会生活的各个领域，推动经济社会进入高度依赖创新驱动的“创新时代”，也使来自社会和公众的科学技术知识需求得以旺盛增长。

而科学技术知识需求的旺盛增长，给科普带来巨大挑战，要求科学技术能够在社会范围内、在社会组织之间高效地扩散转移，要求科学技术信息能够在社会公众中得到高效的传播普及。科技报道与科普宣传、群众性科普活动、科普读物出版这些传统科普手段，尽管在过去曾经发挥过巨大作用，但面对科学技术飞速发展和广泛应用引发的日益增长的科技需求，无论是其效率还是覆盖面都已经显得力不从心。值得庆幸的是，给科普带来巨大挑战的新科技革命，恰好也给科普提供了信息技术这种全新的技术手段，提供了互联网这种高速高效传播普及科学技术的新媒介和新渠道。

目前，基于互联网的传播已经被广泛应用于科普领域，网络传播也已经成为科普的一种全新形态。相较于传统科普手段和渠道，利用互联网传播极大地提升了科普的速度和效率，扩展了科普的范围和广度，多媒体传播也使科普的内容传播变得更加生动形象。互联网传播正在全面改造着科普的手段和形态、方式和模式。特别是近些年来，基于互联网应用和互联网传播成长起来许许多多的新媒体，科普由此也搭上新媒体便车而变得更加丰富多彩。

新媒体是相对于传统媒体而言的，指的是在新的技术支撑体系下出现的媒体形态，利用数字技术、网络技术、移动互联技术等技术手段，通过互联网、局域网、无线通信网等通信渠道，利用电脑、手机、数字电视机等终端，为人们提供信息交流、传播、服务的新型媒体形态。如数字杂志、数字报纸、数字广播、数字电视、数字电影、手机短信、网络、桌面视窗、触摸媒体等。

由于新媒体“遗传”了现代信息技术的特征，“继承”了互联网传播的优势，因而在传播信息时可以更加方便地对信息进行数字化汇聚、存储、处理，受众可以更加快捷地进行检索、复制、利用，信息内容不仅可以实现高速度、大容量、即时性传输传播，而且传受双方可以实现良好的交互，这就可以为从信息的高速高效传播到社群化交流的各种传播形态提供可能。

随着互联网和移动互联技术的高度普及以及各种新媒体形态的不断出现，网络传播已经在当代社会传播系统中占据越来越重要的位置，人们也越来越多地利用网络传播渠道获取信息和知识，网络传播渠道已成为近些年来增长最快的传播渠道。这一点在科普领域中也同样有鲜明的体现，最近几次的中国公民科学素质调查就表明，互联网在公民获取科技信息方面是增长最快的渠道。2005年只有7.9%的公民利用互联网获取科技信息，2010年利用互联网获取科技信息的公民比例上升到26.6%，2015年利用互联网获取科技信息的公民比例达到53.4%，成为仅次于电视(93.4%)的第二渠道；在具备科学素质的公民中，高达91.2%的公民通过互联网及移动互联网获取科技信息。①

传统媒体网站的科技内容、各大新闻网站的科技板块、各类科技机构和科普设施的机构网站、致力于科普的各种科普网站以及近年来

① 中国科协发布第九次中国公民科学素质调查结果 [EB/OL].(2015-09-19).http://education.news.cn/2015-09/19/c_128247007.htm.

出现的各种科普微信公众号、科技工作者的科普博客，事实上就在普及科学技术知识、服务公众获取科技信息方面扮演了重要角色、发挥了重要作用。互联网的普及和新媒体的出现为科普提供了新手段、新渠道，而且基于互联网和新媒体传播提供的诸多优势，在扩大科普范围、提升科普效果、扩展科普服务、促进科普实践创新等一系列方面产生了重要作用。

2.2 互联网传播带来的科普变革

互联网传播不仅为科普提供了新手段、新渠道，而且也在推动当代科普模式和范式发生着变革。在互联网传播出现之前，科普主要依靠书籍、报纸、杂志、广播、电视等传播媒体以及科普活动、场馆等形式，这些科普的媒体和形式各有特点和重要作用，但随着信息化社会的到来和科学技术的飞速发展，知识和信息量不仅激增，公众对科技知识的需求也变得更加多样和广泛，传统媒体和手段显然已经力不从心。信息时代和创新时代的科普需要借助现代信息技术和互联网传播平台，不仅要实现对科学技术知识的快捷、及时、高速、高效、广泛、大范围的传播普及，而且还要打破时空限制、拓展科普范围、实现泛在传播，甚至还要更有趣味、更有意思。

现代信息技术、互联网和多媒体传播可以为科普达成这些目标提供所需的技术和手段，从而改变传统科普的特征、促进当代科普的变革。例如，互联网和新媒体传播可以实现对图文音像等各种传播符号的综合运用，将之有机融合在一个传播单元中，使科学技术知识传播更具直观、生动、形象的特点，这更符合公众日常的信息获得习惯，更能提高科普的综合效果。基于传统手段的科普由于要经过信息收集、编辑、制作、出版、播出或展出等环节，不仅常常滞后于科技的发展和公众的需求，而且难以提升效率、扩展范围，不能更好地满足公众的多样需求。通过互联网的科普则不同，理论上可以随时随地将任何科技内容通过互联网进行传播普及。

在传统科普工作中，政府部门、传媒组织和科学共同体往往处于主导地位，信息的传播和知识的普及会有严格的把关和筛选，通常也会采取从传播者到受众的单向传播方式，受众常常处于被动接受的地位，这样的科普模式能够保证较高的权威性，但也存在其他主体难以参与、公众难以与传播者互动交流的问题。利用互联网的科普过程不仅能够快速高效地传播普及科技知识，而且也可以打破原来的模式约束，任何拥有科学知识并有科普兴趣的科学家、个人乃至普通的公众都可以利用互联网参与到科普中来，受众也可以以某些方式通过互联网与传播者进行互动和交流。

特别是随着各种新媒体形态和社交媒体的发展，任何拥有科学知识并有科普兴趣的个人或组织事实上都可以成为科普的传播者，科普的内容来源因而可以实现多元化，知识的内容可以实现多样化，这不仅可以满足公众多样化的科技需求，而且有助于随时根据社会热点对科普内容做出调整。互联网时代的科普可以实现“多元参与”，使专业化和非专业化、职业化和非职业化的个人、群体、组织机构成为传播者，充分吸纳社会中的传播者参与，壮大科普队伍，活跃科普局面；可以使这些参与者利用点对点、点对面以及多点交叉互动传播交流等各种不同形式，面向个人、群体、社会公众进行科技内容的传播普及。

互联网有即时远程和高速传播的优势和特点，因此通过互联网的科普不仅能够保证普通公众成为参与者和传播者（例如，通过博客、微博传播信息、发表看法），赋予了“人人皆可发言”的机会，[①] 甚至可以利用留言、评论、跟帖以及各种社交媒体就某些科技议题进行交流、讨论、对话。这对消解传统科普中的身份固化、增加传受双方的互动交流、发展科学领域的平等对话有重要意义。互联网的出现颠覆性地改变了科学传播的方式，[②] 带来了科学传播格局的巨变，[③] 正在促进

① 黄彪文，胥琳佳. 社会化媒体对科学传播的影响与因应策略[J]. 科普研究，2015，10(1)：26—33.

② 陈春艳. “网众”传播：自媒体时代科学传播的范式[J]. 北方论丛，2015(6)：64—67.

③ 秦枫. 新媒体环境下科学传播分析[J]. 科普研究，2014，9(1)：20—25.

科普的全面变革。当然，互联网传播本身也会因为缺乏“把关人”而使传播内容可能鱼龙混杂，甚至为伪科学信息和谣言的传播扩散提供了方便。

3 为新时代科普插上信息化之翼

传统科普由于自身存在的诸多局限，已经无法很好地适应科学技术快速增长和广泛应用的发展特点，也无法很好地满足来自社会发展和公众生活的日益旺盛的科技需求。充分利用信息技术的发展成果，利用互联网的传播优势，促进科学技术信息快捷、及时、高速、高效、广泛、大范围地传播普及，开拓科普的网络渠道，提高科普的时效性和覆盖面，创新科普的方式方法，为社会和公众提供更加高效和广泛的科普服务，正成为当代科普创新发展的必由之路。

3.1 信息化时代与科普信息化

信息技术的应用和信息产业的发展已经将社会推进到信息化时代，信息化已成为当今世界发展的大趋势，成为推动经济社会变革的重要力量。20世纪90年代以来，信息技术不断创新，信息产业持续发展，信息网络广泛普及。进入21世纪，信息技术广泛应用、高度渗透，信息网络更加普及并日趋融合，互联网成为信息传播和知识扩散的新载体，信息化与经济全球化相互交织，推动着全球产业分工深化和经济结构调整，重塑全球经济竞争格局，加快信息化发展已经成为世界各国的共同选择。[①]

关于信息化的含义，中共中央办公厅、国务院办公厅2006年发布的《2006—2020年国家信息化发展战略》指出，信息化是充分利用信息技术，开发利用信息资源，促进信息交流和知识共享，提高经济增长质量，推动经济社会发展转型的历史进程；从作为当代社会发展特征的角度来看，

① 中共中央办公厅、国务院办公厅关于印发《2006—2020年国家信息化发展战略》的通知 [EB/OL].[2006-03-19].http://www.gov.cn/gongbao/content/2006/content_315999.htm.

信息技术应用达到了较高程度，信息产业得到了较好发展，知识和信息资源能够因信息技术的应用和信息产业的发展得到相对充分的传播共享和开发利用，社会的产业和经济发展能够得到知识和信息的较强支撑，人们在工作和生活中能够获得较好的知识和信息服务；从推进信息化发展的角度看，信息化则包括发展信息技术和产业，推进信息技术应用，完善信息设施建设，开发利用信息资源，提升社会的信息获取、处理、传递、存储、利用的能力和水平，促进社会经济和产业的发展。

国家和社会的信息化建设，包括利用信息技术改造和提升传统产业，促进信息技术在农业、工业、交通、运输、能源、服务等行业的普及应用，实现生产装备数字化、生产过程智能化、经营服务网络化；加快信息技术和产业发展，推进信息技术应用，为提升社会的信息化水平和信息传播利用能力奠定强大的技术和产业基础；推进电子政务以改善公共服务，发展电子商务以服务企业和市场；也包括完善信息基础设施，加强信息资源的开发利用，推进信息内容数字化和信息服务完善化，为人们获取利用各种知识和信息提供便捷高效的各种服务，方便人们的知识信息交流，丰富人们的精神生活。

随着当代社会信息化的发展，信息技术已经在经济社会各领域、各方面得到广泛应用。信息技术在科学技术领域的广泛应用，正在深刻地改变着科学技术的创新、传播和应用，各种信息网络和知识数据库可以使科研人员比以前能够更便捷地搜索获取所需文献和信息，科研人员也可以利用互联网和社交网络更加方便地相互交流科研信息，科研管理部门在信息技术的帮助下有了更高的效率，科学技术也可以通过互联网实现更加便捷的传播普及。

充分利用现代信息技术成果，推进科普领域的信息化进程，促进当代科普的创新发展，是提升当代科普发展水平和服务水平的必由之路。科普信息化的实质是在科普领域和科普工作中充分应用现代信息技术和信息化手段推动信息化与科普的深度融合，拓宽科普渠道，丰富科普内容，创新科普形式，强化科普信息的精准推送服务，提高科普的时效性和覆盖面，有效满足信息时代公众日益增长和不断变化的科普需求。科普信息化的目标是通过积极发展基于互联网和新媒体的科普新形式和科普新形态（包括以微信为代表的微科普、以App为代表的科普应用服务等）、利用现代信息技术推进科普工作和科普实践创新，建立适应信息化时代要求的现代科普体系，大幅提升科普传播和科普服务能力。

科普信息化是现代信息技术推动科普升级的必然趋势，是实现全民科学素质跨越提升的强力引擎，也是促进当代科普全面创新的重要动力。科普信息化可以促进科普从过去更多依靠科普专业人员向充分调动社会各界力量，从公众被动接受式科普向主动参与式科普，从方式单调呆板向内容形式更加丰富多彩，从受众泛化、内容同质化、主要满足共性需求向细分受众、精准推送、满足多样（甚至个性化）需求转变，使科普变得高效、快捷和充满乐趣，使泛在、精准、交互式服务成为可能。推进科普信息化是科普适应信息化时代和信息化社会的必然要求。

3.2 我国科普新挑战与科普信息化

20世纪下半叶以来的科技发展和科技革命将经济社会推进到创新驱动发展的新阶段，目前正在孕育爆发的新一轮科技革命还将会引发新一轮的产业变革和创新浪潮，这将给世界各国发展提出重大挑战。在2012年召开的中国共产党第十八次全国代表大会上，中共中央就提出要实施创新驱动发展战略。2016年，中共中央和国务院发布《国家创新驱动发展战略纲要》，习近平在“科技三会”上也提出了建设世界科技强国的奋斗目标。提升国家科技创新能力、实施创新驱动发展战略、建设世界科技创新强国，是决定我国当前和未来经济社会发展的一项基础性社会工程，也是一项极其复杂的系统工程，“科技创新、制度创新要协同发挥作用，两个轮子一起转”[①]，健全科技创新治理机制，激发全社会的创新活力，大幅提升我国原

① 习近平.为建设世界科技强国而奋斗——在全国科技创新大会、两院院士大会、中国科协第九次全国代表大会上的讲话[EB/OL].(2016-05-31).http://news.xinhuanet.com/politics/2016-05/31/c_1118965169.htm.

始创新和自主创新能力，促进经济发展方式的转型升级，同时也“要把科学普及放在与科技创新同等重要的位置”①，大力加强科普工作，大幅提升全民科学素质，为建设世界科技强国奠定坚实的社会基础。

我国自改革开放以来，深化经济体制改革，推进社会主义市场经济，经济实现了连续近40年的高速增长，经济规模已稳居世界第二，经济建设取得重大成就。但从总体上来看，我国改革开放后的工业发展和经济增长更主要依靠的是资源、资本、劳动力等要素投入和工业生产的规模扩张，而不是依靠创新驱动的内涵式增长。② 目前，“我国经济已由高速增长阶段转向高质量发展阶段，正处在转变发展方式、优化经济结构、转换增长动力的攻关期，建设现代化经济体系是跨越关口的迫切要求和我国发展的战略目标”，而“创新是引领发展的第一动力，是建设现代化经济体系的战略支撑”。③ 因此，要实现经济发展的动力转换、方式转变、结构调整，就需要我们抓住新一轮科技革命提供的历史机遇，强化战略科技力量，加强国家创新体系建设，促进经济发展方式转变，同时也需要建设创新型劳动者大军，提升全民科学素质水平，培育激励创新的社会文化，为创新驱动发展奠定坚实的社会基础。

事实上，我国近些年来积极实施创新驱动发展战略，在创新型国家建设方面已经取得丰硕成果，科技创新领域也涌现出大批突破性成果，在某些科技领域方向已经由过去的跟跑进入并行甚至领跑的阶段，从而为实现世界科技创新强国建设目标奠定了良好基础。在发展科普事业、提升全民科学素质方面，我国近年来也取得了一系列重要进展，特别是随着《科学素质纲要》的颁布和全面实施，公民科学素质进入快速提升通道，具备基本科学素质的公民比例已经由2005年的

① 习近平.为建设世界科技强国而奋斗——在全国科技创新大会、两院院士大会、中国科协第九次全国代表大会上的讲话[EB/OL].(2016-05-31).http://news.xinhuanet.com/politics/2016-05/31/c_1118965169.htm.

② 翟杰全. 市场饱和下的经济增长与新常态下的中国经济增长[J]. 武汉科技大学学报(社会科学版),2016,18(4):421—427.

③ 习近平.决胜全面建成小康社会 夺取新时代中国特色社会主义伟大胜利——在中国共产党第十九次全国代表大会上的报告[EB/OL].(2017-10-28). http://paper.people.com.cn/rmrb/html/2017-10/28/nw.D110000renmrb_20171028_3-01.htm.

1.6%提升到2015年的6.2%，上海、北京等地区的公民科学素质水平甚至已经超过了10%，达到了欧美主要发达国家世纪之交的水平。[①]

但就整体发展状况而言，我国目前的科普工作水平和公民科学素养还存在着不能很好适应科技创新快速发展需要、科普“供给”不够充分、公民科学素质发展不平衡等问题，科技普及程度和公民科学素质状况总体上还不能给科技创新发展和科技强国建设以有力支撑，科普领域还存在许多“短板”，还不能很好满足人民群众日益增长的科普需求和素质提升需求。我国公民科学素质水平不仅与发达国家相比还存在较大差距，而且中西部、城乡、不同群体间的科学素质差距十分明显，劳动适龄人口科学素质整体上不高，大多数公民对基本科学知识的了解程度较低，更为欠缺对科学思想的理解和科学方法的掌握，公民科学素质水平相对较低仍然是制约我国经济发展和社会进步的瓶颈之一。

“科技创新、科学普及是实现创新发展的两翼。”[②] 只有科学技术的充分普及，全民科学素质的普遍提高，社会才能形成讲科学、爱科学、学科学、用科学的良好氛围，造就高素质的创新大军，形成发达成熟的创新文化，激发社会的创新活力，激活蕴藏在亿万人民中间的创新智慧，从而促进创新活动的充分活跃、创新力量的充分涌流，推动科技创新快速发展、科技成果快速转化、创新能力大幅提升，为建设世界科技创新强国和现代化经济体系提供强力支撑。因此，无论是从当代科技创新发展和科技革命呈现出来的新形势、新特点，还是从我国经济转型升级和建设科技创新强国提出的新要求、新任务来看，我们都需要把科学普及放在与科技创新同等重要的位置。

事实上，在今后相当长的一个时期内，我国科普工作还需要面

① 新华网.中国科协发布第九次中国公民科学素质调查结果[EB/OL].(2015-09-19).http://education.news.cn/2015-09/19/c_128247007.htm.

② 习近平.为建设世界科技强国而奋斗——在全国科技创新大会、两院院士大会、中国科协第九次全国代表大会上的讲话[EB/OL].(2016-05-31).http://news.xinhuanet.com/politics/2016-05/31/c_1118965169.htm.

对人民群众日益增长的美好生活需要所提出的艰巨挑战。伴随着我国经济高速增长和快速发展，人民群众的生活水平已经大幅提升，生活质量持续改善，在物质生活、文化生活、精神生活等方面有了更高要求，对人的全面发展、社会全面进步等方面也有了更高期待。步入新时代，科学技术更加广泛地在经济社会和日常生活各方面得到应用，已经成为影响人们生活的关键因素，成为美好生活的重要支撑，掌握必要的科学技术知识、明白基本的科学技术现象、能够适应科技化的生活因而已经成为人民群众美好生活的重要组成部分，拥有更高的科学素质也成为越来越多的人们自觉的精神追求，这就迫切需要我们能够更加广泛地传播普及科学技术，提升科普的覆盖面，提高科学技术的通达率，使人民群众能够更加便捷高效地及时获得所需的各种科学技术知识和信息。

面对新时代科技创新发展和科技革命、我国经济转型升级和建设科技创新强国以及人民群众美好生活需要提出的种种科普要求，面对我国数量极其巨大的广大人民群众且有着明显地区差异、群体差异的多样多元的科普需求，单纯依靠以满足大众共性知识需求为特征的那些传统科普手段和模式显然已经远远不够了，我国科普工作需要充分调动和广泛动员科学家、科技工作者、科技团体和社会各界的积极性，充分利用信息技术手段和互联网及新媒体传播渠道，创新科普的内容表达和传播方式，使科普变得更加高效快捷，使科普内容变得更加丰富多彩，使科普过程能够充满乐趣，使科普服务能够精准满足人们的需要。推进我国科普信息化建设，将是我国科普工作在今后相当一段时间内应对各种挑战的一种重要手段，是促进我国科普实现创新发展的一项重要任务。

3.3 以科普信息化引领科普的创新发展

科普信息化以充分运用现代信息技术手段以及互联网和新媒体传

播为基础，但并非只是体现在对新技术和新手段的应用方面，科普信息化的关键在于通过积极运用现代信息技术和互联网新媒体传播，促进科普从传播渠道、内容形式到传播模式、服务理念的全面变革。科普信息化与现有科普之间也不是二选一的关系，[①] 现有的各种常规科普与科普信息化实际上应是新时代科普的鸟之两翼、车之双轮。现有的各种常规科普形式和手段曾经在传播普及科学技术方面发挥过重要作用，在新时代仍然有重要的作用，是科普的重要一翼。为了更好地适应科技快速发展、知识快速更新、科普需求普遍化多样化以及信息化时代公众科普行为发生了重要变化的需要，科普工作者乃至社会各界需要积极利用现代信息技术和新媒体传播手段，提高科普的时效性、覆盖面和服务能力，以便更好地满足公众日益增长和不断变化的科技需求。因此，科普信息化包括传统科普的信息化升级，也包括发展信息化的新手段和新模式，最终实现新时代科普的两翼协同。

以科普信息化引领新时代科普创新发展的关键在于充分利用信息技术和互联网新媒体传播，拓展传播渠道、创新内容形式、发展新的传播方式方法和新的传播模式。现代信息技术和互联网传播可以使科普变得无比高效、方便快捷，多媒体和新媒体传播也可以使科普的内容表达变得更加生动形象、充满乐趣，云计算、大数据等技术的应用可以使泛在、精准、交互式的科普服务成为现实，这就给拓展科普的传播渠道、创新内容表达方式、发展新的方式方法和传播模式提供了可能和条件。

首先，科普信息化建设需要拓展科普的网络渠道，让科学知识在网上流行。据中国互联网络信息中心（CNNIC）发布的《中国互联网络发展状况统计报告》，截至2017年12月，中国网民已超过了7.72亿人，手机网民规模也达到7.53亿人。互联网特别是移动互联网已成为公众获取知识和信息的基本渠道之一。中国科协2015年组织的第九次中国

① 杨文志．科普信息化建设新思维和新理念[J]．科技导报，2016，34(12)：14—17.

公民科学素质调查也表明，电视虽然仍是我国公民获取科技信息的最常用渠道，但互联网已成为近些年增长最快的渠道。国家副主席李源潮在中国科协八届五次全委会议上就指出，要抓住信息化机遇，把握互联网在人们获取信息中作用越来越重要的趋势，加快推进科普信息化，让科学知识在网上流行。①

其次，科普信息化建设需要充分利用多媒体和新媒体传播优势，创新科普内容的表达传播方式，提升科普的综合效能和效果。科普领域同样有“内容为王”的传播规律，丰富的科普内容是科普信息化的基础，只有拥有了丰富的科普内容，才有可能真正做到让科学知识在网上流行。科普工作者和社会各界需要充分利用国内外各种优质科学技术资源，原创开发和引进吸收相结合，运用现代信息技术手段，加强科普内容资源体系的建设。同时，利用现代技术手段，发挥多媒体和新媒体优势，综合运用图文、动漫、音视频、游戏、虚拟现实等多种表现形式，创新科普内容的表达和传播形式，提升科普内容的科学性、趣味性、体验性和实用性，让科普内容更加丰富、形象、生动，使科普更具观赏性、趣味性和感染力、吸引力。

最后，科普信息化建设需要利用现代信息技术提供的手段，发展科普的新方式，促进科普的模式变革。特别是利用现代信息技术和互联网传播拥有的优势，发展更多有利于互动交流、公众参与的科普形式和模式，甚至在细分受众的基础上实现精准化服务、个性精准推送。例如，利用各种视频化、移动化、社交化媒体平台，发展基于视频传播、移动终端、社交媒体的各种科普形式；利用即时通信工具、APP等新工具，发展各种可通达个人电脑、平板电脑、移动终端、智能TV等各种终端的科普模式；依托大数据、云计算等技术手段，充分挖掘公众需求数据，洞察感知公众的不同需求，发展各种精准化的科普服务手段，定向精准地将科普文章、视频、微电影、动漫等科普信息

① 纪顺俊.科普信息化的理论与实践探索[J].科协论坛,2016(7):21—23.

资源送达有需要的目标人群。

加强科普信息化建设、推进科普信息化有助于依托并利用当代信息技术拓展科普的渠道，提高科普的覆盖面和到达率，提升科普的时效性以及对科普需求的响应速度，使更多公众能够更为便捷、更为自主地获取科技信息；促进内容表达和实践创新，使科普更具表现力和吸引力，增加科普过程的参与性和交流性。科普信息化同时对促进科普新理念的形成、新体系的建设以及精准化服务也有重要意义。新时代信息技术和互联网传播有助于使人们形成开放、交流、分享、泛在的互联网理念，有助于构建内容更加丰富、覆盖更加广泛、传播更加高效、能够随时随地通达各种个人终端和“最后一公里”的科普体系，满足人们泛在化、个性化获取科技内容的需要，甚至实现精准化的科普服务。

为了做好科普信息化建设的顶层设计、加快推进我国科普信息化建设，中国科协2014年12月10日发布了《中国科协关于加强科普信息化建设的意见》，成立了中国科协科普信息化建设领导小组和专家指导委员会，推出了“科普信息化建设工程项目实施方案”和“科普信息化建设工程项目指南”。该意见认为科普信息化是应用现代信息技术带动科普升级的必然趋势、是实现全民科学素质跨越提升的强力引擎、是对传统科普的全面创新，强调科普信息化要聚焦科普需求、丰富科普内容、创新科普表达和传播形式、拓宽科学传播渠道、强化科普信息的精准推送服务，推动信息技术和手段在科普中的广泛深入应用，推动信息化与传统科普的深度融合，完善社会动员和激励机制，营造大联合大协作的科普局面。

2016年3月，中国科协出台《中国科协科普发展规划（2016—2020年）》，决定实施“互联网+科普”建设工程、科普创作繁荣工程、现代科技馆体系提升工程、科技教育体系创新工程、科普传播协作工程、科普惠民服务拓展工程六大工程，强调以科普信息化为核心带动科普和公民科学素质建设整体水平的显著提升。科普信息化目前已经成为中国科协推进科普工作的一项战略举措，成为新时代科普工作的核心、龙头和新引擎。2014年以来，中国科协已经与百度公司签订了《科普信息化建设战略合作框架协议》，利用百度大数据技术优势对网民科普需求搜索行为进行挖掘和分析；与新华网签署了《科普中国研发与传播基地共建协议》，携手打造"科普中国"科普信息化平台，共同推进科普创意研发、科普内容生产、网络科普传播，"科普中国"目前总浏览量和传播量累计超过了一百多亿人次，并实现了科普内容的个性化定制和自动推送服务；[①] 与腾讯公司签订了《"互联网+科普"战略合作框架协议》，合作开展微信科普辟谣工作；也与人民网、光明网等建立了战略合作关系。

20世纪下半叶以来，信息技术飞速发展，信息革命浪潮汹涌，互联网改变了社会信息传播的基本面貌，改变了人们获取知识的基本方式。当今的新时代，以数字化、网络化、智能化为标志的新科技革命蓄势待发，新的信息技术将会进一步深刻改变社会的信息传播方式，无所不在的互联网和新媒体也将会进一步广泛渗透到人们生活的方方面面，并在新的信息技术和智能技术的助力下为人们提供泛在、高效、精准甚至是个性化的信息服务。信息化时代的科普当然也需要充分运用现代信息技术以及互联网和新媒体传播手段，拓展网络渠道，发展新的传播方式，创新内容的表达方式，为新时代科普的创新发展提供动力，为全民科学素质提升提供推力，为我国科技创新发展和创新驱动发展提供助力。

中共十九大报告指出，我国社会的主要矛盾已经转化为人民日益增长的美好生活需要和不平衡不充分的发展之间的矛盾。人民日益增长的美好生活需要既包括物质生活层面和精神生活层面的需要，也包括社会生活方面和科技生活方面的需要。在新时代，科学技术使生活变得更美好、更便利，科学知识使人们生活得更明白、更智慧。推进科普信息化

① 杨文志.科普供给侧的革命[M].北京：中国科学技术出版社，2017：218—225.

建设，促进科普与信息化深度融合，为当代科普插上信息化之翼，让科普变得更加快捷高效，让科普服务变得更加精准有效，让人民群众能够随时随地便捷获得所需的科学技术信息，拥有生活所需的基本认知水平与科技运用能力，有助于促进人民群众更好地适应现代科技生活、改善生活质量、提高生活品质。满足经济社会发展需要和人民美好生活需要是新时代科普应有的目标，是当代科普应做的贡献。

本讲小结

20世纪下半叶以来，科学技术的飞速发展和科技革命的爆发推动经济社会进入高度依赖创新驱动的创新时代，使来自社会和公众的科学技术需求得以旺盛增长，给科学技术的传播和普及带来巨大挑战。在科技革命中发展起来的信息技术也给人类社会提供了高效传播知识和信息的强大技术手段，特别是随着互联网的不断普及，人类社会获得一种功能强大的传播媒介、传播渠道和传播平台。充分利用现代信息技术，拓展科普的网络渠道，并利用互联网和新媒体传播优势，创新科普内容的表达传播方式，不仅有助于促进科学技术信息快捷、及时、高速、高效、广泛、大范围地传播普及，提高科普的时效性和覆盖面，而且有助于让科普变得更加丰富多彩和充满乐趣，提升科普的综合效能和效果，并使泛在、精准、交互式服务成为现实，更好满足公众普遍增长的多样化科普需求。步入新时代，推进科普信息化，为科普插上信息化之翼，可以为当代科普的创新发展提供动力，为全民科学素质的提升提供推力，为我国科技创新发展和创新驱动发展提供助力。

参考文献

[1] 习近平.决胜全面建成小康社会 夺取新时代中国特色社会主义伟大胜利——在中国共产党第十九次全国代表大会上的报告[EB/OL].（2017-10-28）. http://paper.people.com.cn/rmrb/html/2017-10/28/nw.D110000renmrb_20171028_3-01.htm.

[2] 习近平.为建设世界科技强国而奋斗——在全国科技创新大会、两院院士大会、中国科协第九次全国代表大会上的讲话[EB/OL].（2016-05-31）. http://news.xinhuanet.com/politics/2016-05/31/c_1118965169.htm.

[3] 胡锦涛.在中国科学院第十五次院士大会、中国工程院第十次院士大会上的讲话[EB/OL].（2010-06-07）.http://www.gov.cn/ldhd/2010-06/07/content_1622343.htm.

[4] 胡锦涛.在纪念中国科协成立50周年大会上的讲话[EB/OL].（2008-12-15）. http://news.xinhuanet.com/newscenter/2008-12/15/content_10509648.htm.

[5] 胡锦涛.坚持走中国特色自主创新道路 为建设创新型国家而努力奋斗——在全国科学技术大会上的讲话[EB/OL].（2006-01-09）.http://news.xinhuanet.com/st/2006-01/09/content_4030855.htm.

[6] 中共中央关于深化文化体制改革、推动社会主义文化大发展大繁荣若干重大问题的决定[EB/OL].（2011-10-25）.http://news.xinhuanet.com/politics/2011-10/25/c_122197737.htm.

[7] 国家中长期科学和技术发展规划纲要（2006—2020年）[EB/OL].（2006-02-09）.http://www.gov.cn/jrzg/2006-02/09/content_183787.htm.

[8] 全民科学素质行动计划纲要（2006—2010—2020年）[EB/OL].（2006-03-20）.http://www.gov.cn/jrzg/2006-03/20/content_231502.htm.

[9] 中华人民共和国国民经济和社会发展第十二个五年规划纲要[EB/OL].（2011-03-16）.http://www.gov.cn/2011lh/content_1825838.htm.

[10] 中共中央办公厅、国务院办公厅关于印发《2006—2020年国家信息化发展战略》的通知[EB/OL].（2006-03-19）.http://www.gov.cn/gongbao/

content/2006/content_315999.htm.

[11] 国务院办公厅印发《全民科学素质行动计划纲要实施方案（2011—2015年）》[EB/OL].（2011-07-04）.http://www.cast.org.cn/n35081/n35668/n35743/n36659/n39195/13079119.html.

[12] 中华人民共和国国家统计局.2005年全国1%人口抽样调查主要数据公报[EB/OL].（2011-02-20）.http://www.stats.gov.cn/tjgb/rkpcgb/qgrkpcgb/t20060316_402310923.htm.

[13] 中华人民共和国国家统计局.中华人民共和国2010年国民经济和社会发展统计公报[EB/OL].（2011-02-28）.http://www.stats.gov.cn/tjgb/ndtjgb/qgndtjgb/t20110228_402705692.htm.

[14] 全民科学素质行动计划制定工作领导小组办公室.全民科学素质行动计划课题研究论文集[C].北京：科学普及出版社，2005.

[15] 全民科学素质纲要实施办公室，中国科普研究所.2009全民科学素质行动计划纲要年报——中国科普报告[M].北京：科学普及出版社，2009.

[16] 全民科学素质纲要实施办公室，中国科普研究所.2010全民科学素质行动计划纲要年报——中国科普报告[M].北京：科学普及出版社，2010.

[17] 中华人民共和国科学技术部.中国科普统计[M].（2008—2017年版）北京：科学技术文献出版社，2008—2017.

[18] 中共中央、国务院印发《国家创新驱动发展战略纲要》[EB/ OL].（2016-05-19）. http://news.xinhuanet.com/politics/2016-05/19/c_1118898033.htm.

[19] 中华人民共和国科学技术部.中国科普统计（2017年版）[M].北京：科学技术文献出版社，2017.

[20] 中国科普研究所.中国科普报告（2007）[M].北京：科学普及出版社，2007.

[21] 中国科普研究所.中国科普报告（2008）[M].北京：科学普及出版社，2008.

[22] 科学技术部政策法规司，中国科学技术信息研究所.全国科普统计培训教材[EB/OL].（2011-03）.http://www.istic.ac.cn/Portals/0/documents/sgdt/附件4：2010年度科普统计培训教材.doc.

[23] [美]埃弗雷特・M.罗杰斯.创新的扩散[M].辛欣，译.北京：中央编译出版社，2002.

[24] [美]希拉・贾撒诺夫，等.科学技术论手册[C].盛晓明，等译.北京：北京理工大学出版社，2004.

[25] 美国科学促进协会.科学素养的基准[M].中国科学技术协会，译.北京：科学普及出版社，2001.
[26] [美]施拉姆，波特.传播学概论[M].陈亮，等译.北京：新华出版社，1984.
[27] [英]J.D.贝尔纳.科学的社会功能[M].陈体芳，译.北京：商务印书馆，1982.
[28] [英]李约瑟.中国古代科学思想史[M].陈立夫，译.南昌：江西人民出版社，2001.
[29] [英]柯林·罗南.中华科学文明史（卷一）[M].上海交通大学科学史系，译.上海：上海人民出版社，2001.
[30] [英]亚·沃尔夫.十八世纪科学、技术和哲学史[M].周昌忠，等译.北京：商务印书馆，1997.
[31] 英国皇家学会.公众理解科学[M].唐英英，译.北京：北京理工大学出版社，2004.
[32] 英国上议院科学技术特别委员会.科学与社会[M].张卜天，张东林，译.北京：北京理工大学出版社，2004.
[33] [德]迈诺尔夫·迪克尔斯，克劳迪娅·冯·格罗特.在理解与信赖之间：公众、科学与技术[M].田松，等译。北京：北京理工大学出版社，2006.
[34] [德]马尔库斯·加布里尔.2005爱因斯坦年评估报告[M].王保华，译.北京：科学普及出版社，2008.
[35] 樊春良.全球化时代的科技政策[M].北京：北京理工大学出版社，2005.
[36] 郭庆光.传播学教程[M].北京：中国人民大学出版社，1999.
[37] 郭治.科技传播学引论[M].天津：天津科技翻译出版公司，1996.
[38] 华林，梅杨.二十世纪科学技术的进展[M].北京：科学普及出版社，1981.
[39] 黄时进.科学传播导论[M].上海：华东理工大学出版社，2010.
[40] 科学技术普及概论编写组.科学技术普及概论[M].北京：科学普及出版社，2002.
[41] 刘光磊.网络传播导论[M].北京：经济日报出版社，2001.
[42] 刘华杰.科学传播读本[M].上海：上海交通大学出版社，2007.
[43] 任福君，陈玲，等.中国科普研究进展报告（2002—2007年）[M].北京：科学普及出版社，2009.
[44] 任福君，[美]保罗·库尔茨.提升科学精神与建设和谐社会（论文集）[C].北京：中国科学技术出版社，2010.
[45] 任福君.中国科普基础设施发展报告（2009）[M].北京：社会科学文献出

版社，2010.
[46] 任福君，等.中国公民科学素质报告（第一辑）[M].北京：科学普及出版社，2010.
[47] 任福君，等.中国公民科学素质报告（第二辑）——第八次中国公民科学素养调查[M].北京：科学普及出版社，2011.
[48] 任福君，李朝晖.中国科普基础设施发展报告（2010）[M].北京：社会科学文献出版社，2011.
[49] 任福君，翟杰全.科技传播与普及概论[M].北京：中国科学技术出版社，2012.
[50] 孙宝寅.科技传播研究：首届科技传播研讨会论文选[C].北京：清华大学出版社，1996.
[51] 孙宝寅.科技传播导论[M].北京：清华大学出版社，1997.
[52] 王伦信，陈洪杰，唐颖，等.中国近代民众科普史[M].北京：科学普及出版社，2007.
[53] 全民科学素质纲要实施办公室，中国科普研究所.全民科学素质行动发展报告（2006—2010年）[M].北京：科学普及出版社，2011.
[54] 袁清林.科普学概论[M].北京：中国科学技术出版社，2002.
[55] 曾国屏，刘立.科技传播普及与公民科学素质建设的理论实践[C].呼和浩特：内蒙古人民出版社，2007.
[56] 翟杰全.让科技跨越时空：科技传播与科技传播学[M].北京：北京理工大学出版社，2002.
[57] 翟杰全.技术的转移与扩散：技术传播与企业技术传播[M].北京：北京理工大学出版社，2009.
[58] 张义芳.科普评估理论初探与案例指南[M].北京：科学技术文献出版社，2004.
[59] 郑念.科普效果评估研究案例[M].北京：中国科学技术出版社，2005.
[60] 张正伦.中国公众的科学技术素养[M].北京：中国科学技术出版社，1991.
[61] 张仲梁.中国公众对科学技术的态度[M].北京：中国科学技术出版社，1991.
[62] 中国科普研究所《中国科普效果研究》课题组. 科普效果评估理论和方法[M]. 北京：社会科学文献出版社，2003.
[63] 周寄中，梁捷.科技教育谈[M].北京：科学出版社，1992.
[64] 周孟璞，松鹰.科普学[M].成都：四川科学技术出版社，2007.

[65] 任福君，张晓梅，等.全国少数民族科普状况调查报告[R].中国科普研究所，2007.
[66] 任福君，郑念，等.科普资源调查总报告[R].中国科普研究所，2007.
[67] 任福君，等.科普资源建设的理论与实践研究总报告[R].中国科普研究所，2008.
[68] 任福君，周建强，张义忠，等.科普产业发展“十二五”规划研究报告[R].中国科学技术协会，2010.
[69] 任福君，张志敏，等.全国科普日北京主场活动评估报告（2007—2010年）[R].中国科普研究所，2011.
[70] 任福君，谢小军，等.科普资源理论与实践研究总报告[R].中国科普研究所，2011.
[71] 郑念.科普资源建设的基础理论研究报告[R].中国科普研究所，2007.
[72] [美]简·贝德诺，爱德华·贝德诺.博物馆展览：过去与未来[J].宋向光，译.中国博物馆通讯，2000（4）：28—30.
[73] [澳大利亚]T.W.伯恩斯，D.J.奥康纳，S.M.斯托克麦耶.科学传播的一种当代定义[J].李曦，译.科普研究，2007，2（6）：19—33.
[74] 陈春艳.“网众”传播:自媒体时代科学传播的范式[J]. 北方论丛，2015（6）：64—67.
[75] 程东红.关于科学素质概念的几点讨论[J].科普研究，2007（3）：5—10.
[76] 程东红.科普——可持续发展的重要支柱[J].科学决策，2005（9）：25.
[77] 黄彪文,胥琳佳. 社会化媒体对科学传播的影响与因应策略[J]. 科普研究，2015，10（1）：26—33.
[78] 侯强，刘兵.科学传播的媒体转向[J].科学对社会的影响，2003（4）：45—49.
[79] 江兵，耿江波，周建强.科普产业生态模型研究[J].中国科技论坛，2009（11）：43—47.
[80] 劳汉生.我国科普文化产业发展战略框架研究[J].科学学研究，2005，23（2）：213—219.
[81] 李伯聪.科学技术工程三元论[C]//“工程科技论坛”暨首届中国自然辩证法研究会工程哲学委员会学术年会工程哲学与科学发展观论文集.2004：24—26.
[82] 李大光.中国科普研究历史回顾[J].科普研究，2008，3（4）：15—21.
[83] 李大光. 科学素养：不同的概念和内容[J].科学对社会的影响，2000

（1）：45—49.
[84] 李大光. “公众理解科学”进入中国15年回顾与思考[J].科普研究，2006（1）：24—32.
[85] 李大光.中国公众科学素养研究20年[J].科技导报，2009，27（7）：104—105.
[86] 李红林，曾国屏.米勒体系的结构演变及其理念解析[J].科普研究，2010，5（2）：11—17.
[87] 李健民，刘小玲，张仁开.国外科普场馆的运行机制对中国的启示和借鉴意义[J].科普研究，2009，4（3）：23—29.
[88] 李正伟，刘兵.公众理解科学的理论研究：约翰・杜兰特的缺失模型[J].科学对社会的影响，2003（3）：12—15.
[89] 李正伟，刘兵.对英国有关“公众理解科学”的三份重要报告的简要考察与分析[J].自然辩证法研究，2003，19（5）：70—74.
[90] 林坚.科技传播的结构和模式探析[J].科学技术与辩证法，2001，18（4）：49—53.
[91] 刘兵，侯强.科学传播中的议程设置[J].科技导报，2005，23（10）：76—78.
[92] 刘兵，侯强.国内科学传播研究：理论与问题[J].自然辩证法研究，2004，20（5）：80—85.
[93] 刘兵，江洋.日本公众理解科学实践的一个案例：关于“转基因农作物”的“共识会议”[J].科普研究，2006（1）：41—46.
[94] 刘兵，李正伟.布赖恩・温的公众理解科学理论研究：内省模型[J].科学学研究，2003，21（6）：581—585.
[95] 刘华杰.科学传播的三种模型与三个阶段[J].科普研究，2009（2）：10—18.
[96] 刘华杰.科学传播的四个典型模型[J].博览群书，2007（10）：33—36.
[97] 刘华杰.论科普的立场与科学传播的信条[J].自然辩证法研究，2004，20（8）：76—80.
[98] 刘华杰.整合两大传统：兼谈我们所理解的科学传播[J].南京社会科学，2002（10）：15—20.
[99] 刘锦春.公众理解科学的新模式：欧洲共识会议的起源及研究[J].自然辩证法研究，2007，23（2）：84—88.
[100] 刘立，常静.中国科普政策及科普政策文化初探[J].河池学院学报，2010，

30（4）：1—5.

[101] 刘立.我国公民科学素质的基本内涵与结构[C]//全民科学素质行动计划制定工作领导小组办公室.全民科学素质行动计划课题研究论文集.北京：科学普及出版社，2005：29—58.

[102] 刘立，刘玉仙.低碳概念在中国的传播与普及初探——对《人民日报》和《新民晚报》的计量分析[C]//任福君.中国科普理论与实践探索——2010《全民科学素质行动计划纲要》论坛暨第十七届全国科普理论研讨会.北京：科学普及出版社，2010：212—222.

[103] 刘为民.试论"科普"的源流发展及其接受主体[J].科学学研究，2000，18(1)：75—78.

[104] 刘小毛.中央苏区科普工作特点及其启示[J].党史文苑（学术版），2008（24）：13—14.

[105] 刘彦君，吴晨生，董晓倩，等.英国科学节效果评估模式分析及思考[J].科普研究，2010，5（2）：60—65.

[106] 莫扬，甘晓.中美科技类博物馆科学传播的若干对比研究[J].自然辩证法研究，2011（3）：89—95.

[107] 莫扬.我国科普资源共享发展战略研究[J].科普研究，2010，5（1）：12—16.

[108] 莫扬.我国科技馆建设理念发展研究[J].社会科学研究，2009（6）：188—190.

[109] 莫扬，孙昊牧，曾琴.科普资源共享基础理论问题初探[J].科普研究，2008，3（5）：23—28.

[110] 彭炳忠.论科学精神[J].自然辩证法研究，1998（10）：25—29.

[111] 秦枫.新媒体环境下科学传播分析[J].科普研究，2014，9（1）：20—25.

[112] 任定成.《全民科学素质行动计划纲要》解读[J].科普研究，2006（1）：19—23.

[113] 任定成.公共科学服务体系的框架[J].科普研究，2007，2（4）：13—14.

[114] 任福君.加强科普资源建设，提高全民科学素质[J].科技中国，2006（10）：46—47.

[115] 任福君.关于科技资源科普化的思考[J].科普研究，2009，4（3）：60—65.

[116] 任福君，翟杰全.我国科普的新发展和需要深化研究的重要课题[J].科普研究，2011，6（5）：8—17.

[117] 任福君，张义忠，刘萱.科普产业发展若干问题研究[J].科普研究，2011，6（3）：5—13.

[118] 任福君.搭建科普研究资源平台、促进科普事业发展[J].科普研究，2006（3）：8—13.

[119] 任福君."公共科学服务体系"建设的理论研究框架设想[J].科普研究，2007，2（4）：13—14.

[120] 任福君，张晓梅.我国少数民族地区科普状况调查研究初探[J].科普研究，2008，3（1）：36—43.

[121] 任福君.关于科普资源研究的思考[C]//任福君.中国科普理论与实践探索——2008《全民科学素质行动计划纲要》论坛暨第十五届全国科普理论研讨会文集.北京：科学普及出版社，2008：36—43.

[122] 石顺科.英文"科普"称谓探识[J].科普研究，2007（2）：63—66.

[123] 谭超.大型科普活动前期宣传效果评估的探讨 以2010年全国科普日北京主场活动宣传为例[J].科普研究，2011，6（3）：80—83.

[124] 田德录，方衍.《科学素质纲要》实施的监测评估理论框架研究[J].科普研究，2008，3（3）：18—23.

[125] 佟贺丰.公众理解科学中的"公众"身份辨析[J].科学技术与辩证法，2006，23（1）：97—98.

[126] 徐善衍.科学文化的传播普及与国民素质[J].自然辩证法研究，2005，21（12）：67—71.

[127] 徐善衍.关于我国公众科学技术普及的文化反思[J].科普研究，2006（3）：5—7.

[128] 徐善衍.最有效的科学传播是适应需求服务——再谈公民科学服务体系建设[J].科普研究，2007，2（4）：5—6.

[129] 徐善衍，雷润琴.试论公众理解科学在中国的理解与实践[J].科普研究，2008，3（3）：9—13.

[130] 徐善衍.关于当代科普的人文思考[J].科普研究，2010，5（3）：5—7.

[131] 尹霖，张平淡. 科普资源的概念和内涵[J]. 科普研究，2007，2（5）：34—41.

[132] 曾国屏.国家创新系统视野中的科学传播与普及[J].科普研究，2006（1）：13—18.

[133] 曾国屏.关注科普与文化产业发展的结合[J].中国科技论坛，2007（3）：5—6.

[134] 曾国屏.公共文化服务体系建设与公共科学服务体系建设的互动[J].科普研究，2007，2（4）：6—7.

[135] 曾国屏，古荒.关于科普文化产业几个问题的思考[J].科普研究，2010，5（1）：5—11.

[136] 翟杰全.中国传统科学：一个为反传播因素所阻滞的脆弱的知识系统[J].社会科学，1991（8）：69—72.

[137] 翟杰全.古代中国的文化选择及其对科技发展的影响[J].自然辩证法研究，1998（2）：51—55.

[138] 翟杰全.中国古代的文化选择与儒学的文化示范[J].中州学刊，1999（4）：129—133.

[139] 翟杰全，郑爽.网络时代的科技传播[J].北京理工大学学报（社会科学版），2000（3）：48—50.

[140] 翟杰全.构建面向知识经济的国家科技传播体系[J].科研管理，2001，22（1）：8—13.

[141] 翟杰全.国家科技传播体系内的知识交流研究[J].科研管理，2002，23（2）：5—12.

[142] 翟杰全.科技传播事业建设与发展机制研究[J].科学学研究，2002，20（2）：167—171.

[143] 翟杰全.科技传播事业的社会援助[J].科学管理研究，2002，20（3）：27—30.

[144] 翟杰全.宏观科技传播研究：体制、政策与能力建设[J].北京理工大学学报（社会科学版），2004，6（3）：22—25.

[145] 翟杰全，杨志坚.加速科技传播职业化进程[J].北京理工大学学报（社会科学版），2004，6（5）：54—57.

[146] 翟杰全.科技公共传播的传播主体及其参与动机[J].北京理工大学学报（社会科学版），2005，7（5）：13—16.

[147] 翟杰全.国家科技传播能力：影响因素与评价指标[J].北京理工大学学报

（社会科学版），2006，8（4）：3—6.

[148] 翟杰全.国内科技传播研究：三大方向与三大问题[J].自然辩证法研究，2007(8)，23：68—71.

[149] 翟杰全，张丛丛.科技传播研究："普及范式"和"创新范式"[J].北京理工大学学报（社会科学版），2008，10（1）：9—11.

[150] 翟杰全.科技公共传播：知识普及、科学理解、公众参与[J].北京理工大学学报(社会科学版)，2008，10（6）：29—32.

[151] 翟杰全，杨恋洁，周小磊.科技类博物馆的科技传播理念更新与能力提升[J].北京理工大学学报（社会科学版），2012，14（1）：121—124.

[152] 翟杰全. 市场饱和下的经济增长与新常态下的中国经济增长[J]. 武汉科技大学学报(社会科学版)，2016，18（4）:421—427.

[153] 张超，何薇，任磊. 中国公民获取科技信息的状况及新趋势[J]. 科普研究，2016，11（3）：22—27.

[154] 张锋.对我国"科普惠农兴村计划"效果评估的探索[C]//任福君.中国科普理论与实践探索——2010科普理论国际论坛暨第十七届全国科普理论研讨会论文集.北京：科学普及出版社，2010：486—493.

[155] 张风帆，李东松.我国科普评估体系探析[J].中国科技论坛，2006（3）：69—73.

[156] 张晶.科普项目评估：理论模式、指标框架及相关问题研究[D].北京：中国科学技术信息研究所，2003.

[157] 张瑞山.欧洲公众理解科学的历史考察[J].世界科学，2007（6）：41—43.

[158] 张晓芳.论Miller的PUS研究思路：热心公众理论—科学素养概念—公众科学素养测量[J].科学学与科学技术管理，2003（11）：57—60.

[159] 张晓芳.PUS研究的两种思路[J].自然辩证法研究，2004，20（7）：55— 60.

[160] 张义忠，汤书昆.我国公民科学素质建设的法律保障体系分析[J].科普研究，2007，2（5）：14—18.

[161] 张玉玲.科学文化：当代中国科学传播的核心内容[J].河南大学学报（自然科学版），2005，35（3）：123—126.

[162] 张增一.提升科学素质，促进经济发展方式转变[J].科普研究，2011（1）：7—8.

[163] 张增一，李亚宁.科学素质概念的演变[J].贵州社会科学，2008，224

（8）：11—15.

[164] 张增一，李亚宁.把科技传播给公众：MIT案例分析[J].科普研究，2009，4（3）：5—11.

[165] 张志敏.对科普讲座开展评估的一般方法研究[C]//任福君.中国科普理论与实践探索——2008《全民科学素质行动计划纲要》论坛暨第十五届全国科普理论研讨会文集.北京：科学普及出版社，2008：166—170.

[166] 张志敏,雷绮虹.对大型科普活动进行综合评估的角度及相关探讨[C]//任福君.中国科普理论与实践探索——2009《全民科学素质行动计划纲要》论坛暨第十六届全国科普理论研讨会文集.北京：科学普及出版社，2009：501—505.

[167] 张志敏.科普展览巡展的社会效益评估指标体系研究[J].科普研究，2010，5（6）：45—49.

[168] 郑念.我国科普人才队伍存在的问题及对策研究[J].科普研究，2009，4（2）：19—29.

[169] 郑念.我国科普人才队伍发展的历程和取得的成绩[J].科普研究，2009，4（4）：5—15.

[170] 郑念，张义忠，孟凡刚.实施科普人才队伍建设工程的理论思考[J].科普研究，2011，6（3）：20—26.

[171] 郑念，廖红.科技馆常设展览科普效果评估初探[J].科普研究，2007（1）：43—46.

[172] 郑念，张利梅.科普对经济增长贡献率的估算[J].技术经济，2010，29（12）：102—106.

[173] 郑念.全国科技馆现状与发展对策研究[J].科普研究，2010，5（6）：68—74.

[174] 郑念.重视科普工作，增强转变经济发展方式的内生动力[J].科普研究，2011（1）：10.

[175] 郑念，杨光.简论经济增长方式转变与提高公民科学素质的关系[J].科普研究，2010，5（2）：5—10.

[176] 朱利荣.科普活动策划的要素研究[C]//任福君.中国科普理论与实践探索——2010科普理论国际论坛暨第十七届全国科普理论研讨会论文集.北京：科学普及出版社，2010：252—257.

[177] 朱效民.30年来中国科普政策与科普研究[J].中国科技论坛，2008（12）：137—140.

[178] 朱效民.建国以来我国科普发展的历史回顾[C]//刘华杰.科学传播读本.上海：上海交通大学出版社，2007：45—58.

[179] 中国公民科学素质调查课题组. 2015年中国公民科学素质抽样调查数据总表[J]. 科普研究，2016，11（3）：65—115.

[180] 边晓岚.关于我国自然科学类博物馆展览选题的前置性研究[D].长春：东北师范大学，2007.

[181] 黄小勇.大型科普活动评估方法研究[D].哈尔滨：哈尔滨工业大学，2006.

[182] 陈瑜.我国科普研究格局已初步形成[N/OL].（2010-05-17）.http://www.stdaily.com/kjrb/content/2010-05/17/content_187849.htm.

[183] 有益的探索 积极的贡献——中国科普研究所建所30周年巡礼[N/OL].（2010-05-18）.http://www.stdaily.com/other/dzkj/2010/0518/B1-1.htm.

[184] 李大光.对“公众理解科学”的理解[N].中华读书报，2005-04-13.

[185] 李大光.理解科学是否就能信赖科学[N].中华读书报，2006-01-25.

[186] 刘华杰.面对国家利益与民众需求的科学传播[N].光明日报，2003-05-13.

[187] 任福君，谢小军.应高度重视科普资源建设[N].学习时报，2010-10-9.

[188] 任福君，谢小军.发展科普产业的三个“不能忽视”[N].学习时报，2011-02-21.

[189] 任福君.新中国科普政策的简要回顾[N].大众科技，2008-12-16.

[190] 任福君，张义忠.科普人才的内涵亟需界定[N].学习时报，2011-07-25.

[191] 申振钰.中国科普历史考察（连载）[N].大众科技报，2003-02-18—2003-03-20.

[192] 申振钰.新中国迎来第二次科普高潮[N].大众科技报，2003-06-12.

[193] 吴国盛.从科学普及到科学传播[N].科技日报，2000-09-22.

[194] 吴国盛.科学传播与科学文化再思考[N].中华读书报，2003-10-29.

[195] 徐善衍.在“大科普”时代中探索[N].大众科技报，2010-06-22.

[196] 徐善衍.科学传播与普及的走向[N].学习时报，2009-03-09.

[197] 徐延豪.全民科普堵在哪里？[N].光明日报，2011-09-26.

[198] 尹传红.回眸中国科普研究三十年——访中国科普研究所所长任福君教授[N/OL].（2010-05-18）.http://www.stdaily.com/other/dzkj/2010/0518/B2-1.htm.

[199] 尹传红.从科学普及局到中国科学技术协会（连载）[N].大众科技报，2010-03-02—2010-04-20.

[200] 翟杰全.论科技传播[N].光明日报，1998-09-04.

[201] 郑念.科普资源开发的几个理论问题[N].大众科技报，2010-08-10.

[202] 科普人才规划课题组（执笔人郑念）.实施科普人才工程服务经济社会发展[EB/OL].（2010-10-12）.http://www.cast.org.cn/n35081/n12030994/n12031026/12292344.html.

[203] 任福君.第十三届中国科协年会系列访谈：科普人才的培养与发展[EB/OL].（2011-09-16）. http://www.cast.org.cn/n35081/n35623/index.html.

[204] 中国科协发布第九次中国公民科学素质调查结果 [EB/OL].（2015-09-19）. http://education.news.cn/2015-09/19/c_128247007.htm.

[205] 李群，陈雄，马宗文.中国公民科学素质报告（2015—2016）[M].北京：社会科学文献出版社，2016.

[206] 曾国屏，牛桂芹，邓华，等.科学传播普及问题研究[M].北京:清华大学出版社，2015.

[207] 胡俊平，钟琦，王黎明.信息化时代的科学普及[M].北京:科学出版社，2017.

[208] 李大光.科学传播简史[M].北京:中国科学技术出版社，2016.

[209] Arnold Wolfendale.Report of the committee to review the contribution of scientists and engineers to public understanding of science，engineering and technology[R/OL].http://collections.europarchive.org/tna/20060215164354/http:/www.dti.gov.uk/ost/ostbusiness/puset/report.htm.

[210] Research International.Science and the public：mapping science communication activities[R/OL].http://www.wellcome.ac.uk/stellent/groups/corporatesite/@msh_peda/documents/web_document/wtd003418.pdf.

[211] The Select Committee Appointed to Consider Science and Technology，House of Lords.Third report：science and society[R/OL].http：//www.publications.parliament.uk/pa/ld199900/ldselect/ldsctech/38/3805.htm.

[212] Office of Science and Technology and Wellcome Trust.Science and the public: a review of science communication and public attitudes to science in Britain[R/OL].http://www.wellcome.ac.uk/stellent/groups/corporatesite/@msh_peda/documents/web_document/wtd003419.pdf.

[213] Dong Hong cheng, Michel Claessens, Toss Gascoigne, et al.Communicating science in social contexts: new models, new practices[C].Springer Press, 2008.

[214] Gauhar Raza,Ren Fujun,Hasan Jawaid Khan,et al. Constructing culture of science: communication of science in India and China[C].A CSIR Publication, 2011, 09.

[215] T.W.Burns, D.J.O'Connor, S.M.Stocklmayer.Science communication: a contemporary definition [J].Acoustics,Speech,and signal Processing Newsletter IEEE, 2003, 12 (2) : 183—202.

[216] Bruce V.Lewenstein.Models of public communication of science and technology[EB/OL].Version: 16 June 2003.http: www.dgdc.unam.mx/Assets/pdfs/sem_feb04.pdf.

[217] Walter E.Massey.Science education in the United States : what the scientific community can do [J].Science, 1989 (245) : 915.

[218] Office of Science and Technology and Wellcome Trust. Science and the public: a review of science communication and public attitudes to science in Britain[J]. Public Understanding of Science, 2001 (10) :315—330.

[219] Ren Fujun, He Wei, Zhang Chao.Channels and ways for chinese public to obtain information about science and technology [J].International Conference on Management of Engineering & Technology, 2008: 2305—2311.

[220] Ren Fujun, Li Chaohui.Institutionalization and infrastructure of science popularization in China[C]// Gauhar Raza, Ren Fujun, Hasan Jawaid Khan, ea al.Constructing culture of science: communication of science in India and China.2011 (9) : 67—84.

[221] Ren Fujun, Li Zhaohui, Zheng Nian. Study on popularization of science and technology infrastructure development in China [J].PICMET' 11,VOLS 1—5: 2011.

[222] Ren Fujun, Zhang Xiaomei. Development strategies of science popularization in the minority area of China [J].PICMET' 09, VOLS 1—5: 230—237, 2009.

[223] Ren Fujun, Zhang Zhimin.Analysis on science communication effect of the exhibition of China adolescents science & technology innovation contest [J]. International Journal of Science on Hands, Volume 4, Number 1:4—9, April 2011.

[224] D.Treise, M.Weigold.Advancing science communication: a survey of science communicators[J].Science Communication,2002(3):310—322.

[225] Danish-style, citizen-based deliberative consensus conferences on science & technology policy worldwide[EB/OL].http: //www.loka.org/TrackingConsensus.html.

[226] J.D.Miller.The source and impact of civic scientific literacy[J].2012. In: Martin Bauer et al, The Culture of Science. New York, London:Routledge, 2012:179—199.

[227] Miller. Chapter 12: the conceptualization and measurement of civic scientific literacy for the Twenty-First Century [EB/OL].http://www.amacad.org/content/publications/pubContent.aspx?d=1118.

[228] R.Shukla, Martin Bauer.The science culture index (SCI): construction and validation[J].In: Martin Bauer et al, The Culture of Science.Routledge.New York, London. 2012:179—199.

[229] Carol Vogt.The spirit of scientific and cultural well-being: Brazil and Ibero-America[J].Public Understanding of Science, 2012, 21 (1) : 4—16.

[230] The Expert Panel on the State of Canada's Science Culture, Council of Canadian Academies.Science Culture: Where Canada Stands. Ottawa (ON), 2014.

[231] Everett Mitchell Rogers.Diffusion of innovations[M].5th ed.New York:Free Press, 2003:314.

[232] The Royal Society.The public understanding of science[EB/OL].http//royalsociety.org/topics-policy/publications/1985/public-understanding-science/.